U0862454

【当代学生心理成长系列·小学编】

主编 曾 红 郭斯萍

心理，决定孩子的人生

郭斯萍 曾 红 万曙琳 编著

暨南大学出版社

“当代学生心理成长系列”

编委人员名单

主　　编： 曾　红　郭斯萍

编委人员： 郭斯萍　曾　红　邓云洲　熊红星

赖日生　陈新葵　陈四光　何桂华

余仙平　陈以洁　梁　娟　万曙琳

目 录

第二部分：校园生活

第三部分：行为养成

第四部分：走过风雨

序 言

（一）

对于人的一生而言，成长，是一个漫长渐变的过程，又是一个飞速演变的过程。它贯穿了人生的全过程，却又轻轻地掠过了所经历的那些生命时期；在悠长的成长过程中常常会出现影响人发展的“紧要几步”，可它对一个人生命的不同阶段又会产生异常久远的影响。在这个视野下，成长就是一种生活与生命的矛盾胶着状态。学生时代的成长，包括小学、中学和大学时代，更是这种状态的紧张与释放交替变更的最活跃时期，为此，这段时期的成长常常被称为“烦恼的成长”。

烦恼在哪里呢？烦恼在于以学习为主要生活方式的大中小学生必须随生理、心理、智力以及包括面对家庭、学校乃至社会等环境在内的社会适应性等诸多方面的发展压力，同时还要更加用心处理好这些发展项之间相互关系的和谐，其中最关键和最核心的要素是心理成长的问题。因为学生们所过着的生活绝不是单纯的、单向的和直线式的，其间也绝不是只有快乐，更有烦扰、荆棘、挫折和苦涩……这正是烦恼的源头。然而，这些烦恼也正是心理成长过程中生活滋味和生命魅力的体现，因为其间蕴藏着人情绪、情感的万千变化。我始终认为，心理的健康成长是关乎情感健康发展的问题，学生心理的健康成长与其情感的成熟发展息息相关，自然也与情感教育密切相联。

所以，烦恼不可避免，但也并不可怕。烦恼只是表明学生们各个方面的成长都要经过艰苦的磨砺历程，并且更要以心理的健康成长为重要和主要的支撑。处于复杂、艰苦的心理成长过程中的大中小学生们需要看到，每个人都有自己的生活态度和生活方式以及自己的成长道路，它与别人的都不一样，是“我”作为“自己”的独特性式样。他们还需要理解，每个人的成长道路都要靠自己来走，其中的成长快乐和烦恼也都需要自己来承受。心理成长中的人需要的是做事为人的真诚，需要的是面对生活挑战的勇气，需要的是解决问题和困难的能力，需要的是与周遭世界的心灵沟通和关爱……

那么，如何让大中小学生们更好地了解他们需要认识的这些有关心理成长的思想，并获得相关的情感体验呢？面对学生们心理成长过程中的问题和烦恼，我们又可以给予他们臬的心理帮助和情感方面的支持呢？“当代学生心理成长系列”丛书作了一种很好的尝试。

本丛书分大、中、小学三卷，其主要读者对象为大、中、小学生。丛书围绕学生的学习与生活实际，以各阶段学生的心理发展为研究主线，以“问题咨询、心理分析、实践和链接”为四个分析项，并与大量案例相结合来分析心理成长过程中的困扰，具有很强的针对性和实用性。丛书的目的是要从生活出发、从问题出发，帮助学生正确看待与处理成长发展过程中所遇到的各种问题，引导他们学会学习、学会交往、学会解决问题、学会自我成长。

丛书的主编之一的曾红是我在南京师范大学工作并任教于教科院时的学生。我期望，她以及所有编者们所付出的努力，可以使学生们都能够从这套丛书里获得有益的启示和帮助，从而在自己的心理成长过程中可以变得更坚强、更自信、更从容，并拥有一份健康的情感生活。

朱小曼

中央教育科学研究所所长

2006 年 5 月

序　言

（二）

我国现有中小学生3亿多，大学生近2 000万（2003年全国国内高等教育规模已经达到1 900万人）。其中大学生在校人数居世界首位。莘莘学子们的健康成长，可以说是事关祖国前途与命运的大事。“少年智则国智，少年富则国富，少年强则国强。”（梁启超《少年中国说》，1900年）胡锦涛总书记也指出，一个有远见的民族，总是把目光投向青年；一个有远见的政党，总是把青年看作推动历史发展和社会前进的重要力量。中国共产党只有赢得青年，才能赢得未来。由此足见，我们教育工作者肩上的责任任何等重大和重要。科教兴国，人才强国，全面建设小康社会都需要我们培养出更多优秀的青年人才。

教育的主要任务是全国培养学生的各种素质，促使学生成长成才。国内著名的心理学家林崇德教授认为，良好的心理素质是人的全面素质中的重要组成部分，是未来人才素质中一项十分重要的内容。在一定意义上说，心理素质决定着各种素质的质量水平，甚至于决定着学生最终能否成才。然而，现实中，各级各类学生中都存在不同的心理问题，由于心理问题导致的各种令人惋惜的事情也不鲜见。学生的心理健康问题日益受到各方面的重视。为此，我国广大心理学工作者为各类学生的心理健康与心理素质教育付出了大量的努力，并进行了各种理论探索与实践工作，取得了较好的成效，使得心理健康与心理素质教育是教育的重要组成部分这一重要观念逐渐为国人所接受。这是十分令人高兴的事。

近年有大量的关于学生心理健康教育书籍陆续出版。曾红博士和郭斯萍博士主编的这一套学生心理成长书籍也列于其内。相对于其类似的书籍，我认为，它有两个非常突出的特点：

其一，内容上做到“三个贴近”。纵观整个丛书的内容，我们可以看到，贴近校园，贴近学生的实际，贴近学生的生活。据编著者称，丛书中每一项内容的选择均是通过学生心理咨询来信和对学生中存在的问题进行调查取得的。不是根据理论而列出的“想当然”的重点。这一点难能可贵。我相信，学生们在见此书之后，会不由地发出“这里面有好多是我曾经想问的问题啊”的感叹。

其二，操作上易于形成“合力”。本丛书在每一节都安排了“操作”这一颇具特色的环节。在这一环节，有的是学生自己可以按部就班完成的，有的则是需要老师或家长协作完成的。这一点，非常有利于形成教师、家长和学生的互动，较好地调动了学校心理健康教育的教师资源和家庭资源，有利于形成学校—家庭—学生这三者的“合力”。细看这些操作，我发现它们或是根据心理学的相关理论和原理精心设计出来的，或是经过大量的实践证明非常有效的训练或教学活动课的设计。在操作的设计上，较好地考虑到了不同学生的年龄特点。小学生以他助为主，自助为辅；中学生自助与他助相结合；大学生则以自助为主，他助为辅。

另外，整个丛书的思想明确，其目的在于关注学生自身潜能和优势的挖掘，促进学生的自我成长。它没有用“放大镜”去看学生中存在的心理问题，更没有以一种沉重的心情来分析学生的问题，提出操作，给予链接，让学生学过看过之后，能放下包袱，带着轻松与自信，迈步前路。我想，这是另外一种成长。

为此，不禁欣然，乐为序！

蒋述卓

2006 年 5 月于暨南园

前　言

少年心思多变化，从懵懂无知的青涩年龄到为赋新词强说愁的花季时光，一路也要经历人生中不少大大小小的驿站，期间过程的艰辛与险阻，少年人自知。然而，他们更多的是体会，经验却要在尝试之后才能得到，却往往为时已晚，只能给别人做借鉴。但有时自己付出的代价未免太大，甚至赔上一生。而导致这惊天动地的结局的有时不过是事后看来完全不能成为问题的小事，但却会在那特定的时期，特定的年龄，成为跨不过去的坎。编写此书的目的，正是想把许多人已经成为经验、知识的经历，化成一柄手杖，让那正要穿越时光隧道，到达特定时空的人可以有一可扶之物。

生活无大事，再惊人的结果，也不过是生活中动静之间留下的余韵。音纯色正，韵味悠长，则是锦绣人生；否则，自咽苦果，无人可助。把每件小事情弄清楚，做好，则可积少成多，聚沙成塔，成就大业。

张爱玲 16 岁时就已经说过：生命是一袭华美的袍，布满了虱子。虱子不会危及生命，却让人烦恼不已，进而影响到生活大计。靠别人帮自己，只能是一时之举，自己学会清除虱子的方法，是赶走虱子的最好选择。

编写这套丛书，希望能帮不同年龄的青少年解决生活中的小咬啮，在平凡的生活里，不断进步，在心灵的天空中，更上一层楼，成就华美人生。同时，也成就我们自己的愿望。在很长的一段做心理咨询的时间里，碰到各种各样的问题，这些问题大多来自青少年，他们的问题并不大、不严重，并不是到了病态的程度，然而，这些问题却影响了他们的生活、学习，更影响了他们的心情，使本应阳光灿烂的年轻心灵蒙上了不必要的灰暗和沉重。因为这些问题而来咨询的是有勇气的同学，更多的人可能会独自承受苦恼，自己摸索，直至踉踉跄跄走过青春。却因把过多的精力与时间放在这上面，耽误了要做的事情，使自己有所遗憾。所以，希望这套丛书能帮到他们，解决问题，走过烦恼。也希望可以帮到那些焦急的父母，当他们面对自己的孩子的问题束手无策，不知如何应对的时候，希望他们可以看到这本书，并有所启发。

为了让我们的书能帮到更多的人，更有代表性，我们还特别在不同的地区，不同的学校，对不同年龄的青少年作了调查，调查的人数和范围都足以让我们有理由相信调查的结果，也就是我们丛书中所提出的问题是有代表性的，是大部分的孩子、青少年面临的问题。而我们的书正是把这些问题理清分类，并给以专业的答复。正如上文所说，我们回答的问题是每个处在特定阶段的人都可能会遇到的问题，他们不是针对那些有严重心理问题的人，也不是针对那些有心理疾病的人，我们的对象是那些健康的孩子，在健康的生活中碰到的心理小烦恼。就像那华美的生命之袍上的虱子，希望他们可以学会清除的方法，让心理、心灵和生命都健康成长。

为了让问题阐述得更为清晰，书的写作采用了问题咨询、心理分析、实践和链接四个部分，每一个主题都以这四种形式展开，从不同的方面说明问题，务必让读者透彻地了解问题和找到解决问题的方法。

“问题咨询”是把我们调查结果中最集中的问题以个人提问的方式展现出来，使读者对问题本身有一个清晰感性的认识。“心理分析”则是针对问题从心理学的角度展开分析，力图把事情的原因、过程和结果阐释清楚。第三个部分“自我实践”，是针对问题提出自我改进、自我帮助的实际操作方法，让读者在明白道理之后，又有一个可依而行之的方法，真正帮助到自己；最后链接部分，是把与本主题有关的一些故事、理论以特别链接的方式提供，进一步丰富内容。

三本书链接部分各有不同。考虑到小学生的年龄和心理特征，其链接部分为“精彩链接”，以故事、人物传记、生活中发生的真实事例为主，帮助小学生更好地理解、掌握要学的知识。而中学部分则为“知识链接”。中学生已经掌握了一定的知识，很多问题可以独自思考，对他们而言，获取知识、扩大知识面是最主要任务。这样，在阅读这本书的时候，既可以找到自己想要的答案，又可以学到新的东西。大学部分为“学术链接”。生活中发生的每一个小问题都与大学问连在一起，大学阶段，寻求事物内部规律，对学术的探讨研究是主要任务。对大学生而言，仅仅知道事物的表面现象已经远远不能满足他们的需要了。因此，在学术链接部分，把与每一个主题中与之相关的心理学理论阐释清楚，帮助大学生理解现象背后的学术理论，加深对问题的思考，并更好地解决自身的问题。这正是我们的目的所在。

编者

2006 年 5 月

第一部分

学习咨询

1. 学习要有计划

问题咨询

亲爱的老师：

您好！

我是一名小学五年级的学生。临近毕业了，我想抓紧课外时间认真学习，但每一次到家，如果老师没有布置作业，我就不知道干什么好。而且，楼下的好朋友小明常常叫我去打球，我又喜欢看傍晚才播放的动画片，搞得每一天什么事都没做就吃晚饭睡觉了。老师，我该怎么样才能利用好时间呢？

五（3）班　小刚

心理分析

像小刚同学的情况，这是学习生活没有计划、利用时间不合理造成的。学习计划是指预先拟订的学习打算与安排。学习成绩好与坏的一个重要因素，是有无计划。有好的学习计划，能统筹兼顾地安排好学习，这是学习优良者的共同特点。有的学生之所以会处于学习后进的状态，其中一个重要的原因就是缺乏计划性。如有的同学下午放学后，打篮球、踢足球；到同学家下棋、玩游戏，天不黑不走、家长不回家不走；回了家后，也常常是喝饮料、吃东西、听流行歌曲、看电视，等等。结果复习、预习、做作业的时间得不到保障，久而久之学习就跟不上了。俗话说：“凡事预则立，不预则废。”有了学习计划，就有了奋斗的目标，就可以对整个学习过程的目的、内容、方法、时间安排心里有数；就可以排除干扰，坚持学习；就可以学得主动，学有成效。

小同学学习缺乏计划性跟自身的身心发展特征有很大的关系。由于同学们年龄小，意志还处于由不成熟到成熟的发展过程。小学低年级学生还不善于自觉地、独立地提出行动的动机和目标；小学生的意志行动是比较简单的，还不善于为了一件事去反复思考、计划、决定和执行，这些往往是同时发生的或是比较接近的；而且小学生自觉性和坚持性较差，行动常常要依靠外界的力量来督促。因此，小同学们也不要为不能坚持计划而常常愧疚，随着年龄的增长，意志的发展，我们的坚持性会更好。当然我们还是要从现在开始就不断锻炼自己的意志，才能学有所成。就像“洗墨池”故事中的张芝一样，他从小练字，每日在门前水池洗墨，日复一日年复一年，竟把水池洗成乌黑。后来，张芝终于成了著名的书法家，被人们称为“草圣”。因此，我们就从现在开始，从我们制定计划和执行计划开始，来锻炼我们的意志力。

许多同学不能坚持计划，还跟他们制定的计划的本身有关。他们因为不会制定合理的学习计划，所以也就很难坚持了。因此，学会制定切实可行的学习计划，就显得更为重要了。

自我实践

为了抓紧时间，安排自己的学习生活，我们建议小刚同学学会制定自己的学习计划表，计划表可以帮你减少时间上的浪费，从而节省时间。

1. 制定学习计划表

考虑到小学生的时间和特点，我们认为，小刚同学应制定一份平时课余学习计划表和一份假期计划表。表格的最上面一行是一周的次序，最左一列是时间，考虑到小学生的特点，最好以半小时为间隔，至多不超过一小时。在表格的各格里填入对应时间准备做的事情。（见附表）制定计划表应注意以下三点：

（1）要全面安排好时间，既要考虑学习，也要考虑休息和娱乐；既要考虑课内学习，还要考虑课外学习以及不同学科的学习时间搭配。

（2）要充分利用每天学习的最佳时间。例如，有的学生早晨头脑清醒，学习效果较佳；有的则在晚上学习效果更好。要在最佳时间里完成较难较重要的学习任务。

（3）高效利用时间。要根据事情的轻重缓急来安排时间，一般来说，把重要的或困难的学习任务放在前面来完成，因为这时候精力充沛，而把较容易的放在稍后去做。

学习计划表制定好并非是一劳永逸的，一开始，由于考虑不周全，可能会脱离实际，那就大胆做出修改，在实际学习中对原定的表格进行修改，以符合你的需要。

2. 执行计划表

为了更好地执行制定了的计划，小刚同学可以从以下几个方面考虑并做出行动：

（1）把计划表贴在醒目的地方，随时提醒自己，也有利于家长和伙伴监督你。

（2）考虑与好朋友小明一起制定学习计划，并互相监督。

（3）学会自我检查、自我监督。通过画一张自我鉴定表格，对完成学习计划、良好行为习惯、某种活动目标等情况进行打分，并定期把自我鉴定表格交给家长，让家长了解、表扬你的自觉行为，对你的自我监督进行检查。

（4）当你完成了计划，适当地运用自我奖赏。如看喜欢的动画片，跟朋友出去打球等。反之，则剥夺这种机会。

附：简单的计划表样本

星期 / 内容 / 时间	一	二	三	四	五	六、日
……						补习功课中较差的学科
16：00~17：00	←		作业		→	
17：00~18：00	自习数学	自习语文	自习英语	自习数学	自习语文	
18：00~19：00	←		吃饭		→	
19：00~20：00	←		娱乐		→	

（赖日生）

精彩链接

制定学习计划，为成功保险

学习计划是我们和未来签订的“成功合同”，是通向未来目标的桥梁。好的学习计划是看得见摸得着的成功。每天都按计划地学习，成功就会如约而至。因此，第一，必须将远大的理想与现在的学习计划联系起来，让现在的学习活动成为实现自己远大志向的一个过程、一个部分。第二，计划必须科学可行，切忌好高骛远，超越能力与目前的实际情况；否则，屡战屡败，最终受伤害和受打击的将是自己的自信心。第三，计划一旦订立就必须遵照执行，像商场上的合同一样，不可言退。

1. 学习的全过程不仅要有目标，有动力，还要有计划

（1）按计划学习是最有效的学习，是成功者最普遍、最重要的学习习惯。

心理学研究表明：对90%的学生来说，学习成绩的好与坏，智力因素占20%；非智力因素占80%，其中良好的学习习惯又占有重要的位置。13岁的中国科技大学学生周峰成功的秘诀就是培养良好的学习习惯，每天都按计划度过，每天都定时学习，专心致志，雷打不动。每天的学习任务都量化，如预习几页书，复习几页书，做几道题，看什么课外书等。

（2）按计划学习有助于减轻考试焦虑，提高心理素质。

“凡事预则立，不预则废”，“不打无准备之仗”。产生考试焦虑（如心慌、胸闷甚至流虚汗、记忆、回忆困难、思想难以集中、大脑空白等）的最主要原因就是准备不足，就是没有学习计划或只有学习计划但没有按计划学习的结果。“临阵磨枪，不快也光”是不符合心理学规律的错误观念。心理学研究证明：“临时抱佛脚，越抱越

弊脚。”

2. 如何制定科学合理的学习计划

(1) 检查个人的志向水平与目标远近，以此作为制定计划的依据。

(2) 保证睡眠与休息时间以提供必要的精力，绝不拼体力。

(3) 使学习计划与学校的课程表及老师的教学进度接轨。

(4) 学习计划的重点在课程表以外的零碎且自由的时间。

(5) 建立明确的时间表，内容包括：起床、洗濑、晨练或晨读、午休、晚自习、上床前、睡觉……

(6) 每天的任务要明确，尽可能量化：记多少单词，做几道习题？……

(7) 从现在开始，告别过去；从现在开始，坚持下去。

记住：“不怕慢，只怕站。”每天都按计划度过，成功就向你奔来！

2. 激发你的学习动机

问题咨询

老师，这段时间我总感觉到学习没劲，提不起精神来，学校的生活太没意思了。有时我也羡慕学习好的同学在学校过得有滋有味，但我总是找不到学习的快乐。我该怎样才能学进去呢？

六（4）班　可可

心理分析

正如钟表行走需要发条一样，我们也有进行学习活动的“发条”，这就是学习动机。学习动机是激励学生学习的内部动力。不难想象，缺少学习动机的学生，对待学习好像是吃饱了的人对待食物，或像没有发动机的汽车一样，持消极的态度和情绪，或心有余而力不足。在这种状态下学习，如何能有收获呢？有一个“天鹅的志向”的故事，也许对我们会有一定的启发。

很久以前，天鹅和乌鸦是邻居，它们都过着舒适的、闲散的日子。后来，天鹅听说外面的世界很精彩，就打算去看一看。于是，它决定开始学习游泳和飞翔。乌鸦知道后，就对天鹅说：“你这是何苦呢？学习游泳和飞翔，一不小心就会淹死或摔死的。现在我们的日子不是挺好的吗，干吗要去经受这些磨炼？”天鹅没有受乌鸦的影响，坚持每天练习游泳和飞翔，最后终于掌握了技能，并到外面去周游世界，增长了不少知识。而乌鸦却因为缺乏远大志向而无所作为。

故事里的天鹅，因为有强烈的动机，最终学会了游泳和飞翔，周游世界，增长了知识。而乌鸦呢？只想过着安逸、舒适的日子，终于无所作为。为了学有所成，为了将来实现自己的价值，可可同学，你是愿意学乌鸦还是学天鹅呢？

学习动机不足是有原因的。学习动机缺乏是内外学习条件的不良影响所造成。从内部条件看，学生本人的情绪稳定性差、意志薄弱、学习屡遭挫折的经历、缺乏理想等，都对其学习动机的形成产生不良作用。从外部条件看，错误的社会舆论导向、不良的家庭教育与朋友关系、不良的教育环境、不科学的教育教学方法等都会对学生学习动机的形成起着消极的作用。每位学习动机不足的同学应根据自己的情况，采取有针对性的措施来激发自己的学习动机。

学习动机的激发应从内外条件两方面积极地加以综合改善。以下建议和方法着眼于学习动机的自我激发。

1. 正确认识学习目的，培养学习自觉性

正确认识学习目的是提高学习动机的重要保证。学习知识在现代社会有重要的意义，人的价值总是在运用科学文化知识、创造社会效益的过程中体现出来的。有一个故事，说的是 1923 年，美国福特公司的一台大型电机出现了故障，公司请了德国电机专家来帮忙。只见这位专家围着电机转转看看，写写算算。两天后，在电机上部画了一条线，让维修工把画线部位里的线圈减少 16 圈。果然手到病除，故障很快排除了。事后，专家收取维修费 1 万美元。他在收款单上写道：“用粉笔画一条线 1 美元，知道在哪个部位画线 9 999 美元。”

2. 利用外部条件，激发自己的内在动机

其中最重要的一个方面是学会自我奖惩。比如，现在同学们身上多少都有一些零用钱，你先不要急于花掉它们，在自己取得好成绩、有了很大进步时，你可以用这些存下来的钱买点自己喜欢的东西作为奖励；自己失败时，尽管当时很想买某种东西，也暂时别买，在内心给自己定个小任务，完成后再买。这不但可以提高你的学习动机，也增加了生活的情趣。另外，还可通过竞赛，充分利用自己的好胜心和求知欲，加强学习兴趣和克服困难的毅力。

3．进行积极的归因训练

我们都会对自己行为结果的原因进行推断，这在心理学中叫归因。合理的归因可以提高自信与坚持性，而错误的归因会增加自卑与自弃。积极的归因应该是：成功时，把原因归于“能力”、“勤奋努力”等内部的、可控的、稳定的因素，以增强成功的期望和与自尊相联系的积极情感；在失败时，则把原因归于“心境情绪”、“运气”等外部的、不可控的、不稳定的原因归因，以维持高的成功期望。

自我实践

自信心训练

学习动机不足，很多时候是因为对自身的能力产生怀疑所造成的。因此，可以通过自信心训练来激发学习动机。

首先，你可以通过以下途径来获得成功的体验：①充分发现和展示自己的专长与潜能；②通过观察学习能力相近者的学习行为来培养自信心；③从自身进步中体验到成功。

其次，学会坦然面对失败。

最后，看树上的果子，口水都流了，“跳”……

（赖日生）

精彩链接

别把你的“发条”上得过紧

学习动机有巨大的作用，但并不是学习的目标越高、动机越强烈，学习的效果就越好。动机强度和学习效果间的关系呈“倒U形曲线”，即中等强度的动机，对学习具有最佳的效果。而动机过强或过弱，既不利于保持，也对学习不利。当学习任务困难时，低强度的动机能激发最佳的学习效果；学习任务容易时，高强度的动机能激发最佳的学习效果。这在心理学中被称为“叶克斯—多德森定律”。因此，我们要根据不同的学习任务来调整自己的动机水平，以达到最佳的学习效果。

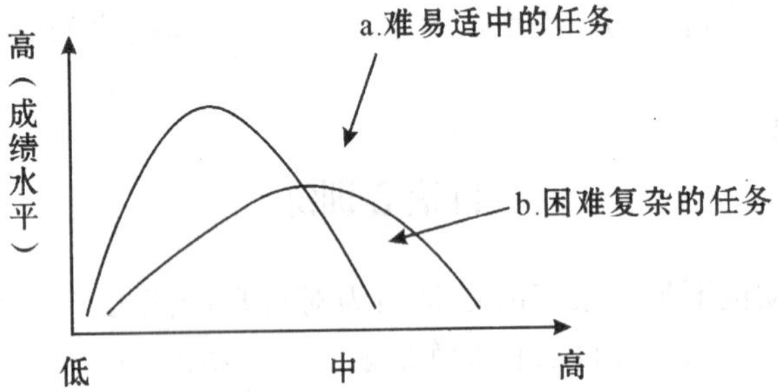

3. 课前预习要做好

问题咨询

> 老师一直要求我们上课之前要做好预习，我也试着做了，但感觉没什么用，上课听得懂的依然听得懂，听不懂的还是听不懂。该怎么预习才有用呢？
>
> 四（6）班　肖飞

心理分析

预习是常见的一种学习方式，课前预习一篇课文，有利于带着问题有目的地去学，也有利于巩固学过的知识，应用已有的技能。有一位成绩优异的同学就这样认为，预习的最大好处在于它能减少听课时的盲目性，使自己的思路清晰、思维活跃。预习还能使自己在上课时有“饥饿”感，更好地把握老师讲课的重点，使新旧知识融会贯通。此外，在实践中他还深深体会到，预习能增强学习的信心，听课会有一种“大部分懂了”的感觉，觉得越学越易学，越学越想学。

但遗憾的是，许多小同学往往不善于预习，预习仅是流于形式，草草地看了一遍，看不出问题和疑点。如有些同学预习语文总是先读一遍课文，再按生字表中的字查字典，一个个记在小本子上，就完了。这样预习课文对吗？这样做当然是预习的必要环节，但还远远不够。那么，到底应该怎样做呢？

其实，课前预习是有一定步骤的，按照以下步骤进行，可使我们的预习更见成效。

1. 阅读标题或课文前面的预习要求，明确预习内容

九年义教版四年级以上的语文教材中，每篇课文前面都有一段预习要求的文字。它简单介绍了课文的时代背景及作者生平，提出了预习的要求和做法。在预习时，应认真地阅读、理解，做到明确预习的要求，并按要求认真预习。

2. 通读全文，了解课文的梗概

先把要预习的内容快速浏览一遍，使自己对新课文心中有数，初步知道新课文中哪些是一看就懂的，哪些是看不懂的，然后带着这些问题去细读第二遍。

3. 带着问题细读第二遍

通过第一遍对新课文的快速浏览，自己对新课文的内容已有了初步了解，然后带着第一遍浏览时发现的问题，认真细读第二遍。阅读第二遍时，速度要放慢一些，一边细读，一边思考与理解，遇到不明白的地方，要停下来反复思考；对生字词表，要在课文中找出生字词，并运用字典自学生字词，联系课文内容理解生字词的含义。如《鸟的天堂》一文中的新词“应接不暇”，“暇”的读音是 xiá。不暇：没有空闲；“应接不暇”的意思是形容事很多，来不及应付。该课指由于鸟儿太多，作者的眼睛看不过来。

4. 参照课后思考题再读课文，提出疑难问题

课后的思考题往往就是文章的重点。如《威尼斯的小艇》一文中，要弄清“思考与练习”中的问题：威尼斯的小艇有哪些特点？作者是怎样把这些特点写具体的？小艇和威尼斯城市关系密切，从课文哪些地方可以看出来？作者是从哪些方面具体写出“船夫的驾驶技术特别好”的？这样，弄清楚课后的问题，上课就轻松了，效果就更佳。学会运用圈点批注等标记，把课文中不理解的字词、语句以及课后问题做标记，并提出质疑。这样就能使课堂上的听课有目的性，带着问题来听课，提高听讲效果。课堂上及时质疑，及时得到释疑。

自我实践

当然，以上只是预习的一般步骤，不同的同学应根据自己的特点，进行必要的调整。同时，在预习时我们还应注意以下事项，以提高预习的针对性和效果。

1．选择好预习的时间

预习一般要安排在相对安静的环境和精力比较旺盛的状态下进行，同时还要根据教材的难易程度和自己的实际情况决定预习时间的长短。重点、难点要多花点时间，多看几遍。如果剩余时间多，可以多预习几科，预习时钻研得深入一些；反之，如果预习的时间较少，则应该把时间用于薄弱学科的预习。

2．预习不要全面铺开

全面预习是不现实的，首先是时间没有那么多，其次是预习质量也难以保证。因此，开始预习时最好先选择一两门自己学习的弱科，以此作为预习的试点。当取得一定成效和经验后，再逐步扩大预习的范围。

3．不同学科采用不同的方法

预习时，不能千篇一律，不同的学科要采用不同的方法预习，抓不同的要点。比如，预习数学时，要把重点放在数学的定理、定律、公式、概念和原理上；语文预习重点放在排除生字、生词、中心思想、段落大意和写作风格上。

4．做预习笔记

第二遍阅读的时间，就是做笔记的时间。预习笔记有两种：一种是记在书上，另一种是记在笔记本上。在书上做笔记，就是一边细读，一边在书的空白处或有关内容下圈点勾画或批注；在笔记本上做笔记，就是一边细读，一边把重点和不懂的内容纲要记在笔记本上。

（赖日生）

精彩链接

自己评一评

下面是一份课前预习评价表，每次预习后填一填，看看自己预习得怎样。

课前预习评价表　　　　**日期：**

姓名	课题			备注

读课文				
查字典				
与家长合作				
通过预习，你有哪些问题想问老师？				
在课文的学习过程中，你有哪些问题想问老师？				
课文学完后，你还有哪些问题想问老师？				

4. 学会听课

问题咨询

> 虽然有时上课我会分心，但大多数时候我都能认真听老师讲，而且似乎都听得懂，但课后要我回想老师讲了些什么，我就记不清楚了，作业也不会做。这是为什么？
>
> 三（1）班 晓航

心理分析

这是我们不少同学的困惑：我上课不迟到、不早退、不旷课，上课时也认真听讲，而且都听得懂，但为什么上完课之后我就是想不起老师讲了些什么，课后做作业就是做不出来呢？

造成这种情况很多时候是因为我们同学不善于听课，有的人是注意力不能集中与稳定，极易分心走神；有的是根据自身兴趣对老师的讲述有选择性地听讲，45 分钟的课，听得断断续续，支离破碎；有的是不善于观察和思考，只是被动地听，头脑这

个思维的“湖”十分平静，激不起思维的浪花；还有的人认为只要下课后认真看书和复习，听不听课无所谓。每位同学都应针对自己的情况，注意发现和改正影响自己听课的不良习惯，以提高课堂学习效率。

那么，怎样听课才是积极、正确的听课呢？以下一些建议，是我们上课要注意的，大家可以对照执行，可能会对提高我们课堂学习的效率有帮助。

1．课前准备要充分

①物质准备：指上课用的书本和各科学习用具，以免上课要用时才找而影响听课或干扰别的同学。②知识准备：主要是通过预习来进行的。③生理和心理准备：要养成良好的作息习惯，早睡早起，不开夜车；要注意早餐要吃饱、吃好，保证上午上课有充沛的精力；要合理利用课间休息时间，不要打闹或做习题，而应该做些轻微的体育运动，散散步，吸收新鲜空气，使大脑得到休息。④克服厌烦情绪和听讲时的猎奇、散漫心理，以积极、愉快的心情准备上课。

2．排除干扰，全神贯注地听课

上课铃声一响，应马上回到座位上坐好。身体要端正，两手平放在课桌上，两脚平放，脚尖朝前。上课时，眼睛要注视老师，心思要跟着老师的讲话走。两眼不能瞟窗外或其他同学。上课时间应一门心思用在听课上。只有在记笔记、做作业或读课文时，你的眼光可以离开教师，但心里要想着老师讲的内容或提出的要求。当发现自己走神时，要立即提醒自己注意听讲。要注意老师的提示和表情，当老师发现我们走神或不注意听讲时，他们往往会用目光、语言或动作提醒我们。

3．积极思考，主动听讲

听课的时候要不断地反问自己：“老师讲的是什么意思？”“为什

么要这样讲?”“怎样按照老师讲的去做?”等。这样顺着老师的讲解思路，将要学的知识弄懂、弄明白、学会应用。听课时，将重点内容记下来，将发现的问题也记下来，以便课后复习和向老师请教。要按照老师的要求进行读书、思考和做练习。将新旧知识联系起来想一想，将所讲的内容和实际生活的内容联系起来想一想，做到边听、边看、边想。需要动口和动手时，要积极动口动手。

4. 抓住老师讲课的重点和思路

根据课前预习的情况，重点听自己预习时没弄懂的部分，争取通过教师的讲解，把疑难点解决。老师还会根据学生的情况，指出应该注意的问题。这时，我们要格外注意听。每节课讲完前的几分钟小结也是听课的重点。老师会概括地提示同学们这堂课的要点，对理解和巩固课堂学习内容起到画龙点睛的作用。这时千万不能急着收拾东西，准备离开教室。在讲课过程中，老师会用各种方式提醒同学们哪些知识要加以特别注意。比如老师提高嗓门或降低语调，或者说“要记住……”，或反复强调，在相应的板书下画横线。老师用“一、二、三……”加以强调的部分往往是重点。板书也应作为听课重点来看待。老师特意给出例题和练习的部分也是听课应注意的重点。

5. 大胆发言和提出问题

听课过程中，没有听明白时，可先记下来或做上记号，以便提问或向老师请教。课上要积极思考和回答老师提出的问题，回答问题要先想一想：“老师提的是什么问题?”“它和学过的内容有什么联系?”“回答时，先答什么? 后答什么?”发言时声音要洪亮，吐字要清楚，语句要连贯。老师对你的回答会做出一些表扬和讲解，指出大家都应该注意的问题和标准答案，这时你一定要仔细听讲，从中发现哪些是应当记住和掌握的。千万不要害怕提出问题和回答问题。

自我实践

（1）学做预习笔记，注意做笔记时只记录下你认为重要的内容，在上课时对照笔记，看看你笔记中记下了多少。

（2）仔细观察，看每一位上课老师的风格，特别是在强调重点知识时在板书和语态语气上的差别，这时就是你听课的重点所在；如果独立观察有困难，你可以向听课效率高的同学请教。

（3）设计听课卡，规范听课行为。为使每节课都能认真听讲，学出效率，你不妨设计一张听课卡，包括课前学习用品和知识准备、坐姿与精神状态、课堂参与和笔记、目标及完成、干扰与控制、疑难问题等方面的情况，并作简要定性评价，提出改进措施。每天一张，回顾总结，不断改进，不断规范，对提高课堂学习效率大有好处。

（赖日生）

精彩链接

上课多动为哪般

有一些小朋友上课听一会儿就坐不住了，东瞧瞧、西看看，桌面上有什么拿起就玩，甚至还拿别人的东西玩，不时还找同学说话，做些小动作，出些怪声引人注意，常遭到老师的训斥、同学的反感，甚至大家还认为他们患了“多动症”。其实，这些人不全是“多动症”，有些小朋友是因为年龄小、自控力差；而有些人是因为平时不受人关注，而老师和同学的批评正是一种关注。因此，他们这样做的潜意识是想得到别人的关注。

5. 你会记课堂笔记吗

问题咨询

上课时都能听懂，但课后做作业就有点稀里糊涂，老师讲的内容记得不清楚了，考试也不知道该怎么复习。对这样的问题我该怎么办呢？

四（2）班　晓峰

心理分析

俗话说，“好记性不如烂笔头”，课堂笔记有利于加强记忆。在学习中学会记课堂笔记，还有利于集中听课的注意力，促进积极思维，增强听课效果，而且也为课后复习提供了重要依据。长此下去，还能提高书写速度和整理文字的水平。同时，养成记笔记的习惯，可以克服“眼高手低”的坏毛病，形成严谨的学风，从而提高学习效果，对良好人格的塑造也有促进作用。

由于小学生缺乏学习经验，注意的分配能力还不是很强，这些因素势必影响他们记课堂笔记。如有的同学只听课不做笔记，不知道记什么，给以后的复习带来困难；还有的是不得要领，想记下时就记，有时又忘记记，不会整理。因此，重要的是要学会记笔记。

我们不应该将“记笔记”变成老师的“课堂语录”，也不应该将“记笔记”变成“板书复印”。笔记中我们要记的内容应该有：①知识的结构。知识结构即老师系统的板书要点、重要的图表和图解等，以利于理解知识间的联系，形成知识网络。②重要内容和典型事例。老师讲的重要的知识点、重要的思考方法、典型的例题、新颖的启发、独到的见解等。③课本上没有的内容。为深入讲解某个问题，老师往往会补充一些课本上没有的材料，如补充结论或例题，为了理解，也应把它记下来。④听不懂的问题。即一时听不懂或理解还很模糊的问题，以利于课后深入钻研或向别人请教。⑤听课的心得体会。

为了有效记笔记，应注意以下事项：

(1) 处理好听课与记笔记的关系。课堂上应以专心听讲、积极思考为主，记笔记为辅。要记重点，要少而精，跟不上时不要勉强记，等课后再找同学或老师补记。课前预习可以提高笔记的质量。

(2) 记录形式可多种多样。课堂笔记的形式很多，有摘抄式、提要式、心得式、批注式、图表式等，甚至在书上或笔记本上画线（直线、曲线）、圈点、作标记、使用不同颜色的笔、记录的格式不同、书写的字体不同，这些都是记笔记的好方法，还能增加你记笔记的兴趣。不同学科记笔记的方式也各不相同，如语文科多用批注式，数学科多用提要式。

(3) 要经常整理、复习课堂笔记。课堂笔记有时较凌乱，有时有缺漏，因此，课后要及时整理，补齐缺漏，补上体会。要经常结合课本翻阅笔记，巩固所学知识，加深理解。

(4) 合理布局笔记。记笔记的时候一定不能记得满满当当的，要留出一定的空间给自己课下看的时候补充，或许有的地方没有记全，或许上课的时候没有时间思考，课下可以再看一看，可能就会得出一些结论性的东西，就可以记在预先留下的空白地方。

自我实践

5R 笔记法（康奈尔笔记法）

这是由美国康奈尔大学学习研究中心提出的一种笔记方法，一般要求把笔记本每页分为左右两个部分，左边 2/3 部分记录听课的内容，右边 1/3 部分记录课后总结的内容。具体方法步骤如下：

（1）记录（recording）。在主栏内尽量多记上课的重要内容——如概念、主要观点和事实与有助于你了解主题的细节。

（2）简化（reducing）。课后将主栏内容恰当概括，把关键的术语和概念提炼出来，有人把这称为“摘要表”，即从笔记中挑出关键词、简短的标题、重要概念的摘要及加上批注。通常以提纲的形式列成单子，并填写进副栏。这个步骤让你可以加深刚上过课程内容的印象，并且提供你复习时一个有效率的架构。你在背诵细节时还可以把它作为提示。

（3）背诵（reciting）。用手遮住主栏内容，只看到左边复习栏的简短内容，问你自己问题并且尽可能地大声说出你所记得的笔记内容，然后把手拿开，对照一下你的答案是否完整。

（4）反省（reflecting）。将自己听课时的意见、想法单独列出，并编制成提纲、摘要，这样就不容易造成死记硬背；同时，如果对所学知识进行了反思，考试中某些观点以新的形式出现时也不至于手足无措。

（5）复习（reviewing）。每周花一定时间快速浏览笔记，主要是副栏。

（赖日生）

精彩链接

老师讲课何为重点

很多同学不知老师讲课时什么是重点，以下是一些提示，可能会对你有所帮助：

（1）与你的预习笔记相一致的内容可能是重点。

（2）老师说“重点是……”或者“记住……”，这样的话是直接在告诉你重点。

（3）注意老师的语气和语调，老师反复强调的内容可能是重点。

（4）最重要的可能是老师用不同方法、从多个角度阐释的那些地方。

（5）讲课节奏的改变也可能是一种暗示，当老师慢下来有意讲的内容可能很重要。

6. 课后要复习

问题咨询

每一次放学回家做完作业后，妈妈还要我复习功课，其实我们都上复习课的，所以我坐在桌子边也不知道做什么，我感觉没什么可复习的。我该怎么办？

五（3）班　晓慧

心理分析

有一个故事，说的是宋代有个秀才叫程正正，开始求学时，得到一本书后，便一口气往下读，很快读完了，但没有记住。就像醉汉赶马车一样，只顾往前飞奔，哪知车上的货物全抛在路上了。到了目的地，车上已空空如也。他认为是自己记忆力差，后来请教了教育家朱熹，朱熹告诉他：“以后读书，一次只读五十个字，一连读它二三百遍。”程照办，读得不多，力求记牢，经常复习，结果成了很有学问的人。可见，复习是多么的重要呀。

有一些同学，像晓慧一样，认为复习时按照老师的要求去做，上好复习课就可以了。真是这样吗？其实不然。要知道，老师上复习课，对同学们的复习指导，是面向全班同学的。而每个同学的情况是各不相同的，因此，抓好你自己的课后复习才能取得良好的效果。

还有一些同学，也认识到课后复习的重要性，但就是不知道怎么开始动手。其实课后复习是有一定步骤的。一般来说，课后复习包括以下步骤：

1. 回忆再现

在饭后、睡前或做作业之前，不看书，不看课堂笔记，而是独立地把当天所学过的内容像过电影似的回想一遍，有时还可把回忆的主要内容默写出来。如果能够回忆出课上老师讲的大部分内容，就证明听课是有效的；如果回忆不出什么，就证明听课有不够的地方，应该及时寻找原因，改进听课的方法。回忆不出的地方，应再开动脑筋想想，看看能不能回忆起来。如果实在办不到，就可以做课后复习的下一步——细读教材。

2. 细读教材

回忆结束后，接着应全面过目一遍课本，并且做到边看边想；对于回忆时想不起来、记不清楚或印象模糊的内容要多花点时间，重点地看，重点地思考，甚至动手写下。在重要的部位，如概念、公式、定理、定律等处做些记号或在书的空白处写点体会，以便今后查找。

3. 整理笔记

课堂上由于要边听边记，有时就不可能完整、准确地记好笔记，有些体会，课上也来不及记。因此，课后复习很有必要把课堂笔记进行加工整理，把不完全的笔记补齐，把不准确的地方修改过来，并把它提炼成一种实用的复习资料保管好，随时翻阅。

4. 做复习题

做复习题可以检查复习的效果，巩固和加深对所学知识的理解，培养运用知识分析问题、解决问题的能力，因此，要认真做好复习题。

自我实践

当然，复习不是抓起书本看一遍就行了，课后复习，注意一些事项，就可以提高我们复习的效率。

1. 要及时复习

人们对于刚学过的东西，总是一开始忘得快，过一段时间就逐渐减慢，所以要及时复习。课后复习一定要在遗忘之前进行，不要在忘掉以后再复习，努力做到当天新课当天复习。不要等房子倒了才想起去修补它。

2．复习时要突出重点，举一反三

课后复习要针对自己的薄弱环节，有重点地进行，不要眉毛胡子一把抓。如《月光曲》这一课中的词语“幽静”要重点掌握。同时，你还可以推演以下知识：①“幽”字的音节、音序和部首；②点击同类词语，如肃静、恬静、寂静、宁静、平静、安静、僻静、镇静、清静等；③选词造句及运用；④体现的环境特征，与文中“清幽”的异同等。

3．多种方式分散复习

长时间用同一种方式复习效果不好，尤其对于小学生更是如此。因此，要不断变换方式或者几种方式结合并用。比如复习语文，可以以朗读、背诵、默写、造句、写作文等不同的方式变换进行。复习数学，可以看书、记公式、做练习题（计算题、应用题），而且习题也要注意变化题型。

4．适当做些复习笔记

复习笔记与课堂笔记不一样。课堂笔记主要在于记；而复习笔记主要在于对复习进行总结和整理，不是将复习的内容不分主次地全部抄在本上，而是将复习中的要点、难点选择出来，把复习成果以简练、形象的形式记录下来，你可以把它们记录在课堂笔记的副页中。整理复习笔记本身也是一个复习的过程，而且思维始终处于积极状态，加深了记忆，提高了效率。而且平时复习所整理出来的复习笔记，到期中、期末考前复习时，只要把复习笔记看一看，就可以迅速达到已有的复习高度，减少不必要的重复劳动，使复习一次比一次深入。

（赖日生）

精彩链接

顾炎武读书法

“天下兴亡，匹夫有责。”这个家喻户晓的名言，是由明末清初的爱国主义思想家、著名学者顾炎武最先提出的。

顾炎武自幼勤学。他6岁启蒙，10岁开始读史书、文学名著。11岁那年，他的祖父蠡源公要求他读完《资治通鉴》，并告诫他说：“现在有的人图省事，只浏览一下《纲目》之类的书便以为万事皆了了，我认为这是不足取的。”这番话使顾炎武领悟到，读书做学问是件老老实实的事，必须认真忠实地对待它。顾炎武勤奋治学，他采取了“自督读书”的措施：首先，他给自己规定每天必须读完的卷数。其次，他限定自己每天读完后把所读的书抄写一遍。他读完《资治通鉴》后，一部书就变成了两部书。再次，要求自己每读一本书都要做笔记，写下心得体会。他的一部分读书笔记，后来汇成了著名的《日知录》一书。最后，他在每年春秋两季，都要温习前半年读过的书籍，边默诵边请人朗读，发现差异，立刻查对。他规定每天这样温习功课200页，温习不完，绝不休息。

7. 学会背诵

问题咨询

> 我很怕上语文课，特别是如果上课之前老师要我们背诵课文的时候，我更不想上语文课了。因为每一次我总背不出来，即使读了几百次，我也背不出来。老师，您能教我一些又快又准的背诵诀窍吗？
>
> 四（3）班　洋洋

心理分析

背诵可以帮助学生加深对课文的理解，提高阅读能力，锻炼记忆力；还可以帮助学生学习课文中遣词造句、谋篇布局的方法，培养和提高作文能力。有则外国谚语说：“能背诵多少书籍，就能获得多少知识。”可见，背诵是加强记忆和积累知识的有效学习方法之一。然而，背诵却是很多同学最感头痛的事情，像洋洋读了上百次，还背不出来。这可能是与他不善于利用我们记忆的规律或采取适当的背诵方法有关。

一般来说，我们记忆像课文一样有意义联系的材料要比记忆生词等孤立的东西要容易得多。因此，要背诵课文，首先应全面理解课文，对课文理解程度越深，记忆的效果就越好。在这基础上，掌握记忆有意义材料的规律，对我们背诵会有极大的帮助。

1. 根据不同材料，采取整体记忆、部分记忆和综合记忆的方法

整体记忆是将课文从头到尾全部念完，一遍又一遍地反复记忆，直到能全部背诵出全文来。部分记忆是把课文分成几个部分或几段，先把第一部分记熟，再念第二部分，以此类推，直到全部熟记为止。综合记忆是以上两种方法的结合，就是先把整篇课文读几遍，有了轮廓印象后，再分为几个部分，一部分一部分地记，然后再把全篇课文联系起来背诵。一般来说，记生词等用部分记忆好；背诵简短的诗歌则用整体记忆好；而背诵长篇课文，用综合记忆效果好。

2. 注意过度记忆的效果

并非诵读次数越多越好，熟记有一定的限度，超过这个限度，效果就不明显了。一般来说，重复到恰能背出（或全部记住）的遍数，再加上它的一半次数时，效果最好。例如，一篇课文要读30遍背出，那就再读15次，即达到恰能诵读的150%，效果最好。

3. 尝试回忆法

就是读几遍后，合起书来回想其中的内容，或尝试背诵，如果记不起来，再打开书看，即平常所说的边读边记、边记边读的方法。这样能使自己在与原文的对比中产生兴趣，提高大脑皮层活动的积极性。

4. 在时间上恰当采用分配学习和集中学习

集中学习就是要把记忆的课文在一段时间内连续反复阅读多次，直到记熟为止；分配学习即将要记忆的课文分配在几个相隔开的时间内进行记忆。一般来说，背诵课文宜用分配记忆法，而背古诗等短材料用集中记忆效果要好。

自我实践

背诵课文还有一些具体的方法，大家可以试一试。

1. 提示背诵法

其做法是：其一，初读几遍后，将材料中的一些重点词如动词、形容词或关联词摘录在纸上，作为提示的领词。其二，将那些不易回忆起的词句摘录出来，而熟记的词句就用省略号或破折号等符号代替。然后根据提示，试背多次，即能奏效。例如，小学语文第 10 册《养花》，要求背诵 4 个自然段。我们可以列个背诵提纲，其第 5 自然段的 3 句话，可用 3 个词来自我提示：夸→看→赠，按记忆支点背诵。

2. 图表法

画图、列表，把背诵材料变成具体的形体图像表格，给视觉提供直观图像信息，这样就可以使你一目了然，迅速进入记忆状态。初背时如有遗忘或疏漏，当视觉一接触到图像表格，立刻就反馈到大脑，使记忆如梦初醒。这样坚持训练，所要背诵的内容就会在大脑中留下深深的印象。当然，这里说的图像，只要求作简单的符号勾画即可。

3. 想画面背

看了文章，人们的脑海中都会自然而然地出现一幅画面。记得在小学我们学过曹操的《观沧海》，我们就仿佛看到：水波浩荡的沧海中，小岛高耸；那株株树木，聚集而生；棵棵草儿，繁多茂盛；一阵海风卷起，壮阔的白浪千层万叠……脑海中映现着这一画面，背的时候那诗句也就从画面上体现出来了。

4．表演背诵

一是编剧背诵。如《落花生》可以编成小剧本，台词采用课文人物语言，用旁白串联情节。准备充分后，以 5 人为小组轮换角色进行表演。二是拟写导游词背诵。如《草原》，可让学生拟写一则介绍草原的导游词，然后表演交流，这样印象就十分深刻了。

5．音响背诵

一是录音背诵，现在许多家庭都有录音机或电脑，为我们的背诵创造了条件。我们可以自己先读课文，录下音来，然后多听几遍播放，反复加深头脑中的印象，最后再边想边背，也能收到事半功倍的效果。二是配乐背诵，选取与背诵材料情调相吻合的乐曲，在背诵时同步播放。这样的背诵还会提高对语言文字的感悟能力，从而受到情感的熏陶。

6．结对子、做游戏背诵

跟你的小伙伴自动自愿结成背诵对子，以 2 人或 3 人为宜。你们之间可以相互竞赛，遇到背诵中忘记的地方，可请小伙伴提示，直到全部会背。你还可以用对背的方法，即两人一起，约定甲背上句，乙背下句，然后交换次序试背。其好处是：第一，迫使你精力高度集中，讲速度、讲效率；第二，交来换去，可以互相提醒、督促。

（赖日生）

精彩链接

家庭中经典诵读需要注意的问题

近年来，诵读经典活动为社会各界所关注，许多父母也想让孩子接受传统文化的熏陶，那么，在家庭中进行儿童经典诵读应注意些什么呢？

第一，为孩子的诵读营造一个轻松而舒适的环境。最好创造一个人人都在诵读的环境，让孩子浸濡其中，自然会乐意亲近经典。

第二，不求理解，只求熟读，只奖励，不强迫。孩子只要反复念，自然就能背诵下来。反对强制，反对把经典诵读当成一门功课来进行。

第三，要持之以恒，避免出现三分钟热度，避免浅尝辄的心态。

第四，教孩子背书，得记住一个原则，不要跳章、不要跳节。尽管一路背下去。不要以成人对经典难易的看法来衡量课程的深浅，儿童的学习潜能和领悟力是成人无法想象的。

8. 尽快学会默读

问题咨询

上课时，老师经常要求我们默读，但是我经常不知不觉就读出声来，影响别的同学默读，我该怎么办呢？

五（4）班　李晓

心理分析

我们知道，阅读可分为朗读和默读。但是，你知道吗，默读作为一种普及的方式是几个世纪前的事。在早期，正常的阅读方式是大声朗读，默读是让人感到奇怪的一种方式。直到公元6世纪，默读才开始在思想者中流行。但是，这种新风潮遭到了教条主义者的反对，他们认为，默读会让人做白日梦，导致怠惰的危险；天主教的神父则认为，默读会让人私下去读某些不登大雅之堂的书，而且如果人们只用眼睛就能阐述文字的意义，会让神父不能当场阐明和指导、非难或审查读者对书的理解。这是一种巨大的危险。所以迟至公元 10 世纪，默读才在西方普及。现在我们只要说到阅读，在我们面前的形象就是捧着书本，默默地看书。那么，默读究竟有什么好处，使它代替朗读而成为阅读的主要方式呢？为什么要提倡学会默读？

跟朗读比较，默读主要有以下显著作用：默读的适用范围很广，可以随时随地进行，既不影响他人，也不影响自己。同时，默读只运用眼睛和大脑两个器官来理解文字的意义，整个活动在人脑内部默默进行，省去了口的发声和耳朵的监听，因而节约了阅读者大量的时间和精力，使阅读的效率大大提高。所以速度要比朗读快很多。最主要的是在默读中减少了语言转换的中间环节，因而使阅读者不易受到外界的干扰，可以停下来思考，又可以回头重读，对重要词语反复体会，还可以边思考边做笔记，等等。

在小学低年级，老师往往会要求同学们学会朗读。但是，随着年龄的增长，默读越来越显得重要，因为年级越高，阅读的材料越来越多，仅凭朗读，既没有精力，也没有必要。同时，默读还可以在其他学科中被广泛采用，比如数学，有时不能让同学将每一个算式、定理等都朗读出来。因此，我们提倡小学生应尽快学会默读。

那么，怎样才能培养默读的能力？要学会默读，可从以下几点着手：

1. 要明确默读的要求

（1）默读时要做到不动嘴唇，不出声，不指读。可用双指按住喉部，或用一物置于双唇间，以制止发音，同时将注意力集中到读物的内容上来，加快眼睛扫视速度，使发音器官来不及发出动作。但默读是以朗读为基础的，所以同样要求要读得正确、流利和有感情。

（2）默读的速度要比朗读快，随着年级的升高，速度还要逐步加快。首先学会以词或短语为认读单位的读书方法，逐步达到在极短的扫视之间接收一个较大的语言单位；其次，加强熟练性阅读，在熟读的基础上提高阅读速度。

（3）默读后要能说出课文的主要内容，回答课后或老师提出的问题等。

2. 要养成良好的默读习惯

（1）要养成集中注意力、不受外界刺激干扰的习惯。即培养一种在阅读时能把注意力集中到读物上的能力，做到眼到、心到，防止“漫不经心”、“一目十行”或“匆匆过目，不求甚解”的不良习惯。

（2）要养成边默读边思考的好习惯。即在默读时要事前提出一定的问题或要求，带着问题默读，结合内容思考，眼观其文，心思其意，必要时在头脑里想象出一幅幅生动的画面来，这样既可提高阅读的积极性，又可提高默读的质量。

自我实践

默读方法

适合小学生掌握的默读方法有以下几种：

（1）回读法。即在认真读了课文或某一段落还不明白其意思时，可回过头来再读几遍。直到弄明白再继续往下读。

（2）查阅法。默读时遇到不懂的字、词、句，要停下来认真想一想，如果几经思考还弄不明白时，就仔细看看文中的插图，以便帮助理解，或随手查阅一下字典、词典，弄懂生字生词的意思，然后再联系起来思考，整个句子的意思就会明白了。

（3）批注法。默读时虽然不允许用手指读，但完全可以拿起笔来边默读边将默读中遇到的好词佳句或比喻、夸张等修辞句和其他特殊句式，运用不同的阅读符号用笔画出来，细心品味作者遣词造句的妙处，以强化对内容的理解；遇到疑难问题也要及时画出，以便向老师请教，并随时在课文的行间、书边的空白处批注一下自己的理解与感受，以加深印象。

（4）跳读法。在读完一篇课文之后，如果能够初步了解内容，便可把一些浅显的、次要的句段跳过，直奔关键的、主要的句段进行重点默读，加深对内容的深刻理解。

（赖日生）

精彩链接

SQ3R 阅读法

第一步是纵览（survey），把全书概括性地看一遍，尤其是书的序言、目录、标题、图表、索引、参考文献等，以便对全书有直觉的印象。

第二步是提问（question），在纵览的基础上，就书中的重点、标题、图表等提出自己的疑问，使读书成为一种有方向、有明确目标的思维活动。

第三步是阅读（read），带着问题进行深入的阅读，画出书中的关键语句，标示问题的可能答案，并做读书笔记以加深记忆。

第四步是背诵（recite），就阅读所获得的理解进行记忆的工作。特别要闭上眼睛或合起书本，提纲挈领地回忆或背诵问题的解答和书本上的重点，这是学习效果的自我检查。

第五步是复习（review），其目的在巩固阅读成果，隔三天、一周、半个月、两个月、半年等时间段，复习所读之书，以加深印象，并且进一步延伸学习效果。

9. 记单词有诀窍

问题咨询

老师：

您好！

这个暑假妈妈给我报了“剑桥英语”学习班，我很喜欢去上这样的课。但我也感觉很烦，我每天都记单词，可总是记不住，记了新的忘了旧的。有什么方法可以帮助我记住单词吗？

四（3）班　小文

心理分析

大家知道圆周率吗？如果要你把圆周率小数点后 100 多位数字背出来，你是不是会认为自己没有这么好的记忆力而赶紧摇头呢？但是有一个人却做到了。那是在许多年前，在一所学校举办的晚会上，大家要求一位同学表演节目，他不擅长文艺，又推辞不过，就对大家说："我既不会弹琴，也不会跳舞，我就给大家背个圆周率吧。"于是他一口气把圆周率小数点后100多位数背了出来。我国著名的桥梁专家茅以升少年时代的这次表演使同学们惊呆了，掌声过后，大家围了过来，询问他怎么会有这么好的记忆力。茅以升说："按人的记忆规律需要重复10次才能记住，我不过是多重复几次罢了。背诵圆周率，背诵故事，就是一种锻炼。"

可见，良好的记忆确实没有什么神秘的，最重要的是按照人的记忆规律，勤于磨炼，而且全身心地投入。记单词也是一样的。小文对学英语很感兴趣，而且每天都坚持记单词，为什么还记不住呢？这可能是因为他没有掌握记忆的规律，在记单词时还缺乏一些良好的习惯和方法。结合人的记忆规律，我们应把以下几条作为记单词的常规。

1. 多管道记忆

在记单词时，应动员眼、耳、口、手各种器官，多管道记忆效果比单管道记忆的效果要好。即：眼看——看清词形，掌握词形结构特点，观察字母组合，分析读音规则，了解词义，熟悉词性，注意词的搭配；耳听——边听边读，注意发音是否正确，听变音，纠正发音；口读——按单词音节的划分及字母（组合）的读音规则进行拼读，做到边读边记；手写——要勤于书写，做到边想边写；脑想——集中注意力，做到边分析，边观察，边记忆。

2. 间隔反复记忆

先规定自己一天背的词汇的数量，然后在一天中每隔一段时间把这些词汇通背一遍，相隔的时间不宜太短，以2～3小时为宜，早上背一遍，中午背一遍，下午背一遍，晚上背一遍或两遍。隔几天后再把这些背一遍。如此循环下去，会收到很好的记忆效果。

3. 制作卡片

自制作单词卡片随时随身进行记单词，卡片一面写上单词的词形、词性和音标，另一面写上词义、搭配、例句等。要经常复习这些单词。记住一个单词就在旁边画个“√”，没有记住的画“○”。当一张卡片上完全没有“○”时，就把它从一套中拿掉。

4. 在日常生活和具体语境中记单词

如在日常生活中，通过商店招牌、广告、商标，马路的路标、指示牌你可能会学到一些地道的英语。你还可以通过唱英语歌曲记忆单词。此外，熟读和背诵一些重要句型和课文，在具体语境中不但会有利于你记单词，而且将对你的英语学习起到很大的促进作用。

自我实践

奇特联想法

联想是促进记忆的一种方式。比如，我们遇到一个生字：“咩”，该字由口和羊组成，口即嘴，羊的嘴，除了吃草，还会叫。羊怎么叫——“咩……”的字义出来了，字音也知道了。“咩”，羊叫之声，读 miē。

奇特联想是联想的一种，即将要记的东西在头脑中人为地形成一定奇特古怪的联想，从而帮助记忆。比如，要想记住“狗——自行车”这对词，我们可以想象“狗骑着自行车在马路上逛来逛去”。有人要记“火车、河流、风筝、大炮、鸭梨、黄狗、闪电、街道、松树、高粱”共十个词，他形成如下奇特联想：一个人登上了高速的火车，火车在河流上奔驰，河流上漂来一个大风筝，风筝上架着一门大炮，大炮的炮筒里打出来一个鸭梨，鸭梨打进黄狗的嘴里，黄狗像一道闪电，迅速地路过街道，爬上一棵老松树，咬住了老松树上长着的一棵高粱。

（赖日生）

精彩链接

你会“过电影”吗

一天的生活和学习结束了，睡在床上闭上眼睛，把一天所学的重要东西再温习一遍，有的同学称之为“过电影”，这不仅争取了时间，而且“温故而知新”，效果很好。心理学实验证明，入睡前学的东西保持得最久。因为在睡眠期间，大脑皮质的神经细胞普遍转入抑制状态，所学的东西不会受到其他刺激作用的干扰。你不妨试试。

10. 消除学习疲劳

问题咨询

老师，我现在感到特别烦，为了提高自己，我暑假参加了两个补习班和两个特长班，但是，坚持了一个月后，感到精神疲乏，心里烦躁，无法集中注意力，一天下来，什么都不想干。我真的很想好好利用暑假时间，我该怎么办呢？

四（2）班　小童

心理分析

我们常常可以看到，在课堂上，当老师滔滔不绝地讲过二三十分钟后，班里的一些同学便有一些躁动了，有的人开始交头接耳，有的人做与听课内容不相关的事情，有的人放弃了记笔记，也有的开始趴在课桌上了。这时，老师要是批评他们不守纪律，他们不仅不接受，反而会变本加厉。

其实，这不是简单的不守纪律，而是在长期的学习过程中，大脑耗能过度产生的疲劳而使注意分散造成的。像来信中的小童就是由于过分紧张的学习，使他失去了暑假休息的机会，过分繁重的补习已经导致严重的学习疲劳状态。

疲劳分两种：一种是生理疲劳，另一种是心理疲劳。长时间从事体力劳动后的疲劳，主要是生理疲劳。这种疲劳只要安静休息即可解除。长时间从事脑力劳动后产生的疲劳，主要是心理疲劳。这种疲劳消耗的不是人的体力，而是人的心理能量，使人感到头昏脑涨、注意力涣散、记忆减退、思维呆板。学生在学习之后产生的疲劳主要是心理疲劳。

造成心理疲劳的原因有三点：①长时间学习，大脑未得到充分的休息而产生的保护性抑制。②学习压力过重，造成学生在学习过程中过分紧张和焦虑。由于紧张和焦虑，消耗了许多本应用在学习上的心理能量；由于紧张和焦虑，许多学生学习起来眉头紧锁，坐姿僵硬，把全身所有的肌肉都动员起来去帮助“用力”，这又在无形中消耗了许多身体能量。身体能量的消耗在一定程度上也妨碍了对大脑所消耗能量的及时补充，会进一步加速脑的疲劳。③更可怕的是对所学内容产生了厌倦情绪。你可能一打开书就说：“我已经筋疲力尽，一个字也看不进去了。”但是，随意拿起一本你喜欢的漫画书，再贪婪地看上一个钟头，你也不会觉得一丝疲倦。因此，兴趣可以使人长时间集中精力。如诺贝尔奖获得者杨振宁一进实验室就可以连续干上一个星期不出来；科学家研究入了迷可以几天不吃饭、不睡觉。

要从根本上消除学习之后的心理疲劳，必须进行心理的自我调节，消除紧张和压力，达到充分的自我放松。

1. 减少学习时间，注意休息

不考虑身体与心理的承受能力，每天逼着自己长时间学习是不可取的。为了避免在课堂上因困倦而睡觉，可以在其他时间睡上一觉。比如，课间休息的10分钟，完全可以让自己闭上眼睛打个盹；午饭后睡10～20分钟，可以预防下午频繁出现的疲劳；晚饭后再睡10～20分钟，可以使整个晚上的学习时间延长且效率提高。

2. 合理搭配学习科目

安排好不同科目的学习计划，以免由于长时间学习一种科目而使自己产生厌倦情绪。这种交替学习的方法，又被称为“智力体操”。如马克思搞理论研究，累了，就做做数学题作为积极休息。正如一名著名的教育家所说：“变换工作就等于休息。”

3. 学会精神愉快地去学习，以浓厚的兴趣去学习

带着忧虑、烦恼，愁容满面地去学习，再简单的学习内容也会迅速使人疲劳。如果能将学习当成一件你喜欢做的事情，带着一份愉快

的心情去面对，即使学习内容很多，难度很大，也不会那么快就感到疲劳。

4. 运动或聆听音乐

当你头昏脑涨、思想麻木、想打瞌睡时，就可以到操场上去跑两圈，到楼梯那里上下跑两趟，或是做十几个俯卧撑、仰卧起坐，甚至可以把房间打扫一下。欢快的音乐能够调节大脑的功能，协调身体各器官的活动，对于消除心理疲劳也有很好的效果。

自我实践

想象放松训练

自我想象，放松身心。经常做如下的想象训练，可以放松身心：平心静气地坐下来，闭上眼睛，想象自己睡在床上，自己的双脚是混凝土浇筑的；再想象由于手和脚一样，身体已经沉到床下了。

然后，改变想象的内容，想象自己的身体是由几个胶皮气球组成的，把脚上的阀门打开，放气，脚步开始瘪了，把其他部位的阀门全打开，想象自己的整个身躯都变瘪的情形。

（赖日生）

精彩链接

人体的生物钟

生物钟是生物体内的一种无形的“时钟”，实际上是生物体生命活动的内在节律性。人体随时间节律有时、日、周、月、年等不同的周期性节律。一般而言，智力周期为33天；情绪周期为28天；体力周期为23天。在一天中人体活动也有规律，如有的人早上5~9时记忆力好，而另一些人则是晚上记忆力好等。按照人的心理、智力和体力活动的生物节律，安排一天、一周、一月、一年的作息制度，能提高工作效率和学习成绩，减轻疲劳，预防疾病，防止意外事故的发生。

11. 学会正确归因

问题咨询

老师，我真的没脸见人了，这次期末考试我竟然有两门不及格。为什么我干什么都不行呢？是不是我真的太笨了？有没有办法使人变得更聪明？

四（6）班　小虎

心理分析

有兄弟两个，一个出奇的乐观，另一个则非常的悲观。他们的父母想让他们的性格都改变一些。于是就把那个乐观的孩子锁进了一间堆满马粪的屋子里，把悲观的孩子锁进放蛮漂亮玩具的屋子里。等了一个小时，当他们打开悲观孩子的屋门时，发现他坐在一个角落里，又抹鼻涕又抹眼泪地哭泣，非常伤心，原来他怕不小心弄坏了玩具，挨父母的责骂。

当他们打开满是马粪的房间时，发现他们那乐观的孩子正在兴奋地用一把小铲挖着马粪，并不断地把散落到门口的铲干净。看到进来的父母，那乐观的孩子像发现奇迹似的嚷道："爸爸，你看这儿有这么多马粪，附近一定会有一匹漂亮的小马，我要给它清理出一块干净的地方来！"这个乐观的孩子就是后来的美国总统里根，他从报童到好莱坞明星，再到州长直至走上总统的宝座。

心理学家在研究上面类似的问题时，发现人们抱有的稳定的情感和态度，大多由他们从小习惯化形成的归因模式所决定。归因简单说就是把失败与成功归于某种原因。成绩好坏，我们也会寻找原因，但归因积极还是消极，直接影响着我们学习的积极性和效果。我们可以来看下面一个例子：

三个学生急切地拿到老师批阅后刚发下来的作文卷。

"小辉，你写的作文怎么样？"小颖问道。

"糟透了，还是不及格。"小辉无精打采地回答说，"我不会写作文，我不知道该怎样去写他要求的那种文章。"

"我也没写好，只得了及格。"小颖说，"但我知道我不是不能写好，只是我最近学习不够努力。考作文前我就知道这次要出麻烦了。"

"看我的，"小明得意地说道，"我本以为这次一定写砸了。结果却得了个良好。我想老师一定没认真读我的作文。"

以上三个小朋友把作文不成功归结的原因显然是不同的。与小虎一样，小辉将作文不及格归因为作文能力低，既感到羞愧，又感到无可奈何，他知道下次写作文还是照样写不好。小颖则不同了，她将作文没写好归因于努力不够，她相信以后用功学习，作文就会写得更好。小明觉得自己是个幸运儿，但他知道自己不会总是这么幸运。可见，合理的归因可以提高自信与坚持性；而错误的归因会增加自卑与自弃。我们一定要学会正确归因。

那么，怎样的归因才是积极的归因呢？积极的归因应该是：把成功原因归于能力、勤奋、努力、有准备、有计划等内部的、可控的、稳定的因素，以增强成功的期望和与自尊相联系的积极情感；把失败的原因归于心境、情绪、运气等外部的、不可控的、不稳定的因素，以维持高的成功期望。

以下是一些有利于培养积极归因的建议和方法，你可以请你的长辈或伙伴来帮助你，培养你正确的归因。

（1）家长、教师应对学生尊重、理解、忍耐和期待。很多时候，小朋友消极的归因都是在家长与教师对待他们的错误和不成功行为影响下形成的。如考试不及格，家长一生气就骂开了：你怎么就这么没用，你就这么笨呀。久而久之，小朋友就容易把自己的失败归于自己笨、能力差。家长正确的态度应该是多鼓励孩子，并帮助他们寻找到提高的办法。

（2）通过观察学习，对同伴的成功行为做出积极归因，从而受到替代强化。观察集体活动中同伴的某种获得成功的行为，做出积极归因，产生“你行，他行，我也行”的自信心，同伴之间互相鼓劲；或者通过观看归因训练的录像，由家长引导把成功和失败的原因归之于自身努力。

（3）培养自我归因能力，形成积极的归因风格。在成人的帮助下，发展自我评价、自我归因的能力。在完成一定难度的任务后，应先让儿童自评、互评，再由成人总评。当儿童更多地从自身内部而不是从外部寻找原因，注重对活动过程而不是对活动结果进行评价时，成人要及时给予肯定；反之，成人则应给予否定并加以引导，从而促使儿童的归因由外控向内控转移，增强自我归因的主动调节能力，真正做到“胜不骄，败不馁”。

自我实践

创设成功情境归因训练法

创设成功情境，辅之正面评价。成功情境的创设应遵循“小步子原则”，将具有一定难度的任务分成几步去完成，使分解后的任务难度处于儿童的“最近发展区”，通过努力就能完成。对任务完成的结果，应以正面评价为主。这样，既有成功的体验，又能做出积极的归因，将成功归因于能力，从而产生自豪感，增加自信心。倘若失败了，应把重点放在对失败原因的分析与改进上，或通过其他情境的成功补偿该情境的失败，注意从失败的阴影中转移到另一成功的情境中。

（赖日生）

精彩链接

最近发展区

儿童的发展有两种水平：一种是已经达到的发展水平；另一种是可能达到的发展水平，表现为“儿童还不能独立地完成任务，但在成人的帮助下，在集体活动中，通过模仿，能够完成这些任务”。这两种水平之间的距离，就是“最近发展区”。因此，儿童从事的任务，最好能适合他的“最近发展区”，即所谓让儿童“跳起来摘桃子”，这样不仅能加速学生的发展，还能在不断的成功中增强学习的动力和信心。

12. 用脑要科学

问题咨询

我很严格要求自己，每天除了把老师布置的作业做完，我还要做妈妈给我选购的复习资料，但是学习成绩进步就是不大，为什么？

五（1）班　王芳

心理分析

作为学生，谁都愿意把学习搞好，让自己的成绩出类拔萃，要做到这些就必须付出，可是有些同学学习很用功，甚至学得头昏脑涨，成绩也不见任何起色，原因何在呢？主要是错误地理解了“用功”的含义、不讲究用脑的科学造成的，用功要建立在科学用脑的基础上，否则就会适得其反。

大脑是智力活动的物质基础，大脑的发育状况和人的智力高低有着密切的关系。成人的大脑重约1 400克，小学生的脑的重量基本上已达到成人的脑的重量的90%。脑重虽然仅占体重的很小比例，但大脑活动时需要消耗的能量却要占体内总能量的20%，耗氧量也要占总量的25%。小学生的大脑正处于快速发育的阶段，但是，由于青少年学生自控能力差、不知节制，常会因玩得兴起、看得入迷而造成大脑疲劳过度，从而不利于大脑的发育。因此，为了提高自己的学习效率，为了大脑的健康发育，我们应学会科学地用脑。

怎样做到科学用脑，提高我们的学习效率呢？不妨从以下几方面入手：

1. 要做到科学用脑，首先要了解自己大脑的工作特点

有的人接受速度慢，但记忆保持时间较长，有的人头脑灵活，但耐受性差。知道了自己大脑的工作特点就可以主动选择合乎自己大脑工作特点的学习方式，这样学起来效率就会高一些。如头脑灵活，但耐受性较差的人，就不宜采用持久战和疲劳战，应该短安排、勤调节，充分发挥自己头脑灵活的优势；而对一个睡眠较轻、兴奋性又较高的人就不宜采用睡前“过电影”的方式复习当天所学的内容。

2. 多种感觉，参与用脑

有研究发现，学习同一内容，如果只用视觉，可接受20%；只用听觉，可接受15%；视听并用，可接受50%。这说明学习时使用多种感觉器官共同参与，可明显提高学习效率。特别是动手操作活动，可以有效地刺激大脑发育。因此，有条件的，可抽空从事诸如此类能活动手部的活动，这对提高用脑效率大有好处。

3. 更换内容，调节用脑

大脑是严格分工的，每个部分的皮层都各司其职，在学习时，不同的学习内容会在大脑皮层的不同区域形成兴奋点。如学习算术，可在大脑皮层的某区域形成一个兴奋点；学习英文，则在大脑皮层的另一区域形成一个兴奋点。因此，倘若长时间学习同一内容，必然会使大脑皮层某一区域的神经细胞负荷加重；如果能把不同的学习内容错开来进行学习，就可以使大脑皮层不同区域的神经细胞轮流工作，获得充分的休息，以便更好地学习。

4. 情绪愉快，保养大脑

情绪影响健康，也是影响智力活动的重要因素。当心情开朗、精神愉快时，大脑就兴奋灵敏，工作、学习起来效率就高；反之，情绪低沉、精神抑郁，大脑就会处于迟滞状态，学习和工作都没精神。因此，我们应做到心胸豁达，精神愉快。

5. 增加营养，健全大脑

孩子在紧张学习时，会消耗大量的营养物质，如果得不到补充，就会使大脑受到损害。丰富的蛋白质、维生素和矿物质可以保证大脑神经细胞的正常代谢。因此，儿童宜进食肉类、禽类、蛋类、海鲜类、豆制品、新鲜蔬菜、水果等。

6. 学会休息，适度用脑

大脑的工作能力是有限的，连续学习时间一长，它就会疲劳，产生抑制。一般认为，小学生一次做功课或看书学习的连续时间不宜超过半小时至一小时。因此要防止大脑过度疲劳，适当休息，适当用脑。休息的方式有两种：一是安静休息，即睡眠和闭目养神；二是活动休息，如散步、做操、打球、唱歌、欣赏音乐、练习书法等或适当的体力劳动。

自我实践

由美国教育学家丹尼逊博士创建的健脑操（Brain Gym）简单易行，可以刺激大脑运作，增强记忆力和理解力，并有效管理情绪。以下是其中七式，对复习和考试效果不错，你不妨一试。

第一式　多饮清水

用处：身体内有七成是水分，因此多饮清水能令身体进入最佳状态。

(1) 必须饮用清水，不能以其他汤料或饮品代替。

第二式　启动大脑开关

用处：刺激血管运作，将含氧气的血液带上大脑，“启动”思想。

(2) 把左手放在右边喉咙锁骨末端，45°角上推至软凹处，按下三十秒，稍用力至有少许酸软感觉。换手重复动作。

第三式　交叉爬升

用处：增加左右脑的协调，使之进入合作状态。

(3) 右手拍左脚十五次，再用左手拍右脚十五次。动作要慢，最好感到有点失去平衡。

第四式　库氏挂

用处：舒缓情绪压力。

(4) 双手拉直，手背贴手背，然后交叉双手。

(5) 双手握成拳头状，并向后反扣到胸前。

(6) 左脚绕过右脚（左右倒转亦可），同时舌尖要顶上颚。

(7) 双脚分开，两手指尖对碰，同时舌尖顶上颚。

第五式　拧耳提神

用处：使耳朵能分隔噪音，更能集中精神听书、学习。

(8) 用手将耳朵向后拉数十下，稍为用力至有些微痛感。

第六式　懒八

用处：使双眼协调，增强阅读能力，开阔视野。

(9) 头部保持静止，用一只手向前画出“∞”图案。左手三次，右手三次。

(10) 双手合起，重复上述动作三次。

第七式　正面触点

用处：平静心灵，把负面情绪转化为正面情绪，更积极学习。

(11) 坐在椅上，双手轻按摩额头两到三分钟。

（赖日生）

精彩链接

大脑的四个“记忆高潮”

第一个记忆高潮是在清晨起床后，大脑经过一夜休息，没有新的记忆干扰，此刻认、记印象清晰，学习一些难记忆而又必须记忆的东西，较为适宜，如语言、定律、地名、事件等记忆的储存。

上午 8 点至 12 点是第二个记忆高潮。体内肾上腺素分泌旺盛，精力充沛，大脑具有严谨而周密的思考能力，认、记和处理能力较强，此刻是攻克难题的好机会，应当把握战机，充分利用大脑兴奋来攻关。

第三个记忆高潮是下午 6 点至 8 点，这是用脑的最佳时刻，不少人利用这段时间来回顾、复习全天学习过的东西，加深印象，分门别类，归纳整理。它也是整理笔记的黄金时机。

睡前 1 小时，是记忆的第四个高潮。利用这段时间来加深印象，特别对难以记忆的东西加以复习，则不易遗忘。

13．张开你想象的翅膀

问题咨询

老师：

您好！

每次作文我都写不好，老师说是因为我想象力差，该怎样培养自己的想象力呢？

四（5）班　国平

心理分析

你看过《哈利·波特》吗？不停在动的画中人、随时变成猫的老师、球场上骑着扫帚出场的小巫师、自己会飞会蹦的精灵球、会绑住人的树根、有魔力的镜子……这就是《哈利·波特》展现给我们的一个个神奇、魔幻的世界。你一定会为作者丰富的想象力而惊叹，其实只要你努力，也一样可以有如此奇妙的想象力。

想象是人脑对已有表象进行加工改造而创造新形象的过程。其实我们每天都在进行想象活动，如当人们谈到天安门，你立刻会想到天安门的雄伟景象；又如你阅读《哈利·波特》的小说，马上就会在头脑中展现出美妙奇幻的魔法世界等，这都是想象。这种想象，即现实中已经有的或者别人头脑中已经创造出来的，只是你自己没有感知过的事物的新形象，心理学上称为再造想象。而如果想想出来的新形象是现实中还没有或根本不可能有，而是自己独立创造出来的新形象，便被称为创造想象。像《哈利·波特》的作者创作出《哈利·波特》，科学家在创造发明前头脑中出现的新形象，便是创造想象。

培养与发展想象力很重要，伟大的科学家爱因斯坦曾说过："想象力比知识更重要，因为知识是有限的，而想象力概括着世界的一切，推动着科学发展进步，并且是知识的源泉。"很显然，如果没有想象力，我们要进入《哈利·波特》神奇、魔幻的世界里都是困难的，更不用说创造发明了。因此，我们要在平时的学习生活中注意培养与发展自己的想象力。

自我实践

那么，在平时我们应怎样培养自己的想象力呢？

1. 通过各科学习和各种活动扩大知识面，丰富表象

一个人的感知材料越丰富，想象也就越丰富，因此，提高想象力与掌握丰富的知识、扩大眼界是密不可分的，没有相应的知识经验和表象作基础，想象活动是很难产生的。因此，我们要扎扎实实学好基础知识，扩大知识面，积累生活经验，为想象创造条件。而我们小朋

友扩大知识面的主要方式是通过各科教学和各种活动，如参观、郊游、调查、访问、看电影等，以形成各种视觉、听觉表象。

此外，可以通过多阅读优秀文学作品，有意识地培养自己的想象能力。可以通过富有表情的朗读，将有关课文内容系统地组合起来，例如将谈到“春天”的课文组合起来，完整地体会、想象“春天”丰富美丽的形象；还可以利用各种教具如观察实物、标本模型、插图等帮助获得有关表象。

2. 发展言语

小学生的想象是在言语的调节下进行的，并以言语的形式表达出来。仅有丰富的想象，而无丰富生动的言语，就会使自己的想象永远停留在直观形象的水平上，而不能上升到词的思维水平上来。可见，言语的发展与想象的发展关系密切。小学生的言语发展只有达到一定的水平，他们的想象才可能从形象的水平提高到符号水平，使想象变得更加广阔、深刻，更加概括且富有逻辑性。

3. 要大胆想象和提问题

自己多思考，不要怕自己的想法幼稚而被别人嘲笑。作为家长和教师，应鼓励儿童大胆想象和提问题，培养孩子丰富的想象力，启发孩子的思维。孩子提出一些幼稚的想法，不要嘲笑，而是要很好地诱导。

4. 通过实际操作活动培养创造想象力

通过一些富有想象力和思想能力的实际操作活动，如做游戏、讲故事，培养创造想象能力。在活动中，要多动脑筋，用自己的想象去充实内容，大人不能包办代替。以下是一些实践性很强的活动，经常练习对提高你的想象力会有帮助。

（1）对多义性的图案进行想象。比如，就一个圆圈，展开你想象的翅膀，你会把它想象成什么呢？是数字“0”、皮球、烧饼，还是歌唱家唱歌时张圆的嘴巴、父母大发雷霆时瞪圆的眼睛……

（2）猜谜语。大家喜欢猜谜吗？你知道吗，其实猜谜也是一种训练想象力的好办法。猜的对象可以是数字、文字，也可是物件、生物。如猜字：“顶天立地。”（工）猜物：“说花不是花，说桃不是桃，身穿青皮袄，肚里长白毛。”（棉花）

（3）续写作文、故事或编故事。可根据提供的图片、实物，如从一把破损的扇子、一块带血的手帕等生发联想，编创故事。或在看一个故事时，当看到一半时，不急于看下去，先合上书自己猜想后面的情节是什么。

（4）想象工艺品的形状。有些工艺品巧夺天工、姿态万千，如雨花石、盆景、根雕等。可对此自由想象，并用贴切的短语概括所想象到的含义。如雨花石，可概括出“泰山压顶”、“拨云见日”、“黄河怒涛”、“和尚打坐”等形态。

（赖日生）

精彩链接

“头脑风暴法”

“头脑风暴法”是通过一个小型的甚至三四人的座谈会，进行讨论交流，相互启迪、相互激励、相互修正、相互补充，使创造性设想产生共鸣，并发生连锁反应，启示与诱发更多的新见解、新观点或创造性设想。要求：①不做任何有关缺点的评价；②欢迎各种离奇的假想；③追求设想的数量；④鼓励巧妙地利用并改善他人的设想。

14. 学习写看图作文

问题咨询

老师：

您好！

每次作文的时候是我最发愁的时候，特别是看图作文，图都能看懂，但就是写不好。如果有支神笔该多好啊！也许是我没有找到作文的秘诀吧，我应当怎样努力，才能提高写作水平呢？

六（3）班　晓阳

心理分析

古代有个叫江淹的人，梦见有人送给他一支五色笔，说是一支神笔。从此，江淹写起诗来“文藻日新”，渐渐有了名气。后来，他又做了一个梦，梦见那个送笔的人走来，对他说道：“我那支笔，放在你这里多年，现在该还给我了。”江淹从怀里取出五色笔，还给他。从此以后，江淹写的诗，便“绝无佳句”了。

这个故事说明，写文章不能靠神笔抖威风，没有学到写文章的真本事，一旦神笔被拿走，就会落得个“江郎才尽”的下场。其实，世界上从来没有什么神笔，作文也没有什么秘诀，要提高写作能力，还是要“多看”、“多练习”，也就是对生活中的事物要仔细观察，多看看；同时，还要多读书、多看报，还要勤动笔，经常进行写作训练。这个细观察、多读书、勤动笔，就是提高写作能力的根本办法。

当然，涉及不同的文体、具体的文章，还是有不同的要求的。对不同的文体进行有针对性的练习也是写好作文的一种方法。

看图作文就是小学生经常遇到的一种作文形式。所谓看图作文，就是根据图画的内容和命题的要求写成一篇作文，它是作文训练的一种好形式，它能培养你的观察能力、想象能力和有条理的思维能力。但不少小朋友对它很头痛，很多同学能看懂每幅图上是什么东西，但阐述混乱，很难把它们连成一个完整的故事，还有的描写平平淡淡，不能表现出人物特征……因此，学会正确观察、合理想象和有条理地思维，对我们写好看图作文有重要的作用。

自我实践

具体来说，要怎样才能写好看图作文呢？我们可从以下三点着手：

首先，要仔细观察图画，弄清画面含义，抓住画面的主体。

图是文的依据，把握住画面是写好作文的关键。观察的一般顺序是整体——部分——整体，即最初要看出图的大概意思，先要有个整体概念。看图作文中，画面的主体往往是人物。要从画面中人物的形体、相貌、服饰等，弄清人物的性别、年龄、身份；从人物的表情、动作，推测人物的思想面貌以及他在干什么；还要观察周围环境，弄清事件发生的时间、地点以及和事件有关的物品。最后想一想整幅图画说明一个什么问题，作者画这幅画的目的是什么。

其次，要根据画面内容，进行合理想象，使画面“动”起来，从而形成一个完整的小故事。

画面上表现的往往是“一瞬间”的情景，而这“情景”发生前和发生后的情况不可能都表现在画面上，画面上有人物，有景物，有色彩；但没有声音，也不会动。因此，看图作文时只写出画面“有什么”还不行，因为这样写，把并没有画面的内容写“活”，让画面“活”起来的关键是要写出画面是“怎样的”，这就必须依据想象的内容把画面上的人物、动物、景物等写细致，若写人物，语言、动作、心理活动要写清楚，写动物要写清动物的活动，写景物要写好景物的动态。总之，要把静止的画面“活动化”，要把平面的事物“立体化”。你可以采用“瞻前顾后”的办法，想想这幅画所构成的情景之前是怎样的，之后又会是怎样的；画面上的人以前在做什么，以后又会做什么。如果丢开画面内容胡想一番，那是不合理的。合理想象，要大胆地结合自己的生活实际，把自己摆进去。假设自己是画中人，此时此刻会怎样想，会怎样做。这样做就能使画面的内容丰富起来。

最后，要认真安排内容，布局谋篇。

在写作时，要按照从整体到部分，由远到近等顺序，做到言之有序；要抓住重点，突出中心；在语言表达上，既要有连贯的叙述，又要有形象的描写，达到生动、形象地表达画面的内容。完稿后，再对照图反复阅读，认真加以修改。这样，一篇好的看图作文就产生了。

（赖日生）

精彩链接

作文中的扩句法

写作文，最令同学们头疼的就是不能把作文的内容写得具体、细致、生动。

但你想过吗？如果让你把一句话写得具体、细致一些，是很容易的；假如再把这样的几个句子连成一段话，这段话不就变得具体、细致、生动了吗？如此，作文中的其他段落也可以写好了。这就是作文中的“扩句法”，它可以帮助你解决作文中的这一难题。

所谓“扩句法”，就是通过扩展句子中的修饰成分，把一句话写得具体、生动、细致。比如：“小燕子飞过来了”，可以考虑把“什么样的”、“从哪里”、“怎样飞”等一些修饰词扩展进去，可以这样写：“一只可爱的小燕子穿着黑色的燕尾服，露着雪白的肚皮，从蔚蓝的天空中轻快地飞过来了。”

这样，原来很平淡的一段叙述不就具体、生动了吗？平时的扩句对同学们来讲是很容易的，如果把它用在作文中，就可以使你的作文更加具体、生动、形象，更具文采。

15. 学好数学有方法

问题咨询

> 老师，数学课是我最头痛的一门功课，您说怎样才能学好数学？
>
> 四（1）班　小敏

心理分析

为什么在小学阶段一定要学好数学？有的同学可能会说，这是因为数学是一门主科，从小学好数学，以后才能学好物理、化学。是呀，正如大数学家华罗庚所说："数学是科学的王后。"自然科学中哪门学科都离不开数学，数学学好了，哪门学科都能学好。但是，这只是一方面，更重要的是因为我们在生产、生活中离不开数学。

比如，到书店里去买书，要计算价钱；生产机器零件，要计算所需要的原料；种庄稼，要计算种子的数量；人造卫星的发射，更需要复杂、精密的计算。在科学技术发展的今天，物理、化学、生物、天文、经济管理等，都要用到数学。

数学知识抽象、严密、逻辑性强。学习数学，也会遇到一些困难，有时碰到难题答不上来。但俗话说：眉头一皱，计上心来。困难能使你养成动脑子思考问题、解决问题的好习惯，还可以发展智力，增强你的思维能力，使你变得更加聪明！

自我实践

那么，怎样才能学好数学呢？

1. 要培养对数学的兴趣

有这么一句话：兴趣是最好的老师。大家先把喜爱数学的兴趣培养起来，就能学好。用心去感受、欣赏数学，数学用最小的空间惊人地集中了最大的思想；寻找生活中的趣味数学是一种很好的培养兴趣的方法。如学习“比例尺”时，可以通过画邮票、画窗户的操作以及照相机照相生活实例来学习。学习“圆的认识”时，可以试着用剪刀剪圆形来感受圆形的边是弯曲的……

2. 要打好坚实的基础

学数学和学其他课一样，上课要注意听讲，上课或下课要预习和复习，把每个知识点学透彻。但与语文等学科不同的是，比如语文课今天我没上，明天上完课再补也可以，现在让你上高一年级的课文，你也能学，只不过理解浅；而数学是一环套一环的。比如，学小数加减混合运算，如果不先学小数加法和减法就不会，所以每个知识点一定要学透彻。

最重要的是要弄懂数学概念的含义和数学定律、法则的道理，掌握常用计算公式和解题方法，并能灵活运用。例如，学了面积单位的概念，不能只会背“平方厘米就是一厘米见方的一个小正方形”；而要通过观察和比较弄懂面积的含义，还要学会用手表示出一平方厘米大致有多大。

3. 要有目的、有计划地多练、精练

所谓“手越做越巧，脑越用越灵”，学习数学不能只满足于懂了，还要会做。有的同学做题慢，或做错题，不全是马虎，主要是练习不够。练习时要抓住自己的弱点，不断地提高解题的能力。开始的时候做习题可以做慢点，但一定要争取做对，以后做得多了，就会越做越快，就熟练了。做不出的题，第二天老师讲时一定要做好笔记，理清思路，并且当天就要把它掌握，隔几天再复习几遍，直到记牢为止。

4. 在学习过程中要大胆发言和善于提问

别看问题简单，其实站起来回答并不一定说得很好；在数学学习中，还要善于提问题，特别是不太明白的问题，不能够感觉到自己差不多会了，或是因为“面子”问题就避而不答，不再向老师发问了。积极主动地提出问题对学习很有帮助。

5. 要注意自己的学习习惯

比如，要养成认真倾听的习惯、认真做事的习惯。特别要注意，别以为内容简单就不注意听讲，否则等你回过神来时，说不定最重要的内容已经讲完了；还要认真做好笔记，不要以为笔记上的内容书上都有，说不定老师讲的很重要的问题偏偏书上就没有。

6. 要注意知识之间的联系

即把新旧知识、书本知识和实际知识联系起来。例如，学了平行四边形面积计算，要把平行四边形割补成长方形来计算它的面积。学习了百分比，在农村可以联系配农药、算种子发芽率，在城市可以联系算产品合格率等。这不仅有利于你对知识的理解，还有利于培养你的兴趣。

7. 要学会独立思考和总结

对书本上和老师提到的解题方法，你可以想想有没有其他的方法，这是不是最好的方法。如果你找到了另外的方法，你就会感到非常愉快，得到很大满足，从而增强你学习的兴趣。在平时学习中还要善于总结，这是很重要的，如果不总结，一颗颗珍珠就像一盘散沙；按一定规律总结了，把它串成美丽的项链，这样更有价值。

8. 还有一点，就是要有毅力

在数学学习中会碰到很多难题，有时会感到“山穷水尽疑无路”，如果用心思考，就会发现“柳暗花明又一村”了，不断培养这种毅力，对学好数学非常有帮助。

（赖日生）

精彩链接

阿拉伯数字的由来

在生活中，我们经常会用到0、1、2、3、4、5、6、7、8、9这些数字。那么你知道这些数字是谁发明的吗？

这些数字符号原来是古代印度人发明的，后来传到阿拉伯，又从阿拉伯传到欧洲，欧洲人误以为是阿拉伯人发明的，就把它们叫做“阿拉伯数字”，因为流传了许多年，人们叫得顺口，所以至今人们仍然将错就错，把这些古代印度人发明的数字符号叫做阿拉伯数字。现在，阿拉伯数字已成了全世界通用的数字符号。

16. 为什么我的书法水平提高得越来越慢呢

问题咨询

暑假参加了书法班，一开始兴趣很大，进步也很快，老师经常在爸妈面前表扬我。但一段时间后，我的进步就不大了，书法的水平好像没什么提高。这是怎么了？我这么努力地学，怎么就没进步呢？

四（4）班 晓宇

心理分析

从心理学上讲，这种情况的出现主要是技能练习的“高原”现象造成的。我们知道，任何技能（如用筷子、用剪刀、说话、写字、阅读、打球、绘画、舞蹈等）的形成必须经过一定的练习才能巩固、提高。心理学家发现，人们在技能练习过程中，成绩并非是直线上升，而是曲线提高的，这个练习的曲线常会发生如下几种现象：一是练习初期成绩的突进现象。即训练初期成绩提高很快。这是因为在练习开始时利用了过去的经验来完成有关的部分动作，而且人在初学时动机强烈，情绪高涨，注意力比较集中，加之技能学习往往是由浅入深、由简到繁、由易到难，所以初学进步很快。二是练习中后期成绩往往会出现既不进步也不退不（或稍有退步）的暂时停顿现象，即“高原”现象。它是客观存在的，但走出“高原期”后学习效率和学习成绩是还会提高的，因此，“高原”现象并不意味着学习到了极限、成绩到了极限。我们没有必要为此而感到紧张、不安，甚至影响进一步的学习。

晓宇的书法成绩老是上不去，主要在于他的书法练习进入了“高原期”。“高原”现象的出现有主客观两方面的原因。主观方面是由于学生思想上满足于现状，不求进取，放松要求或兴趣降低，或对练习产生厌倦消极的情绪，或体力上感到疲劳等；客观方面是由于练习太复杂，或由于旧的活动结构不适应新的练习的需要而发生的干扰，但当学生坚持练习，新的方法完成了这一改造过程后，成绩又会进步，“高原期”之后成绩曲线又会继续上升了。

自我实践

那么，怎么克服这种“高原”现象呢？

1. 正确认识

“高原”现象并不意味着到了学习极限，走出“高原期”后学习效率和成绩是还会提高的，因此，在“高原”现象上不要惊慌失措，只要挺住、忍耐住，就会走出“高原”现象。

2. 动机调适

长时间地练习某种技能，搞不好会使动机逐渐弱化。因此，要加强动机的调适，也就是使降低或丧失了的动机通过自我激发，迅速恢复到一个新状态，以保证以后的训练有足够的动力。动机的自我激发，关键在于选择和运用具有吸引力的诱因，以激发新的需要，形成更强烈的动机。比如，积极参与训练比赛，将训练目标进一步具体化，设法让枯燥的练习趣味化等。

3. 兴趣调适

兴趣的下降及转移，也是引起技能练习成绩出现“高原”现象的重要原因。例如，有的同学练习书法，训练开始是因为兴趣非常浓厚，所以成绩非常不错，但到了一定程度再使成绩提高一步就会比较困难。这时，其练习兴趣可能要么下降，要么转到别的事物上。搞好兴趣的自我调适，其根本在于促使兴趣的升华，即提高兴趣层次和质量，使其发挥更大的效能。

4. 情绪调适

当发现自己的成绩进入“高原期”时，一定要及时调适好自己的情绪状态，去干自己最需要干的事。对情绪的调适，关键在于及时调整练习目标。我们为什么会对训练成绩上不去而焦急呢？就是因为其需要没有满足，目标没有实现。所以，如果我们能及时调整训练目标，使之切合自己的实际，就会减少消极的焦躁情绪。

5. 生理调适

进行生理调适，重点在于科学地休息，即按多次、短时的原则调节训练与休息的关系。说具体些，就是在训练时休息的次数要多一些，一般来说，力度大的动作练习，10～15 分钟即要休息一次。但每次休息的时间可以短一些，这不仅可以大大减轻疲劳的程度，更重要的是有了疲劳也能迅速恢复。

6. 家长、教师应给同学创造一个宽松的环境

有些家长和教师对孩子出现的“高原”现象比他本人还要担忧，不停地干预，这样只会更加重孩子的心理负担，不利于孩子走出“高原期”。家长在这段时间一定要心平气和，给他创造一个宽松的环境，有助于孩子平稳地走出“高原期”。

（赖日生）

精彩链接

教育心理中的“驼峰效应”

这种说法出自滑雪运动，尽管真正的目的是要轻松愉快地顺着山坡往下滑行，但必须先登上山顶。只有爬上滑雪坡，才有可能往下滑行。它也包括这样一种情况：为了最终能朝正确的方向前进，有必要先往相反的方向走一段。教育心理学家把这两种情况引入到思维教学中，说明思维教学中也存在着这种“驼峰效应”。

17. 怎样准备考试才能发挥出我的水平呢

问题咨询

老师：

您好！

平时我的成绩都不错，但每一次考试前我都感觉身心特别累，考试成绩都不理想。我该怎样准备考试才能发挥出我的水平呢？

五（3）班　小华

心理分析

根据调查分析，考生存在的心态问题有以下四个方面：

（1）焦虑问题：其原因是动机过强而自信心不足。

（2）情绪问题：自卑，没信心。

（3）怯场问题：紧张，发挥不正常。

（4）状态问题：过于懈怠，考试来临仍然兴奋不起来，懒得复习。

如果说考生掌握知识的水平与运用知识解决问题的水平是考试成功的基础，是考试成功的硬件的话，那么考生在考前、考中的心态调整水平及发挥程度则是考试成功的软件，起调节作用。

可以形象地说，考试既是打知识战也是打心理战，越是临近考试，心态在考试中的作用与意义越突出、越关键。考试心态状况制约着考试发挥。心态好就能正常发挥，甚至超常发挥；心态差就不能正常发挥，甚至发挥失常。

因此，考场上的竞争，既是知识技能的角逐，又是心理状态的较量。每年考试总会出现不少“黑马”，同样，也总有一些尖子失手落马，这主要是心理状态好坏决定的。前者轻轻松松，没有压力，超水平发挥；后者惊慌恐惧、神经衰弱等，水平没有体现，这是很令人遗憾的。所以，拥有良好的心理状态，是每个考生的愿望，那么，怎样才能具备这种状态呢？

随着教育的发展和人们教育观念的革新，应该说，现在小学的考试与以前大不一样，考试作为选拔性的功能，特别是升初中的选拔性功能已经减退，大家也不会跟以前一样，要考试了如临大敌。但是，平时我们还要参加一些考试或各种竞赛，而且考试成绩如何还是影响别人对我们的评价和自我评价的一个重要因素，致使不少同学在面临考试时还是会出现睡眠不好、紧张焦虑的过激反应，影响自己水平的发挥。像小华同学每次考试发挥不佳，很可能就是因为考试前准备不充分。因此，学会在考试前调整好自己的身心状况，以发挥自己的最佳水平，取得优异的成绩就显得更为重要了。

那么，考前应如何准备，使自己的身体和心理保持在最佳的状态呢？

1. 保持最佳的身体状况

健康的身体有助于你在考试中取得最佳的成绩。临近考试时，你应把自己的身体调整到最佳状态，精力充沛地去迎接考试。那么，应该怎样调整呢？你可以从以下三个方面入手：

（1）临考前注意饮食卫生。应该说，在现在生活水平下，营养不是什么大问题。但是，临近考试时，我们还是应该在饮食方面注意。应适当增加高蛋白食物，如鱼、鸡、蛋、瘦肉、牛奶、豆制品等；要减少高糖、高油质食物，多吃些易消化的食物，少吃些油腻食物。在饮食中要有一定的蔬菜，蔬菜含有身体所需的多种维生素，摄取一定量的维生素可防止因中考紧张而导致记忆力下降。如果天气炎热，建议在考试前和考试的几天中吃些西瓜、绿豆粥一类的食物，以消热解暑。此外，每天还可吃 3 ~ 4 块巧克力，饭后吃少量的水果，喝点茶或咖啡。

（2）保持有规律的、充足的睡眠。有规律的、充足的睡眠是很重要的。但是临考前入睡困难是极为常见的。这时首先不必为此而焦虑不安，因为考前少睡一两个钟头并不会给考试带来严重影响；其次，可通过放松方法使自己尽早入睡：舒舒服服地深吸一口气，然后慢慢地呼气。第一次吸气时数“一”，呼气时默念“放松”。说“一”和“放松”时，并设想用手把这些字比画出来，下次吸气时数“二”，呼气时说“放松”，一直数到二十。这样做的目的是让一串单调的字、词和形象反复出现，一直占据你的大脑，降低对大脑的刺激。

另外，每天吃完中午饭后，可以小睡半个小时，但不要超过半个小时，这样做既达到了休息的目的，而且醒来时人很快就清醒了。

（3）适量锻炼。考试期间不宜进行大运动量的锻炼，但是每天必须有适度的锻炼。比如学习间歇便可进行一些锻炼，像散步、慢跑、骑自行车、打羽毛球等。不住校的同学不妨把骑车看做一项锻炼。对那些不好动的学生来说，站起来伸伸腰、活动活动筋骨、做几节操也能起到锻炼的效果。

2. 调节到最佳的精神状态

不健康的心理对备考有严重影响，并有可能阻碍考试的成功。如何调整考前的精神状态呢？不妨从以下几个方面入手：

（1）了解自己和承认自己。大量心理不健康的青少年，往往是因为不能准确地把握自己、估量自己。正确地了解自己往往是很难的，要多向老师、同学请教，听取他们的建议和批评。但是仅仅了解自己还不够，还需要进一步心平气和地承认自己的不足和差距，全面地接纳自己，无论是优点还是缺点，保持自我意识的完整、和谐。

（2）保持充分的信心。在能力、水平相同的条件下，自信心高的人完成任务的成功率明显高于自信心低的人。自信心是一种经常保持独立自主的态度，有自信心的人能乐观、勇敢、有效地面对各种困难和危机。对自己保持充分的自信，是考试成功的有力保障。

（3）维持最佳的动机水平。动机是我们进行活动的动力。过强或过弱的动机都不利于产生良好的效果。那些把考试看得过重的同学应适当地降低自己的动机水平；而对考试感到无所谓、动力不足的同学应适当提高自己的动机水平。

（4）清除心理压力。首先，不要让自己思想负担过重，具体学习过程中不要强己所难，一项任务如超过了自己的能力就可能降低学习或进取的信心；其次，把信心建立在熟练的基础上，清除紧张靠信心，但信心并不是靠默念“下决心”就能得到的，而是靠你平日的努力和刻苦学习。放下思想包袱，和同学好友说说此时的感受，你还可以通过自我暗示来消除紧张情绪。如“我早就准备好了，就等这一天，我喜欢考试，喜欢同别人比个高低”，“我今天精神很好，头脑清醒，思维敏捷，一定会考出好成绩”等。

（赖日生）

精彩链接

答题技巧一二

1. “三先三后”原则

即先做分多的后做分少的；先做会的后做不会的；先做客观的后做主观的。

先做容易做的题，这是应试技巧，更是增强信心的心理调适方法，每解一题便会增加一分自信，但要记住“人易我易我不大意”，要仔细，待思路流畅后再做难题；“人难我难我不畏难”，你感觉难时别人更是无从下手，这样想想心理会平静很多，利于提高士气、正常发挥。

2. “三保证三争取”原则

即保证对的对争取猜的对；保证必得分争取同情分；保证不漏题争取有检查。

战略上要相信自己一定能发挥出最佳水平，战术上要认真细致、顽强刻苦，不能拿的不可惜（心里想：我不会别人更不会），使自己始终处于自信而不自满、自尊而不自负的心理状态。这样就能够镇定自若、胸有成竹，去一道题一道题、一分一分地夺取胜利。

18. 考试焦虑不可怕

问题咨询

> 老师：
>
> 我们刚刚结束期末考试，我考得很不好，但是绝不是我学习不认真。说真的，我平时学习很认真，作业也按时完成，可是每次考试我都害怕，害怕就考不好了，我该怎么办呢？
>
> 四年级　张丽

心理分析

张丽同学的情况在学生当中还是比较普遍的，一般来说，我们把这种情况称做考试怯场。所谓考试怯场是指学生面临考试时，受外界刺激或自身信心不足等因素影响，导致心理紧张，大脑正常思维受到阻碍，影响考试的正常发挥。其实，在考试之前适度的紧张有助于临场发挥。但是，紧张过度，就会造成负面作用。考试怯场的主要症状一般出现在考前或考试进行时。其主要表现为心跳加快、血压上升、肌肉紧张、手发抖、出冷汗、大小便频繁、思维僵化等。

考试怯场产生的原因主要有以下几个方面：

1. 准备不足，缺乏自信心

一些学生平时学习不踏实不认真，对基础知识掌握不牢，考试时对自己没有足够的自信，造成紧张。

2. 家长要求过高，考试失败惩罚过于严厉

有些家长总认为自己孩子是最优秀的，如果考不到最好的成绩，那一定是孩子没努力，因此为孩子制定很高的考试目标，如果不能完成任务，轻则抱怨，重则打骂。给考试当中的学生造成很大的压力。有的家长甚至在孩子入考场之前还要施以威胁“如果考不好就别回家”等。无形中促使孩子考试紧张、焦虑。

3. 学生不根据自身实际，盲目制定过高目标

学习成绩优秀是每个学生的理想。但并非超过所有的同学才是优秀。有时候超越现在的自己也是优秀的表现。但许多同学都不明白这一点，他们不是根据自身情况来制定目标，而是凭空想象，往往高估自己的实际学习能力，因而制定不恰当的目标。在考试中，一旦遇到挫折，觉得难以实现目标时，考试焦虑就会发生。

4. 意志薄弱，自我心理控制能力较差

有的学生意志薄弱，自我心理控制能力较差，当环境压力过大时，容易造成心理失衡，直接导致思维、记忆力下降。

5. 用脑过度

有些学生平时不认真学习，总是临时抱佛脚，在考前加班加点，往往熬到夜里两三点钟，睡眠严重不足，导致用脑过度，加上考试压力，容易引起回忆暂时“短路”，造成怯场。

自我实践

对于一些习惯性考试怯场的考生，可进行一些训练来帮助他们克服怯场。这主要有呼吸松弛训练法和肌肉松弛法。

1. 呼吸松弛法

呼吸松弛法要求先坐在椅子上，双眼微闭，两脚着地，双手自然放在膝上，脚与肩同宽，然后进行腹部深呼吸 3 ~ 4 次，每天做三遍这样的练习。考试时若紧张，可先放下手中的笔做几次这样的深呼吸，即可缓解紧张状态。

2. 肌肉松弛法

肌肉松弛法主要是通过平时对自己暗示来放松肌肉，使肌肉形成条件反射。考试时即可用同样的暗示来放松紧张的肌肉，达到消除考试怯场现象。肌肉松弛法的训练姿势与呼吸松弛法相同，坐好后，呼吸要自然、平稳，排除杂念，意念集中。先把注意力集中到自己的右手臂，自己心中缓缓默念：我的右手很放松，很放松……直到真的感觉右手臂很放松（用这种方式从头部开始→两肩→两臂→胸部→腹部→下肢→双脚）。在考试时，一旦感觉手发抖，或肌肉紧张，可进行同样的暗示，从而降低肌肉紧张度。

精彩链接

克服考试焦虑的40条心理暗示

在考试过程中，如果感觉到自己很焦虑，可以通过默念下面的话，给自己积极的心理暗示，来克服考试焦虑。

（1）抓住每一分钟，做完后再细心检查一遍。

（2）考试是在检验我学会了多少，重要的是“学会它”而不是“得几分”。

（3）这题不会没关系，先做会的。

（4）想一想，其实这个题目并不难。

（5）时间还充足，只要不慌就能做出来。

（6）考试是检验我自己的学习情形的，没必要考虑其他同学。

（7）虽然题目难了一点，但难不倒我。

（8）老师看我也没关系，他看他的，我又没作弊，不必害怕。

（9）重要的不是成绩，而是掌握知识。

（10）面对这些问题不需要紧张。

（11）我能应付这次考试。

（12）记住！一定要细心。

（13）我有能力去解决这些问题。

（14）即使做错了，那也没有关系，这只是一次普通的考试。

（15）按时交卷就是成功。

（16）今天的精神状态很好，我一定可以考好。

（17）只要看清题目，就没有问题。

（18）尽力而为，不需要考虑成绩。

（19）错了也没关系，以后还有挽回的机会。

（20）现在我只要认真解题就行了。

（21）这次考试，我准备得很充分。

（22）遇到难题要从多个角度考虑。
（23）要把握题目给出的每一个条件。
（24）上课时我听课专心，考试一定没有问题。
（25）学习是自己的事，不必在意别人怎么想。
（26）我准备得很充分，一定可以表现得很好。
（27）专心考试，其他的都不必考虑。
（28）太棒了！我又做完一题了！
（29）我的能力还不错嘛！
（30）做错了，没关系，幸好及时发现。
（31）很好！到目前为止还不错，继续做下去。
（32）我就知道，我一定可以做得很好。
（33）面对这项挑战，头脑要冷静。
（34）我要打起精神，面对这项挑战。
（35）还有时间，再检查一遍。
（36）上次考不好，并不代表这次考不好！
（37）这次考坏了没关系，下次再认真一点。
（38）一步一步来，我一定可以做完它。
（39）放松，再放松，一切问题都可以解决 。
（40）紧张是正常的，没关系。

19. 培养你的学习兴趣

问题咨询

老师：

您好！

我很不高兴，爸爸妈妈总是逼我学习，我也知道学习很重要，可是我就是对学习没兴趣。看到课本我就昏沉沉想睡觉。可是真奇怪，为什么我对看电视特别感兴趣呢？我看一天的电视也不觉得累。

三年级　王宇

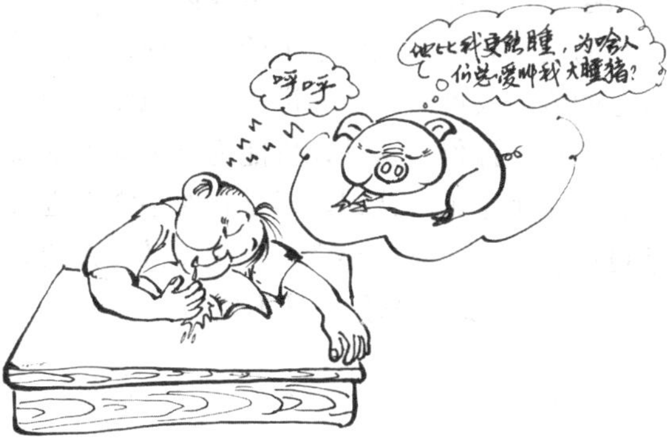

心理分析

诗人歌德说过：“哪里没有兴趣，哪里就没有记忆。”兴趣是最好的老师，因为它可以化作学习知识、掌握技能的巨大动力。对于有兴趣的事情，做起来常常是效率高、成绩好。可见兴趣对我们来说是非常重要的，尤其是对学生。举个例子来说吧，我们在日常生活中可能会发现，对于那些我们感兴趣的东西，很容易就记住了。例如昨天晚上看的动画片，第二天可以很生动地讲给同学听，但是要让小朋友们复述几条电视播的新闻，那就很困难了。

学习兴趣有两种：直接兴趣和间接兴趣。直接兴趣是指对事情和活动本身产生的兴趣。如一个学生爱看电视、玩电脑游戏，这是因为这些活动本身就可以给他带来愉快的感觉。间接兴趣是指对事物或活动本身没兴趣，但对事物或活动的结果感兴趣。例如，一个学生对学习英语有兴趣，可能他自己本身并不喜欢英语，但是他喜欢英语老师的表扬，为了得到老师的表扬，从而表现出对英语的兴趣。

兴趣很大一部分来自于早期教育和家庭熏陶。因此，老师和家长在教育孩子时要注意兴趣的培养。具体做法如下：

1. 表扬和鼓励

对小学生兴趣进行强化的有效手段是表扬和鼓励。每当小学生取得成功时，老师的表扬和鼓励能使学生产生一种强烈的成功体验，使他们认识到自己的能力及价值，从而进一步增强原有的兴趣。表扬和鼓励体现的是一种社会评价，这种评价能为学生提供反馈信息，让他们对自己的行为有一个正确的认识。但是在对小学生进行表扬和鼓励时，一定要适可而止，防止某些小学生产生骄傲自大的心理。表扬和鼓励的要点是“适当”，既要充分，又不要过分，不充分和过分都不能达到激发兴趣的目的。

2. 保护小学生的兴趣

在小学生的发展过程中，会产生不同的兴趣。有些兴趣能使他们从事正当的、有益于身心健康的活动，也有些兴趣会导致小学生从事不利于身心健康的活动。教师首先要做的是激发并引导小学生的有益兴趣，把他们的兴趣纳入培养目标、道德纪律和身心健康的范围内。对于那些不利于小学生身心健康的活动，教师要晓之以利害，并用正当的活动替代这些无益的兴趣，引导他们发展有益的兴趣。对于小学生已经产生的有益兴趣，老师要善于保护，不能打击他们的积极性。同时，由于小学生观察学习的能力比较强，老师的兴趣对小学生兴趣的发展有着重要的影响，为了培养和引导学生的兴趣，教师自己也应该发展多方面的健康而有益的兴趣。

3. 兴趣的迁移

所谓兴趣的迁移是指将原有的兴趣延伸到相关的事物上，对它也产生兴趣。例如，将小学生对游戏的兴趣迁移到学习上，使他们形成对学习的兴趣，这是小学教师做好教育工作的主要技巧。兴趣迁移主要有三个条件：其一是要善于发现小学生感兴趣的事物或活动；其二是要善于寻找新的事物或活动与原有兴趣之间的相同点；其三是要在实际活动中循循善诱，促使学生产生新的认识需要，并指导他们克服困难。在小学教育中可以发现，造成学生学习困难的主要原因不是学生笨，而是缺乏学习的兴趣。这就需要教师掌握兴趣迁移的方法，培养他们的学习兴趣，这是解决小学生学习困难的一条有效途径。

与此同时，同学们自己也可以采取一定的方法，来培养自己的学习兴趣。如背诵课文之前先带有感情地朗读一遍，并把它录下来，自己听着感觉很好，就会愿意把它背出来。挑出自己写得比较好的书法作业，在家里墙上来个书法展览，请爸爸妈妈或亲戚朋友看，得到他们的赞扬，会树立自己的信心，就会有兴趣坚持练习书法。

自我实践

如何培养自己的学习兴趣？

(1) 检查自己的学习效率：是动力不足还是学习方法有问题？

（2）回忆自己的童年梦幻，回忆自己过去学习中最热爱、最勤奋攻读的知识内容，从中找回失去的梦想，让理想之帆重新升起，让奋斗之舟重新起航。

（3）珍惜耻辱感，培养耻辱感。

知耻而后醒而后勇，不知耻辱，动物不如。耻辱感是人生内在而强烈的动力之一。个人有个人的耻辱，同时个人又是属于一定的民族与国家的，民族和国家的耻辱也是个人的耻辱，要善于从中汲取学习动力，总结自己的人生经历，正视自己所经受的坎坷与困苦，告诉自己不能忘记过去遭受的耻辱。同时，认真学习本民族、祖国的历史，了解中华民族的辉煌文明，牢记中华民族挨打、受辱的近代史。年轻时的周恩来“为中华之崛起而读书”，“面壁十年图破壁，难酬蹈海亦英雄”，就是认同祖国、民族之历史耻辱，与自己的耻辱结合起来，从而形成强大而持久的奋斗动力。

（陈四光）

精彩链接

兴　趣

法国昆虫学家法布尔，从小就对昆虫产生了浓厚的兴趣。有一天夜里，他提着灯笼，蹲在田野里，观看蜈蚣怎样产卵，一连看了好几个小时，他忽然感到周围越来越亮，抬头一看，原来太阳已经从东方升起。还有一次，法布尔爬到一棵树上，聚精会神地观看蜣螂的活动。突然他听到大树下有人大喊：“抓住他，抓住这个小偷!”这使他大吃一惊——原来人们竟把他当做小偷！法布尔为什么对昆虫的观察研究如此入迷？因为他对昆虫研究产生了浓厚的兴趣。法布尔从小就对昆虫活动产生了兴趣，激发了他终身研究昆虫的志趣，写下了巨著《昆虫记》，共十卷，对昆虫学做出了巨大的贡献。

20. 学习中的“高原”现象

问题咨询

老师：

您好！

我是小学毕业班的学生，快要考初中了，学习很紧张。原来我也是个调皮不喜欢学习的孩子，但是在爸爸和老师的帮助下，学习有了很大的进步。现在考试一般都在 90 分左右。但是我觉得还不够，还想继续提高。可是无论我怎么努力，都没有以前进步那么快了。有时甚至还有一点退步。这是为什么呢？不是说“一分耕耘，一分收获”吗？我努力了，为什么却没有进步？

六年级　朱向东

心理分析

首先，我们要肯定朱向东同学是个积极进取的好学生。他能在家长、老师的帮助下改变自己对学习的态度，努力学习，就足以证明他是个优秀的好学生。然而，为什么他会出现这种在学习上努力却又止步不前的现象呢？

人们常说，“学习如同逆水行舟，不进则退”。其实，学习更像登山。人们在登山的过程中，开始时会爬得很快，因为开始时体力很好。随着高度不断增加，速度就不断慢了下来。一方面是体力下降，另一方面山也变得更加陡峭难爬，甚至在到达某个高度时会难以前进一步。这就是登山运动中的“高原”现象。朱向东同学遇到的问题其实是学习上的“高原”现象。所谓学习上的“高原”现象，是指学生在学习过程中出现的止步不前，进步暂时停顿，甚至稍有退步的现象。可以用下面的图来表示：

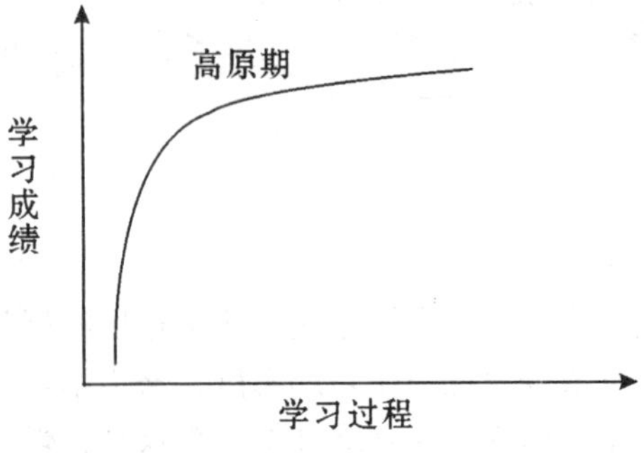

学习上“高原”现象的产生主要有以下三方面的原因：

（1）在学习的初级阶段，都是以基础知识为主。一般来说，只要学生花一定的工夫就可以掌握。而且老师在出试卷时，基础题要占到70%～85%。从这个角度来说，只要学生付出努力，就一定能够达到85分左右。但是试卷还有15～20分的综合题，它主要考查的是学生基础知识的综合灵活运用。这就需要学生不但要有坚实的基础知识，还要有广泛的课外知识，以及知识的灵活运用和创新。

（2）在学习方法上，开始阶段学习基础知识的方法与学习综合知识的方法不一定相同。如果学生的学习方法和学习思路不能根据学习内容的变化而变化，那么即使付出努力，学习的效果也会大打折扣。

（3）自信心是学习进步的心理保证。而自信心是通过不断进步积累起来的。到了学习的高原期，学习成绩长时间止步不前，学生的自信心就会大受打击，从而影响到学习的兴趣和进步。

自我实践

遇到学习的“高原”现象并非没有任何办法补救。通过以下措施，可以有效克服学习中的“高原”现象。

1. 认识了解学习当中的“高原”现象

我们要认识了解这种学习当中的“高原”现象，不要因为一时的停滞而烦躁不安，给我们来信的朱向东同学，感觉自己努力而没有进步，于是产生了困惑。这种困惑情绪也对学习有一定的负面影响。了解这种“高原”现象，知道这是一种非常正常的现象，可以避免不必要的心理恐慌，从而使我们以正常的心态来对待它。

2. 不断总结，改变自己的学习策略

每个人总会有一种学习方法最适合自己，但具体是哪一种，还需要我们在学习过程中不断摸索，总结经验教训。对于考试中做错的题不但要订正，更要弄清楚究竟是什么原因使自己把这道题目做错了，是粗心大意？基本概念没掌握？学过的知识没有有效地联系起来？只有知道做错的原因，在以后的学习中才能避免这些问题再次发生。

3. 对于自己学习薄弱的地方，有针对性地进行专门的训练

俗话说：好铁要用在刀刃上。在学习中，我们也要把我们大量的精力用在最需要的地方。也就是说，在学习时间的安排上要有所侧重，符合自己的学习情况。例如，一个同学数学应用题做得比较差，那么在数学应用题上就要花较多的时间。

4. 提高自信心，克服急躁情绪

当人们遇到困难时，总会产生畏难心理。这时候不但要有恰当的方法，更重要的是要树立自信。其实，我们遇到困难的时候，也是我们即将取得进步的时候，如果在这时放弃就太可惜了。诺贝尔为了发明安全可靠的炸药，历经多次失败，但他坚持不懈，最终实现了自己的目标。

（陈四光）

精彩链接

技能训练中的“高原”现象

不但在学校学习中有“高原”现象，在技能训练（如广播体操的学习、练习游泳等）中也存在着“高原”现象。它产生的原因主要有以下两个方面：

(1) 在技能训练的中后期，旧的活动方式正在改变，而新的运动方式还没有正式形成。这样成绩不但没有提高反而会有所下降。例如，不正规的游泳姿势没有自由泳姿势速度快。但是在学习自由泳姿势时，由于抛弃了原来习惯的姿势，而新的姿势还不熟练，可能使速度反而没有不正规姿势快。直到最后真正学会了正规的自由泳姿势，游泳速度才会真正提高。

(2) 由于练习活动的单调，练习者注意力会涣散，练习兴趣下降，再加上疲劳和厌倦的情绪，这些都会使练习成绩暂时停顿。

21. 为什么我的孩子做作业那么慢

问题咨询

老师：

您好！

我的孩子鲁宁是一名听话的好孩子，在学校里遵守纪律，在家里听爸爸妈妈的话。可是就是有一样不好，做作业太慢了。每天下午放学回家就开始做作业，中间除了吃晚饭，要到10点钟才能写完。他的同学说，他们8点半就能把作业写好了。还有，他穿衣、吃饭都很慢，这是怎么一回事，这样发展下去，会不会影响孩子的成长？

焦急的家长

心理分析

这位家长在信中反映他的孩子做作业很慢，这在低年级小学生中并不少见，我们常发现一些类似的儿童，他们都是好孩子，但是做事比较慢，不论在学习上，还是在日常生活中。对于孩子来说，这并不是什么太大的缺点，但是如果不加以注意并即时调整的话，可能会给孩子以后的发展带来负面影响。毕竟现在的社会是一个高效率的社会。知识更新速度快，如果不能提高速度，就有可能为社会淘汰。

对于鲁宁小朋友的情况，仅仅督促其在做的过程中“快点”是难以达到目的。事实上，造成孩子动作和思维速度慢的一个重要原因是“生活的节奏”慢。不是吗？在信中家长也提到了，不但作业写得慢，在吃饭的时候，也像数珍珠一样；起床穿衣，总是慢腾腾的。而对此，家长如果总是采取容忍的态度，不能及时纠正，久而久之，就使他形成了“慢动作”的习惯。这种不良的习惯迁移到学习中去，就会出现做作业慢，甚至在课堂学习中思维也很缓慢。因此，要使孩子提高动作和思维的速度，关键的问题是要使他的生活节奏正常。而这必须从吃饭、睡觉开始。

除此而外，孩子做作业速度慢可能还有以下因素：

第一，孩子智商正常，智力无任何障碍，但对学习缺乏责任感，没有从心里认可学习是自己成长的必需，学习是重要的，缺乏进取心。对自身的学习能力表示怀疑，惧怕学习。

第二，自我管理能力较差，无法将“学”与“玩”的时间合理分配。做功课时不能集中精神，总要弄一些“玩”的小插曲，白白浪费时间，使得自己学不好、玩不好。时间长了，容易造成孩子注意力的稳定性、持久性差，不能很好地控制自己的行为，形成做事拖拉、精神易分散等不良习惯。

第三，做作业遇到困难，长期依赖家长。一旦家长不在身边，就手足无措，不能很好地完成作业。有些家长有陪孩子做功课的习惯。

长此以往，孩子便在成人的陪同下变得依赖性强、缺乏自信、独立思维能力迟钝，从而导致学习不良，做作业速度慢。

还有极个别的现象是，有些家长望子成龙心切，总是额外地布置过多的作业，希望通过强化训练，提高小孩的学习成绩，但孩子却耍小聪明。他们发现父母每次布置的额外作业量总是与每晚做完学校作业到睡觉这段时间的长短有关。学校作业做得快，剩余时间多，额外作业就多；如果校内功课做得慢，时间没了，也就不做额外练习了。于是，他们在学校不做功课，先玩个够，或在校做功课时边玩边做，拖时间，等回到家父母在时再慢慢做。

自我实践

原因找到了，当然要根据实际原因寻找对策。

第一，要端正孩子的学习态度。前国足教练米卢的口头禅“态度决定一切”还是很有道理的。只有明确学习的意义，孩子才有学习的动力。

第二，家长要协助孩子分配好“学”与“玩”的时间，要让孩子认识到学习与玩之间的关系：作业做得快，则额外时间多，玩得也痛快；作业做得慢，玩的时间就很短，甚至还要从睡觉吃饭中挤出时间来玩。

第三，家长一定要根据孩子的实际情况决定是否增加孩子的额外作业。在增加额外作业之前最好能向孩子的老师咨询，看是否有增加的必要，具体增加哪一方面。避免盲目增加作业，使孩子做无用功。如果孩子确实需要额外的作业来加强学习，一定要做好孩子的思想工作，让他认识到增加作业的重要性，并自觉自愿地做作业。

第四，树立孩子独立学习思考的自信心。对于那些已经习惯依赖父母陪同做作业的孩子，家长要逐渐缩短陪同的时间。在孩子有疑难时，不要立即把答案说出来，而是要鼓励孩子独立思考，或者提供思考的线索，让孩子开动脑筋。当孩子自己解决了难题后，自信心也就逐渐培养起来了。父母再给予恰当的鼓励，效果更佳。

（陈四光）

精彩链接

儿童学习困难的多种因素

学习困难，又叫学习障碍，是指儿童在获得知识上发生困难，这是学龄期儿童的一个常见的问题。儿童学习困难受多种因素的影响，具体说有下列几种：

（1）儿童身心状况不佳。儿童生理上或心理上出现问题而家长又忙于其他事情，没有及时发现，这些问题必然会影响并在学习上表现出来。

（2）从小没有培养良好学习习惯，对学习的重要性认识不足，兴趣不浓，接受能力和理解能力较差。

（3）没有良好的学习环境，如家庭不和睦，气氛紧张，学习环境嘈杂等。此外，父母的文化程度、职业等也对儿童的学习产生一定的影响。

父母发现孩子在学习上出现问题后，首先要查明问题的原因，然后再针对具体问题找出具体的对策。如果是生理上的问题，如孩子近视，无法看清黑板，则有必要带孩子去看眼科医生，在医生的指导下佩戴眼镜或进行其他治疗。根源问题解决了，则学习问题也会迎刃而解。

若孩子有人际关系、情感障碍等心理问题，则要寻求心理老师的帮助；孩子的接受和理解能力差，没有学习兴趣，家长也不要急躁，应帮助孩子克服学习中的困难，培养孩子的学习兴趣，训练孩子时要有耐心，循序渐进，不可急于求成。

22. 如何学好英语

问题咨询

老师：

我恨死英语了。每天都要背单词，可我就是不喜欢背。还要背课文。不背还不行，老师还要检查，爸爸妈妈也要检查，真是把我烦死了。我是真不知道该怎么学英语。你能有什么好的方法教给我，让我学好英语吗？

四年级　小卓

心理分析

在小学阶段，我们学习英语的主要目的是培养对英语学习的兴趣，为以后的学习打好扎实的基础。可是很多小学生都和小卓一样，在学习英语过程中，不但没有培养好学习的兴趣，反而感到很厌烦。

这与家长和学校的教育方法有关，同时也与我们学习英语的习惯有关。

大家都知道学习需要良好的学习习惯。比如说：课前预习，上课注意听讲，课后及时完成作业，巩固复习好当天的课程。这些学习方法适用于任何学科。而英语作为一门工具性学科，又有其自身的特点。从学习和掌握语言的角度来说，关键是要养成良好的听、说、读、写英语的习惯。

1. 听的习惯

学习英语是从“听”起步的。“听”是“说 ”的前提，没有“听”，就无从模仿“说”。只有听得清，听得懂，才能说得准，说得好。用心地多听他人说英语，有助于培养对英语的敏捷反应。

提高听力首先要认真听示范发音，听清后再模仿。用心听他人说英语。小学生模仿能力强，但缺乏自控能力。课堂上，常有学生一听教师示范发音 ，就急于开口模仿，轻声跟讲，结果导致自身发音欠准，而且还影响了他人听音。所以，要尽量避免没听清就模仿。

在放学回家后，就应该立即听一遍教材录音带。可以先放当天所学内容，反复放几遍，然后跟着说；及时地复习一下刚学过的教材，使孩子有听、有说，时间不长但及时巩固了当天学习内容，这样做比下次上课前复习效果要好许多。当然，早起后和睡觉前，也放一段录音，坚持久了，也会有可喜的效果。

此外，我们小学生大多喜爱看电视，可以由家长、老师帮助选择适合小学生的英语节目观看，条件允许的可以买英语录像带、VCD等，在双休日或假期观看，养成爱听英语、爱看英语节目的习惯。

2. 说、读的习惯

英语是一门需要实践的科学，大胆开口说英语是必需的。可是有些学生由于自卑、自信心不足等原因不敢说，不愿意开口说，导致很多学生学的是哑巴英语。对此，我们可以先在家里练习，读给父母听。如果父母英语也不好，我们还可以做他们的小老师，教他们学习英语。一个人的自信心是建立在成功基础之上的，在家里的表现可以让我们对自己的英语能力更加自信，那么在学校里，我们也会更加大胆地说出来。

有些同学在英语课上积极回答问题，由于准备不充分，回答时经常会停顿过长，还常加“嗯”。语句说得断断续续，招致一些同学的嘲笑，从而影响自己的自信心。所以，上课回答一定要考虑，争取流利地表达出自己的意思，树立说英语的自信。

3. 写的习惯

“写”对小学生来说，主要是指“书写”。要求：书写姿势、方法正确，斜体行书规范书写，大小写、笔顺、标点符号和格式正确。小学生在学英文书写前，已学会汉字及汉语拼音的书写，且已养成一定的书写习惯，这对学习英文书写有利也有弊。就书写而言，两者有相同之处，但更有不同之点。对于书写的坐姿，握笔方法，两者要求相同。而汉字与英文在书写上差异很大。因此，在刚开始学习的时候就应该对自己严格要求，不但要写正确，更要写得美观。

自我实践

养成在“做中学”的习惯

人的语音语言和身体语言是相辅相成的。做动作可以帮助孩子理解语言、表达语言，也有助于记忆。现在的英语教材充分考虑了孩子爱新奇、好动的特点，书中听、说、读、写、唱、做、画、玩的安排生动活泼，图文并茂，有很强的趣味性，贴近大家的生活。

我们的学习不仅有课堂学习，还有课后的自习。在课后学习时，可以选择书本上或课外英语读物上的一些材料，发挥自己的想象力，进行绘画或动手制作一些教学道具。这样不仅可以培养学习的兴趣，而且可以增强自己的动手能力。在学习英语时，就可以把英语单词或句子写在自己的画上，贴在家中的电器、家具及日常用品用具等上。随时进行记忆，提高学习的乐趣。这样在日常生活中，我们就不知不觉地学习英语了。

（陈四光）

精彩链接

家长如何帮助孩子学英语

1. “训练”成“习惯”

习惯是一种动力定型，只有经过长期、反复的训练，才能形成。在家长的监督、督促之下，孩子每天定时学习英语，可以说孩子已经有了学习英语的行为，但是这还不是学习英语的习惯。要想形成习惯，还要不断地坚持，直到孩子不需要任何的监督、督促就可以自觉地学习英语，把英语学习作为生活的一部分，这个时候才可以说孩子有了学习英语的习惯。但是，很显然，要想形成英语学习的习惯是比较困难的。家长要有耐性，要反复地、持之以恒地要求，最终才能达到“习惯成自然”。

习惯的形成过程，也是一个不断鼓励孩子、不断对孩子的学习行为进行强化的过程。对孩子正确的、有益的做法进行鼓励强化，有利于他们保留这样的行为，最终形成好的习惯。

当然，家长也要配合学校的教学，家长和学校老师对孩子的要求要保持一致。同时，家长给以适时的指导和帮助也是很重要的。家长还可以和孩子展开学习竞赛，通过竞赛提高孩子的学习效率。

2. 自身素质需不断的提高

随着社会的发展，国际交流越来越多，日常生活中接触到英语的机会也越来越多。英语已经成为我们生活中的常客。新时期的家长学习英语是很有必要的，不仅可以提高自身素质，方便日常生活，提高自身工作能力，而且可以为孩子的英语学习提供帮助。

3．给孩子提供时间、空间和物质保障

现在的家庭一般都能给孩子学习的时间保障，当然，最好是为孩子提供一个良好的学习环境，如一间属于孩子的卧室兼书房，浓厚的学习气氛，在墙上贴上英语图片，室内放置英语学习的录音机或复读机等，给孩子创造一个英语学习的氛围。这对学生的学习习惯的养成是非常有好处的。

23．仔细观察好处多

问题咨询

老师：

你好！我作文总是写不好，每次都挨老师的批评，可是我实在是写不出来，因为我没有东西可写。写作文时，我非常着急，可是急有什么用，照样什么都写不出来。我该怎么办啊？

五年级　小强

心理分析

先请大家来做个小游戏，下面每一题中都包含两组数字，如果这两组数字是完全相同的，请打“√”，如果两组不相同，请打“×”。

①862741896351　　　　862741806351

②87564531709857432　　87564537709857432 2

③23556545535758563 82　　2355654553565856382

与答案相比较，你做对了几道题？如果全做对了，那就恭喜你，你具有比较强的观察力。如果做错了一些，那你就要锻炼一下自己的观察力了。

俄罗斯著名生理学家巴甫洛夫把“观察、观察、再观察”作为座右铭，并告诫学生：不学会观察，你就永远当不了科学家。良好的观察力是小学生智力发展的重要条件。小学生的观察力不是自然而然形成的，它需要经过长期的观察实践和观察训练。在生活中，要善于发现事物的新、异、奇，并把它们记录下来，日积月累，一方面可以锻炼观察力，另一方面还可以积累知识经验。

小强同学来信中说他写作文没内容可写，这在小学生中是很普遍的现象。那么为什么有这么多的小朋友写作文没东西写呢？其主要原因就在于缺乏观察，他们平时对身边的事物不太关心，对身边的事物不注意或没放在心上，自然他们写作文时就没有材料可写。要想改变这个状况，就必须训练自己的观察力，使自己成为一个观察敏锐的人。看的东西多了，写作文时就有内容了。

在观察时，首先，要有目标；其次，仔细、认真、有序；再有，用多种感官进行观察；此外，要做到辨别事物的不同点。良好的观察品质是善于发现细小的但是很有价值的事实，能透过个别现象发现事物的本质以及事物间内在的、本质的、必然的联系，这就要求同学们在观察中要开动脑筋、积极思维。

要进行观察力训练可以采取写观察日记的方法。

写观察日记要注意几点：

①要有明确的观察目标；

②观察时要认真、仔细、有序；

③观察时要多动脑，多问为什么；

④写观察日记时按照一定的顺序，有详有略。

自我实践

（1）在4分钟时间内，把数字表里的4、7、8用“√”画出来，画对一个记1分，画错一个扣1分，看谁的得分最高。

数字表

53786832153484651328645284672

89751239802319835278932123509

65097234550980409832505500892

98054789032513521557324905908

97845098990834984090984098598

57809540979800985409098565665

35783123564689875421346587864

54387954218786756351645123321

（2）课余时间和同学在一起做游戏时，可以找几片树叶让大家仔细观察，找出其中的差别，看谁找得又多又快。

（3）写观察日记，在“植树节”种植一株花草，每天傍晚对它进行仔细的观察，并写好观察日记。这个观察要持续两个月。

（陈四光）

精彩链接

小学生观察品质发展特点

1. 目的性

刚刚入学的小学生，进行观察时很少带有目的性，更多的是出于兴趣、爱好等因素而进行观察。所以他们在进行观察时，经常是无意识的，观察行为受到刺激物的声音、形态、颜色等特征影响，当然，也受到观察者自己的兴趣爱好的影响；随着年龄的增长，小学生观察的目的性会越来越强。

2. 精确性

低年级小学生观察的精确水平很低，所谓观察的精确性是指观察者对观察对象细节的把握。小学生在这方面能力还不强。他们只观察事物的大致特征，而常常忽视细节；对观察对象只有一个笼统、模糊的认识，不能全面把握观察对象。到了小学的中高年级，观察的精确性会得到不断的发展。

3. 顺序性

小学生在低年级时，观察事物比较随意、凌乱，没有明确的顺序，观察到哪里就是哪里。但是小学生观察事物的顺序性发展较快，到了中高年级，大部分的小学生都能够按照一定的顺序来观察对象，如从头到尾、从前到后。

4. 深刻性

低年级小学生对所观察的事物难以有较深刻的认识，即深刻性不足。他们对事物的观察只停留在表面层次，而对事物内在的、深层次的东西则观察不足，无法搞清事物之间的关系，更难以揭示事物的本质特征。但是随着小学生抽象思维的发展，他们对事物观察的深刻性也逐渐加深，常表现出较强的分辨能力和判断能力。

24. 创造力能培养吗

问题咨询

老师：

您好！

我是一个五年级的小学生，今年我们班有一位同学参加了省里的发明大赛，得了二等奖。她发明了一件很奇特的衣服，平时穿在身上是裙子。上体育课时，只要把裙子朝上翻起，再把两边拉链一拉，露出里面的西式短裤，就成了一件运动套装。其实说来也很简单，只是把裙子稍微做些改动就成了。可是我为什么想不到呢？在书上我看了很多发明家的故事，很羡慕他们，我也想当发明家，可我一个东西都发明不出来，是不是我太笨了？

五年级　章乔

心理分析

章乔同学在这里谈的，其实是创造力的问题。可是她对创造力有些误解。创造是人们在实践中，运用自己的智慧发现新事物、研究新问题、开辟新道路，从而产生精神或物质的成果，推动人类社会向前发展的活动过程。创造力差并不能说明人笨，要想有高的创造力确实需要一定的智力为基础，但是智力达到了一定的高度，并不能保证就有高的创造力。所以说，创造力和智力是有一定区别的。

创造心理学研究表明，除少数智力发展较差者外，大多数中等智力水平的人都具有创造力。创造力不是天生不变的，通过一定的训练，可以达到提高创造力的目标；并且童年期创造力的培养对今后的发展是非常重要的。

创造力高的儿童往往有以下特征：

（1）他们有强烈的求知欲，知识面较广，甚至已经成为某方面的专家。

（2）他们活泼乐观，对别人热情坦率，富于探索精神，对学习有较强的自信心，有时甚至过于自信。

（3）喜欢独自做事，敢于探索新方法，在做事时有着强烈的自主意识，对由自己负责的事情有高度的热情，而对老师要求大家一起合作的事情则没有多少兴趣，甚至表现得不大合群。

（4）创造力高的儿童往往具有丰富的情感，他们有强烈的好奇心，对创造性的事情充满热情，但有时又因精力过剩而表现出顽皮、淘气等行为特征。

虽然爱学习是老师家长喜欢的，但后面的三个特征常常让家长和老师头痛，往往成为他们批评的对象。如果经常这样做就会扼杀孩子的创造性，使他们成为一个听话但是缺乏创造力的平庸之人。下面这个故事就发人深省。故事发生在半个世纪前，故事中的那位老师是我国著名的教育家陶行知先生。

一个孩子的母亲，因孩子把她买回家的一块金表当成新鲜玩具给摆弄坏了，就狠狠地揍了孩子一顿，并把这件事告诉了孩子的老师。老师幽默地说："一个中国'爱迪生'被你枪毙了。"这个母亲不解其意，老师给她分析说："孩子的这种行为是创造力的一种表现，你不该打孩子，要解放孩子的双手，让他从小有动手的机会。"

"那我现在该怎么办？"这位母亲听了老师的话，对自己的行为后悔不迭。

"补救的办法是有的。"老师接着说道，"你可以和孩子一起把金表送到钟表铺，让孩子站在一旁看修表匠如何修理。这样，钟表铺就成了课堂，修表匠成了先生，令郎就成了学生，修理费成了学费，你孩子的好奇心就可以得到满足，说不定，他还可以学会修理呢！"

其实，从心理学来看，发明创造的能力并不神秘，除了必须具有渊博的专业知识外；还有一点尤其值得家长和教育工作者注意，那就是一定要保护好每一位小朋友的个性，这才是创造性的真正核心。

自我实践

（1）将下列物品两两组合，会产生什么新物品呢？

A. 圆规　　B. 吸盘　　C. 钢笔

D. 文具盒　　E. 橡皮擦　　F. 三角板

（2）请你在课余时间，把几个日常用品组合起来，看看可以变成多少样不同的东西。

（3）自编故事，自设问题，并自行想象、解决。

（4）大胆提问，不仅向家人提，而且向教师、同学提问。

（5）想一想，下面两种物品是受了什么启发而发明的？

A. 充气沙发

B. 宇航员在太空中吃的压缩式食品

（陈四光）

精彩链接

富有个性的人

(1) 富有个性的人是宽容的人。宽容是很多著名科学家都具有的优秀品质，宽容的人才能够包容不同的见解，蔡元培提出的“思想自由，兼容并包”赋予了北大最宝贵的学术生命，使北大出现了一大批有个性的学者。

(2) 富有个性的人是尊重自己感觉的人。自己的感觉是独特而且唯一的，尊重自己的感觉，其实就是相信自己的判断。八大山人眼中的荷花和树木就像山河一样破败凋零，当然笔下只有残花枯树秃鸦，而不可能是金玉满堂。

(3) 富有个性的人是正义的人，没有正义感的人无法个性独立。因为真理在刚刚出现的时候往往是比较弱小的，而且通常和世俗的看法有一定的差异，不容易被世俗的人接受。这就需要用正义感来坚持真理。

(4) 富有个性的人是独立思考的人。不迷信权威，只相信真理。柏拉图云：“吾爱吾师，吾更爱真理”，就是对独立思考的最佳解释。加利略在比萨斜塔上用一个简单的实验，告诉了人们不要人云亦云，要独立思考。

(5) 富有个性的人是能忍受孤独的人。有个性的人常常是不为别人所理解的，要坚持自己的个性，就要忍受别人的不理解。被孤立虽然会使人情绪低落，但是被孤立所带来的安静的环境，却容易让人安心搞研究或创作。

(6) 富有个性的人是永远充满创造激情的人。无穷而浓厚的创造志趣以及丰硕的创造成就会带给你深深的自信和喜悦，人生之高峰体验由此而来。

总之，做自己所想做的，而不计较自己所想要的，会使你真正地成为你自己。坦诚、自立、自信、正直、勇敢、孤独、激情会成就你非常独特的生机勃勃的个性。

25. 如果能过目不忘，我一定能成为科学家

问题咨询

> 我感觉自己很笨，因为老师和同学都经常这样说。我学习成绩很差，老是背不出课文，别人总是能背得很好。如果我能背得和其他同学一样好，我的学习成绩会很棒，将来一定能成为科学家。但是我怎样才能提高记忆力呢？
>
> 二年级　张进

心理分析

从张进来信中我们知道他是个进取心很强的孩子，他不愿被别人说笨，想要改变自己的记忆能力，这是很好的愿望。其实，记忆在我们的学习过程中确实起着非常重要的作用。它是人脑对经历过的事物的反映。人们过去见过的、听过的、嗅过的、尝过的、触摸过的、思考过的、体验过的对象及动作等，都可以在头脑里留下痕迹，以后还会再现或回忆出来，这些都是记忆现象。如果我们学习过的东西在头脑中没有印象，那只能说是白学了。记忆的重要性大家都知道，可为什么有些人总觉得自己比别人笨，记性差呢？难道张进真的就比别人笨吗？

其实不然，心理科学研究证明绝大多数人的记忆力都是很相近的。一些同学觉得自己记忆力差只是没有掌握适当的记忆方法并加以练习。

一位小学三年级的学生王超也向我们反映过同样的问题。他告诉我们说：有一天，老师让回家背诵刚刚学过的课文。回家后，他就拿起课本认真地读背，半个小时就背好了，然后他继续做其他作业。第二天，老师在语文课上检查。王超很有自信地站起来背诵，可是却连一半都没背出来，还被老师批评了一顿，说他不好好完成作业。当时王超就委屈地哭了。王超之所以没能很好地背诵课文，主要有两个方面的原因：一是没有及时巩固复习。结果前一天晚上背诵的课文，第二天上课就已经忘记了。根据心理学上的艾宾浩斯遗忘曲线（见精彩链接），我们学习知识之后应该不断地巩固复习，否则就会很快遗忘。二是没有采取适当的记忆方法。心理学对记忆的研究告诉我们，我们认为遗忘的东西，实际上仍然保留在大脑中，回忆不出只是我们没有把线索找出来，就好像在森林里迷了路，由于没有做记号，结果明明有路也找不到了。王超背不出课文，可能也是这样，并不是他记忆差。

小学时间跨度较大，随着年龄的增长，小学生的记忆特点也在不断变化。

学前儿童和低年级小学生主要采取死记硬背的方法，中高年级小学生比较多地采用意义识记的方法，即在理解的基础上进行记忆。小学低年级的学生由于所学知识较少，对学习内容不易理解，因而在学习功课时较多地运用死记硬背的方法。到了中高年级，由于他们掌握的知识越来越多，在理解基础上记忆的能力不断发展。

在小学阶段，学生的抽象能力还很有限，小学生大多需要借助图片来帮助记忆。特别是一些说理性的内容，若能转化为图片则能提高学生的记忆效果。

根据小学生的记忆特点以及科学心理学告诉我们的知识，我们建议张进试试以下提高记忆的方法：

1. 图像记忆法

尽量把文字内容转化为图像，增加知识的直观性，有利于小学生快速高效地记住知识。既可以增强孩子的记忆力又可培养孩子的绘画能力。

2. 特征记忆法

在记忆时对某些无意义的材料，可采取寻找特点的办法进行记忆。例如，日本富士山高12 365英尺，可记为等于一年的月份（12）加上一年的天数（365）。

3. 歌诀记忆法

就是把记忆的材料编成合辙押韵的歌诀，能收到很好的效果。如把中国历史朝代编为："尧舜虞夏商周，春秋战国乱悠悠，秦汉三国晋统一，南朝北朝是对头，隋唐五代又十国，宋元明清帝王休。"

4. 编故事记忆法

编故事记忆法把生活中容易遗忘的事物联系起来，便于记住。例如气球、天空、导弹、苹果、小狗、闪电、街道、柳树八个词，可以用此方法把它们联系在一起：我被气球吊上天空，骑在一颗飞来的导弹上，导弹射出了一个苹果掉在小狗的头上，小狗受惊后像一道闪电似的奔跑，窜过街道，撞在柳树上，死了。这样把八个毫不相干的词就记住了。

5. 谐音记忆法

谐音法可把枯燥乏味的数字（或其他材料）变为有意义的语言。例如白求恩生于 1890 年，死于 1939 年。可记为：白求恩一把（18）手术刀救死（90）扶伤，自己却牺牲在三九（39）天。再如马克思的生日 1818 年 5 月 5 日，有人这样记：马克思一巴掌（18）一巴掌（18）打得资本家“呜呜”（55）地哭。

自我实践

记忆不但需要好方法，还需要经常训练。大脑只有经常使用才会越来越灵活。平时在休息时间可以和父母一起做一些锻炼记忆的游戏。既增强了记忆力，又加深了亲子关系，何乐而不为呢?

训练一：倒数数字

家长和孩子互相给对方说出一串任意的数字，然后对方倒着念出来。如家长说：7493，孩子立刻说：3947。不断增加数字的长度，直到分出胜负。

训练二：间隔记忆

家长准备一些卡片，上面把一些汉字和数字间隔开来。如：天—3—球—9—电—8—红—0，家长按顺序把它们读出来后，孩子只按顺序把其中的数字或汉字回忆出来。如孩子回答：天—球—电—红或

3—9—8—0。同样孩子也可以先读，让家长来回答。

（陈四光）

精彩链接

多通道记忆法

要记忆外部信息，必先接受这些信息，而接受信息的“通道”不止一条，有视觉、听觉、动觉、触觉等。有多种感知觉参与的记忆，叫做“多通道”记忆。这种记忆方法效果比单通道记忆强得多。

有位老师曾经用3种方法让三组同学记住10张画的内容：对第一组同学，他只是告诉说画上画了些什么，并不给他们看这些画。也就是说这组同学只是听，没有看。对第二组同学正好相反，老师只给他们看这10张画，可是不给他们讲每张画上画了些什么。也就是说这组同学只是看，没有听。对第三组同学是又让听又让看。老师不但告诉他们画的内容，而且在讲每张画的内容的同时，就给他们看那张画。

过了一段时间，老师分别问这三组同学记住了多少画的内容。结果第一组记住的最少，只有60%；第二组稍多，记住了70%；第三组记住最多，达到86%！这说明只听不看的同学记得最少，还仅仅是两种感觉器官并用，记忆效果就比只用其中一种好得多。如果把所有的感觉器官一齐调动起来，记忆效果就更好了。

第二部分

校园生活

26. 化解嫉妒，鼓励竞争

问题咨询

一天，红红家来了妈妈的同事郑阿姨，郑阿姨还带了个小妹妹，名叫秋秋。秋秋看到红红的钢琴，马上奔过去，爬到琴凳上，随手弹了起来。红红妈妈听到琴声，笑着对郑阿姨说：“你家秋秋真聪明，钢琴弹得好极了。”郑阿姨客气地说：“哪里，哪里，红红才棒呢！”等把郑阿姨一家送走，红红马上对妈妈发起了脾气：“你说，秋秋有什么好？你是不是不喜欢我了？”

心理分析

古代有一个著名的“妒妇津”的故事：相传刘伯玉妻断氏有嫉妒心。刘伯玉曾经称赞曹植在《洛神赋》中所写洛神的美丽，断氏听到后，气氛地说：“君何得以水神美而欲轻我？我死，何愁不为水神？”后果真投水自杀。于是后人将她投水的地方称为“妒妇津”，相传凡女子渡此津时均不敢盛妆，否则就会风波大作。这个著名故事反映了人类社会普遍存在着的嫉妒心理。事实上，嫉妒是一种原始的情感，是人类心理中动物本能的表现，它具有一定的普遍性。

嫉妒是指对他人的名声、能力、地位或品德、相貌等比自己好的人产生的怨恨，从而对这个人的成绩或长处、优点进行抵触、贬低、厌恶、排斥甚至打击报复的态度和行为。这无论对生活、学习、工作，还是对人对己都会造成有害的影响。著名哲学家黑格尔说过：“有嫉妒心的人，自己不能完成伟大的事业，便尽量去低估他人的伟大，贬抑他人的伟大性，使之与他本人相齐。”从心理学来讲，这就是对他人的否定，对自己的地位或成绩不能自信的一种防御性的报复性的心理。这种心理一般会导致一系列消极的行为，如责问、攻击等，甚至不择手段去伤害别人。

嫉妒对孩子各方面的健康成长都会产生消极的影响。如果儿童长期处于嫉妒这种消极不良的心理体验之中，情绪上便会产生压抑感，久而久之，就会导致器官功能减弱，机体协调出现障碍。而这种障碍又会加剧不良的心理体验，使儿童产生诸如忧愁、怀疑、自卑等不良情绪，从而形成恶性循环，造成不同程度的身心损伤。此外，嫉妒还会影响孩子对事物进行正确客观的认识，容易使孩子产生偏见，产生怨天尤人的思想，影响孩子与他人的正常交往，最终抑制孩子社会性的发展。

另外，心理学家的观察研究证明，嫉妒心强烈的人易患心脏病，而且死亡率也高；而嫉妒心较少的人群，心脏病的发病率和死亡率均明显低于其他人，只有前者的1/3～1/2。此外，如头痛、胃痛、高血压等，易发生于嫉妒心强的人身上，并且药物的治疗效果也不明显。

和成人相比，儿童的嫉妒有着独特的心理特征，主要表现为以下几点：

1. 明显的外露性

这是儿童嫉妒心理与成年人嫉妒心理最主要的区别。成人往往会考虑各种因素而尽量掩饰自己的嫉妒心理；而幼儿一般会通过具体的言行直率地表露自己的嫉妒情绪，他们通常不会考虑自己的嫉妒是否会引起别人对自己的不良评价等后果，此特点可以帮助家长、老师及时发现幼儿的嫉妒心理。

2. 直接的对抗性

因儿童对事物的认识具有直观性的特点，他们往往会直接地将因自己的嫉妒引起的不快情绪归责于自己所嫉妒的人，进而对引起他嫉妒的人或事做出直接的对抗行为，以发泄心中的不满。比如，直接打骂他所嫉妒的人，毁坏令他嫉妒的具体物品等，而不会以其他替代的方式间接去达到发泄自己心中不满的目的。

3. 鲜明的主观性

儿童认识事物一般都是从自己的角度出发，他们往往会以是否符合自己的意愿为标准，简单地对事物进行分类。因此，当其他儿童比自己强或其他儿童拥有自己所没有的东西时，就会因外界的事物不符合自己的意愿而造成他们心理上的不快。此种不快心理就是嫉妒心理，它具有强烈鲜明的主观色彩。

孩子出现了嫉妒心理，爸爸妈妈们怎么办呢？

1. 了解孩子嫉妒的起因

受认识水平的局限，儿童对他人拥有而自己不具备或无法拥有的东西，往往会产生一种由羡慕转化为嫉妒的心理，这其实是很正常的情况。父母平时应多和孩子接触，及时掌握孩子嫉妒的直接起因，这是化解孩子嫉妒心理的前提。

2. 倾听孩子的心理感受

孩子的嫉妒是直观、真实甚至自然的，它完全不似成人嫉妒心理那样掺杂着诸多的社会因素，它只是孩子对自己愿望不能实现而产生的一种本能心理反应。因此，父母切勿盲目对孩子的嫉妒行为进行批评，要耐心倾听孩子的苦恼，理解他们无法实现自己的愿望所产生的痛苦情绪，以便使孩子因嫉妒产生的不良情感能够得到宣泄。

3. 帮助孩子正确分析与他人产生差距的原因

儿童的思维方式主要以具体形象思维为主，他们一般不具备对事物进行全面分析的能力。他们往往会将自己的嫉妒简单地归责于自己或所嫉妒的对象，而不去考虑其他因素。因此，父母应帮助孩子全面分析造成孩子和所嫉妒对象之间差距产生的原因，这些差距能否缩小，以及缩小差距的途径和方法，以便使孩子能正确与他人进行比较，以积极的方式缩小实际存在的差距，最终化解内心的不平衡。

4. 培养孩子养成豁达乐观的性格

平时应教育孩子理解人与人之间客观存在的差异性，让孩子懂得各人都有各人的优势和长处，也都有各人的不足和短处。要引导孩子充分发挥自己的长处，改正缺点，在生活和学习中学会正视别人的优势和长处，欣赏别人的优势和长处，从而学习、借鉴别人的优势和长处，弥补自己的不足，用成功和自信来取得别人对自己的喝彩。

嫉妒是孩子成长过程中一个不容回避的问题，它并不可怕，关键在于如何战胜它。让我们用理智和耐心，把孩子心中的酸化作生活中的甜。

自我实践

心理密码：测测你的嫉妒心

测试一：你是一个容易嫉妒的人吗？

以下问题有三个答案供选择，选答案①记 1 分；选答案②记 2 分；选答案③记 3 分。

（1）我觉得命运对我不公平。

①不符合　　②有点符合　　③很符合

（2）我是个多事好问的人。

①不符合　　②有点符合　　③很符合

（3）我渴望得到大家的注意。

①不符合　　②有点符合　　③很符合

（4）别人的快乐使我更加苦恼。

①不符合　　②有点符合　　③很符合

（5）我不像别人那样有好运气。

①不符合　　②有点符合　　③很符合

（6）我讨厌轻易取得成功的人。

①不符合　　②有点符合　　③很符合

提示：得分在 12 分以上就要警惕你的嫉妒心了。

测试二：你容易被人嫉妒吗？

（1）我不在乎别人是否顺手。

①不符合　　②有点符合　　③很符合

（2）别人说我喜欢出风头。

①不符合　　②有点符合　　③很符合

（3）我常常忘了关怀身边的弱者。

①不符合　　②有点符合　　③很符合

（4）我不怕做个“出头鸟”。

①不符合　　②有点符合　　③很符合

（5）我经常有点飘飘然的感觉。

①不符合　　②有点符合　　③很符合

（6）我的成功来得很容易。

①不符合　　②有点符合　　③很符合

提示：得分在 12 分以上就要警惕投向你的嫉妒性的目光。

（张美兰）

精彩链接

儿子的故事

2002 年暑假，我们一家带孩子去河北野三坡和百里峡游玩。本来是想约好友一家一起去玩，因他们夫妻俩都有事，只好带他们的儿子去。河北的朋友见到我们，就问：“这两个都是你们的儿子吗？”我爽快地说：“都是。”等到吃饭的时候，我经常给朋友的小孩夹菜。这时，儿子醋意开始发作，就用小脚踩我鞋，并小声对我说：“他没有手哇！”

第二天，我们一起爬百里峡，朋友的小孩爬得很快，当时旅游的人很多。我生怕他出现差错，于是紧追不舍。我的行动深深地触怒了儿子，他悄悄地拽着我的衣襟，狠狠地对我说：“您真是一个喜新厌旧的妈妈，您去追他吧，让他给您当儿子好了。”这时，我赶快唤来丈夫，让他去追朋友的小孩，我陪儿子爬。我告诉他：“你永远都是妈妈的儿子，我也永远都是你的妈妈，这是不可更改的事实。妈妈之所以更关注他，是因为他父母没在他身边，我们既然带他出来玩，就要为他的安全负责任。如果你和他的父母一起去玩，而我们没去，他们也会像我一样关照你，也会像对待自己的儿子一样对待你。”

儿子听到这些，看看我，笑了笑，说：“我俩比赛，看谁爬得更快。”儿子不知哪来的劲，噌、噌、噌，很快就追上朋友的小孩，他们俩一起登上山顶，相互拥抱着。儿子高喊：“妈妈，快给我们照相呀！”

27. 可爱的追星族们

问题咨询

老师：

您好！

我是一名五年级小学生，这学期我不知不觉成了一名追星族，零用钱全部用来买明星的小卡片、歌碟、影碟，连上课都想着这些事，在家里更是经常偷偷摸摸地听和看，每次爸爸妈妈看见了总要狠狠地批评我。我知道自己有些过分，可是喜欢明星也没有什么不好呀？

五（2）班　李丹

心理分析

和这位同学一样，很多同学特别是小学高年级学生，酷爱追星。他们往往爱好收集自己喜欢的明星的照片、歌带、影碟，穿着印有明星们的头像、名字或标记的衣服、鞋袜，并在墙壁、文具盒、书桌上到处贴满了明星的小图片，甚至穿着打扮、行为举止也模仿明星们，有时还着迷得吃不下饭，睡不好觉。

少年朋友们崇拜的对象主要有影视明星、体育明星，如 F4、S. H. E、马拉多纳等，主要是因为他们拥有亮丽的外表、潇洒的风度、甜美的歌声、迷人的嗓音及富有感染力的音乐；而体育明星们具有高超的技术、独特的个性和外表等。

少年朋友们追星是自己的权利，大人们应予以尊重，一味的反对会让孩子产生逆反心理，这是因为：

（1）感情需要。追星可以丰富少年朋友的精神生活、业余生活，丰富自己的内心世界，给平淡的校园生活和孤寂的独生子女生活增添新鲜、浪漫的色彩。

（2）向往成功。少年朋友们都有自己伟大的理想，都渴望像明星们一样成功、风光，因而也会不断发现自己的潜力，加强对社会、对自己的认识，并不断调整自己。总结一些偶像成功的秘诀，帮助自己发展成才。

(3) 发现理想的未来自我。每个小朋友从懂事的那天起就面临一个问题：你要成一个什么样的人？会对自己的将来产生丰富的想象，明星们就成了他们在现实生活中模仿的活生生的人物，明星们对他们起着榜样作用。

当然，一味的追星也会给少年朋友们带来消极影响：

(1) 追求时髦、寻求刺激、盲目崇拜、精神生活空虚。由于年龄较小，认识水平有限，相当部分少年朋友对自己的偶像，只是羡慕其外表，缺乏深刻理解，并没有寻求其成功的内在思想方式与艰苦奋斗精神。

(2) 缺乏自我、荒废学业、虚度光阴，甚至形成不劳而获、贪图享受的思想，甚至为了钱而犯罪。

在此，家长和老师们要特别给予引导、教育，少年朋友们自己也要提高认识水平，学习明星们的优点，积累自身的经验努力学习。

一方面，家长老师要尊重少年朋友们心目中的偶像，要从孩子的角度发现这些明星的可爱之处，和孩子互相沟通，用自己全部的智慧来引导孩子认识偶像哪儿好哪儿不好，并讨论孩子自己：你具备哪些素质？你适合发展成为什么样的人？你要从明星那儿学些什么？大人的话只要合情合理，孩子们也很愿意接受。

另一方面，少年朋友们要学会崇拜一切美好的事物，但更要认真欣赏自己，发现自己的美好与独特，发现偶像的不足，这样才可以超越自己。此外，还要把学习和娱乐区分开来，学习放在第一，娱乐放在第二；并要不断提高自己的欣赏、认识水平，把眼光放宽、放远些，凡是优秀的人都可以成为我们学习的榜样。

第三方面，由于影视、体育等行业比较引人注意，各种媒体大力宣传，明星们才显得更耀眼。其实宣传机构应根据时代和社会的需要，多推出名副其实的各界明星，正确引导少年朋友们的思想，让他们认识到“行行出状元”，只要努力，将来大家都可以成为各行各业的“明星”。

自我实践

思考下列问题：

（1）你追星吗？他（或她）是谁？

（2）你追星有哪些具体的做法？

（3）追星对你有帮助吗？

（4）你今后还继续追星吗？

（5）你最崇拜的人物是谁？

（6）你崇拜他是因为他哪些方面令你崇拜？

（7）崇拜他对你产生了哪些影响？

（8）当你遇到困难时，他是否激励你振奋精神，不断努力？（请举例）

（张美兰）

精彩链接

追星正常，但要把握好分寸

近年，青少年因崇拜偶像而出现的悲剧一再在中国各地出现：2002年，浙江温州一名17岁的初中生因无钱亲眼见到偶像影星赵薇而服毒自尽；四川一名13岁女孩在连看8遍《流星花园》后，离家出走，下落不明。中国青少年研究中心等不久前对北京、上海、天津、广州等地大中学生进行的专题调查显示，被调查的青少年中，有50%的人承认有过特别喜欢、崇拜某个“明星”的经历；有34.5%的人承认自己正在崇拜某个“明星”。青少年崇拜外国和港台“明星”的人占60%以上。学生们崇拜的偶像中，99%以上是影视界和体育界“明星”。

面对狂热的追星现象，少年朋友要把握好分寸。

（1）不盲目追星。你所崇拜的应该是真正值得你崇拜的，不只徒有其表，更应该有高尚的人品和超凡的气度；不仅仅吸引你的目光，更应该能震撼你的心灵。

（2）不疯狂追星。不要滥花时间和钱在追星上。追星不应该成为你生活的全部。

（3）心胸要开阔。同学们所崇拜的偶像有同有异，不能因为偶像的不同，就对别的同学持排斥甚至敌视的态度。

（4）善于从自己所崇拜的偶像身上吸取积极的人生经验。如勤学苦练、自信勇敢等。

总之，不要在追星中失去你自己，因为每人的成长环境和机遇都不一样，千万要记住，你只能成为你自己，世界上没有完全相同的两片叶子，也没有完全相同的两个人。

28. 专时专用讲效率

问题咨询

每天放学后，我第一件想做的事情就是玩。回到家后，常常是把书包一放就躺在沙发上看自己喜欢的动画片。爸爸妈妈催我做作业，我就是不想做。有时好不容易拿出书和作业本，一会儿想喝茶，一会儿想上厕所，一会儿想看看故事书，做一点作业要好几个小时才能做完，爸爸妈妈老是批评我，我自己也很烦，我应该怎样改掉这个磨磨蹭蹭的毛病呢？

一位小朋友的烦恼

心理分析

磨蹭是小朋友们在学习中常见的毛病。当然这个坏毛病不是一、两天突然形成的哦，而是有一个过程的。磨蹭又叫“磨洋工”，它是指做事行动迟缓，学习或工作中采取消极的态度，故意少投入劳动或精力，拖延完成任务的时间。

小朋友们的磨蹭有这么几种情况：第一种是学习兴趣低落，硬着头皮应付，能拖就拖，缺乏自信心，不负责任。第二种是慢性子，行动迟缓，慢条斯理，紧张不起来，任凭家长、老师催促，依然是老样子。第三种是缺乏时间观念、效率观念，不知道时间对人生的重要意义。

小朋友们的这种磨蹭行为影响了自己的学习和生活，一方面想玩但又玩得不痛快、不开心，学习起来效率也不高，又让老师、家长操心。因此，矫治磨蹭要区分不同情况，对症下药。第一种情况要在激发学习兴趣、增强自信心、提高学习责任心上下工夫；第二、三种情况要在专时专用、提高学习效率上努力。

自我实践

小朋友们要改掉这个坏习惯，一定要请家长们帮忙指导、训练和监督，主要办法有如下几种：

（1）联系学习、生活实际，了解磨蹭的害处。现代社会充满竞争，时间就是生命，时间就是财富。磨磨蹭蹭、不讲效率的人就会被淘汰，就会生活艰难，会害自己一辈子。

（2）加强专时专用、提高效率的练习。根据自己的年龄特点和个性特点，由小朋友自己或家长协助制定每次学习的时间、任务、目标要求等，按时完成后一起评价学习的结果。学习效率提高了，增加了玩乐的时间，小朋友们会感觉特开心，会体会到时间的宝贵。

（3）增加计时性活动，不断训练自己。小朋友的磨蹭不仅在学习中表现出来，也反映在生活的各个方面，如穿衣、吃饭、收拾书包文具、洗衣物等。因此，家长们要督促他们增加计时性活动。如一起通过计时阅读、计时记忆、计时答题、计时劳动的小竞赛等，做某件事需要多长时间，事先设定，然后以最快速度保质保量进行。

事后家长们与小朋友自己一起评价，调整要求，下一次争取做得更快更好。久而久之，小朋友们就会增强信心和责任感，无形中也改变了自己。

（4）小朋友们要常和讲效率的孩子一起学习、游戏，让自己受到同伴的感染和影响，不知不觉中加快了行动的速度和效率。当然，你们或你们的家长可以事先与讲效率的孩子的家长联系，请他们给自己的孩子提出更高的要求，在学习和游戏的过程中带动磨蹭的孩子。

（5）小朋友们自己要具有信心、恒心和毅力，决心改掉这个坏习惯，注重专时专用，讲求效率。

（张美兰）

精彩链接

明日歌

明日复明日，
明日何其多？
此生待明日，
万事成蹉跎。

29. 如何克服马虎的毛病

问题咨询

同学们经常叫我“马大哈”，因为我经常把本来不该做错的题做错，本来不该看错的题看错，本来不该写错的字写错。其实我也不想的，有时我在心里也提醒自己，千万不要再马虎了，但到时候不该错的还是错了。我该怎么办呢？

三（5）班　小方

心理分析

小方同学能够认识到马虎的危害，就要仔细地在身上寻找到自己马虎的原因，从而有针对性地克服这种坏毛病。

马虎毛病的形成，有以下一些原因：

（1）是小朋友们年幼时的马虎现象没有及时纠正，久而久之，形成了习惯、定势。

（2）是责任心不强，应付的成分太多，缺乏真正的责任意识。比如老师交代，下课回家后同学们要反复练习数学中小数的加减运算，可有的小朋友自以为学会了，懒得去练；作业中出了错误，看一眼就自以为明白了，也不动手去纠正，有的连看都不看一眼。

（3）注意力不集中，如有的同学平时学习总是无法集中注意力，漫不经心，丢三落四，长此下去，就会形成恶性循环，形成马虎的毛病。如果做任何事情都集中注意力，不断提醒自己，就不会出错。

（4）功课太多，作业太多，速度不快做不完，于是忙忙叨叨，错误迭出。

（5）与家庭教育方式有关。小时候，家长如果不注重孩子独立性的培养，而是自己亲自动手为其准备好一切，那么孩子由于很少有机会对自己的事情负责，什么也不用考虑，马虎的行为习惯就容易形成。

（6）重复性训练过多。为什么小学生，特别是小学中低年级的学生中“小马虎”多呢？如今很多父母非常注意教孩子书本上的知识，有的孩子还没有上学就学会了一年级的知识内容，有的孩子上二年级，已经掌握了三年级的部分知识，他们不等老师讲就会了，如果再让他反复地学，孩子就觉得乏味了。长时间的这种重复练习，使他们的思维产生了惰性，不加思考地去做习题，因而最容易出错，从而培养出“小马虎”。

解决马虎问题必须对症下药，根据产生马虎的原因，有针对性地做好以下工作：

（1）形成自我检查学习效果的习惯。有些同学由于马虎导致作业的错误，常常由爸爸妈妈或其他长辈给检查出来，一一指正。这种方法对克服马虎的毛病不但没有好处，还可能导致孩子的依赖心理而更加马虎。正确的做法是由家长指导孩子自己检查、验证学习效果。同学们自己也要提醒自己检查。家长的检查在孩子检查之后，而且不要具体指出错误，而是划定出错范围，让孩子自己查证。特别要培养一次做对的习惯。

（2）改正平时做作业时的一些不良习惯。如草稿不要太草：不少孩子马虎是从草稿开始的，所以家长要教育孩子草稿不要太草，要严肃认真。不要依赖橡皮：橡皮是造成马虎的一个根源，反正错了可以擦，于是错了擦，擦了错，孩子不在乎。家长如果限制孩子使用橡皮，错了不许擦，孩子就会认真一点。“三思而后行”，想好了再做，争取一次做对。

（3）使用自我奖励法。比如，由于马虎，作业或考试出了问题，取消某项外出游玩的计划，取消一次看电视或电影的娱乐活动；也可以罚自己背诵两段有关讲认真、不马虎的格言、名言、谚语，或者学讲一个有关的故事。还可以使用厌恶疗法：对马虎很严重的孩子，可以手腕上套橡皮筋，每马虎一次，自己拉几次橡皮筋，会有疼痛感。几次之后，一做作业就会想到不认真就要手腕疼，这样就可以逐渐改掉坏毛病。同时，也可使用自我奖励法：可在认真做完作业后，给自己奖赏，如做自己喜欢的事情。

（4）进行“细活儿”训练。学习、生活中有许多“细活儿”，不认真绝对做不好。对于马虎的孩子，通过干“细活儿”，可以克服他的毛病。例如，写正楷字、画工笔画、缝衣服扣子、淘米、挑沙子、摘洗蔬菜、计算水电费、动脑筋游戏等。有目的地去选这类事情干，经常训练，就会越来越细心。

（5）小朋友们在学习生活的琐事中，要充分认识速度、质量与效益之间的关系。做事速度不能太慢，但也不能太快，重要的是求质量和效益，当然能做得又快又好就两全其美了。

（6）小朋友必须认识马虎可能带来什么样的恶果。如果你们家有亲友从事精密、细致的工作，不妨去看看他们的工作情况，请亲友作实地介绍，这一定会对你的思想有很大的帮助。

（7）当然最重要的是增强责任意识。“一人做事一人当”、“要做就一定要做好”、“自己的事情自己做”等，有了这样一些念头，就多了一份责任感，就会变得越来越成熟、独立、认真。

自我实践

妙用“纠错本”

使用“纠错本”，学会自我暗示。学会自己每犯一次马虎的错误时，就把马虎的原因用笔记下来，平时多看几遍，或是警告自己，并在心里默念：“别人都不马虎，为什么我马虎呢？一个马虎的人是成就不了大事业的。马虎并不是我的专利，它控制不了我，我一定能战胜它。”

（赖日生　张美兰）

精彩链接

“马虎”的来历

同学们，你们知道这个俗语是怎么来的吗？

宋代时京城有一个画家，作画往往随心所欲，人们都搞不清他画的究竟是什么。一次，他刚画好一个虎头，碰上有人来请他画马，他就随手在虎头后画上马的身子。来人问他画的是马还是虎，他答道：“马马虎虎！”来人不要，他便将画挂在厅堂。大儿子见了问他画里是什么，他说是虎，次儿子问他却说是马。

不久，大儿子外出打猎时，把人家的马当老虎射死了，画家不得不给马主赔钱。他的小儿子外出碰上老虎，却以为是马想去骑，结果被老虎活活咬死了。画家悲痛万分，把画烧了，还写了一首诗自责：

"马虎图，马虎图，似马又似虎，长子依图射死马，次子依图喂了虎。草堂焚毁马虎图，奉劝诸君莫学吾。"从此，"马虎"这个词就流传开了。

可见，马虎的教训是深刻的，对待马虎，同学们一定不要掉以轻心。

30. 我该不该与笔友通信

问题咨询

> 老师：
>
> 您好！
>
> 我班有不少同学都交了许多笔友，他们经常能收到笔友的来信和照片。有时候看着我挺羡慕的，但我不知道我也是不是该交个笔友。老师，您能给我点建议吗？
>
> 六（2）班　云晓

心理分析

随着年龄的增长，孩子们的自我意识渐渐觉醒，内心的想法渐渐多了起来，这些想法是朦胧、松散、无因无果的。有些想法是可以与同学伙伴分享的；但有些想法，却不适合讲给熟悉的人听，有时候想法特别多，特别想找一个人来倾诉一下。这些思考并不是有什么明确的目的，只是心理成长过程中的一种表现。于是，交笔友正好满足了孩子们这种心理的需求。

同时，随着知识的增长，我们应付各种事情的能力正一步步地增强，感觉自己已进入了“成人世界”。在这过程中，我们希望从父母、老师那儿获得平等的地位。而他们却仍然认为我们仍需依赖他们，仍然无微不至地关心着我们，于是造成了我们与长辈之间认识的代沟，造成了感情的疏远，甚至各种形式的抵制和反抗。这时候，我们便希望自己能有一个愿意倾听自己的秘密，与自己分享快乐、分担痛苦的朋友。交笔友就是其中的一种方法。

此外，通信这种形式本身，就能够给孩子一种梦寐以求的独立感和成熟感，觉得自己开始有了自己的世界，开始有自己的隐私了。

有人说，交笔友是安全的、倾心的。笔友在遥远的地方，你尽可以挥洒少年的豪情、忧伤，尽可以倾诉心中的秘密，不用担心会被传出去会被家长、老师和同学知道。这种交流是真诚的、纯洁的、无私的，纯粹是一种情感的天空，可以弥补生活中的种种缺憾。

有时候，通过书信，孩子们可以进行多种角色的尝试，他们会尝试用大人式的理智对事物进行评论，分析问题，发表自己的高见；他们会尝试做一回心理医生，绞尽脑汁用各种方式安慰暂时失意的笔友；他们甚至会冒充异性的口吻胡编乱造，矫揉造作一番。通过这种尝试，满足了孩子的好奇心，发展了孩子的想象力，并让孩子不知不觉中成为了一个很好的倾听者，学会尝试着去理解别人。

当然，在你获得新奇、抚慰与增长见识的同时，交笔友也会对你的生活产生一些影响。其中最大的影响就是，你会因此忽视身边的同学和朋友，疏远了与他们的交往，而这对你的成长是极为不利的。同时，过分沉溺于与笔友的通信中，把精力花费在与笔友频繁的通信中，还会影响你的学习。

同学们，让我们正确对待交笔友吧！只要合理利用，相信它一定会成为你学习和生活的好助手！

自我实践

交笔友应注意的事项

看了以上分析，相信大家对要不要写信交笔友都有自己的决定。那么，在交笔友过程中应注意些什么呢？

（1）不必非得交笔友。交笔友虽有许多的好处，但并非每位同学都要去交笔友。特别是如果你写信给笔友只是因为在身边找不到一个可倾诉的人，这时你最大的任务可能不是提笔给笔友写信，而是在身边找到一个好朋友。其实，与周围同学与朋友的交往就是促进你成长的最实际、最重要的因素。

（2）交笔友要用心交，而不仅是用笔交。一个少年，写那么多信，要看对学习和思想水平的提高有没有“戏”，有没有爱心。有一位父亲的做法就很奇特，他赞同女儿交笔友，信多了，还帮助她回信，他定了一个很奇怪的标准：看人家的钢笔字写得如何。按他的逻辑，字写得不认真，不可交也。

（3）交笔友是好事，但影响到学习就不对了。所以，应根据自己的实际状况来选择笔友和交往的频率。如果因为与笔友的通信过于频繁已经影响到你的学习，那就给朋友回信说明你现在的情况，提出减少写信的次数，相信真正的朋友会理解你的。

（4）有可能的话，最好跟父母多沟通，让他们提供一些意见。我们的年龄毕竟还小，社会经验和阅历还很不丰富，自我控制力较差。因此，父母的指导对我们交笔友会有帮助。对父母来说，如果你的孩子喜欢这件事，不要横加阻挠，帮他分析一下交笔友的目的，识别对方的意图，并关心他们交流发展的程度等。给他一个展示内心世界的机会，同时也会增进你与孩子之间的感情。应给他们以适当的引导，让他自己学会如何识别、判断并选择自己的交往对象。

（赖日生）

精彩链接

网上交友应注意

随着网络的普及，越来越多的青少年朋友开始利用网络交朋友。但是，人们上网聊天、交友用的大多不是真实身份，使网络出现了越来越多的虚假信息，易使孩子的身心健康受到伤害。因此，在网上聊天交友应注意以下事项，以保护自己。

（1）聊天的用词要适当。

（2）不公开自己的私密资料！如自己的真实住所、自己的家庭和经济情况、电话号码、身份证号码等。

（3）如对方有猥亵言辞，应不再与他聊天。

（4）不要轻信网友的情况，更不要轻易与网友会面。

31. 爸爸布置的额外作业太多

问题咨询

我真的太苦了，每天从学校学习回来之后，本想好好地放松一下，但爸爸布置的一大堆作业正等着我呢，搞得我玩和看动画片的时间都没有。我该怎么办？

四（4）班　彭飞

心理分析

真是“家有读书郎，急坏爹和娘”。自从孩子上小学一年级，家长就开始着急孩子的学习，着急孩子的成绩不好，名次总排在后面，不自觉学习；着急孩子怎样才能升入一所好的初中和高中，怎样才能考上一所名牌大学；还着急孩子学习中出现的许多问题……

在教育部门颁布了有关减轻学生课业负担的规定，有关学校正在切实采取措施以减轻孩子们课业负担的过程中，家长们更是着急了：学校减负之后，孩子是不是太闲了？孩子的学习会受影响吗？自己的孩子学习时间减少了但别的孩子还在用功，孩子不是会落后于别人吗？于是乎，父母亲自当起了“家庭老师”，孩子从学校回来，原还想在经过一天的紧张学习后回家能轻松轻松，做点自己喜欢的事情，但在家里等着的是一大堆家长指定的“家庭作业”。家长们为孩子学习的那份着急可以理解，但是，由于害怕孩子太闲或落后于人而盲目地给孩子布置过多的作业，造成孩子过重的负担，结果只会更不利于孩子身心的发展。

过重的课业负担，使孩子失去了自主支配时间的可能性，他们只能为完成家长下压的作业而疲于奔命。孩子被压得喘不过气来，使他们丧失了活泼好动、求新、求异、求变的天性，丧失了发展个人特长的良机，丧失了获得课本以外知识的可能性，使一部分人除了学习之外，别无所长，丧失了获得适应社会其他生活的能力，在复杂的社会生活中无所适从，在遭受到生活挫折之后，便失去了生活的坐标。

作业太多就会有厌学的情绪，不利于学习情绪的培养和提高。由于父母对孩子所学知识的不了解，同时布置的作业过多，必然会使很多作业机械性十足，使做作业变成了只动手不动脑的“力气活”。而我们知道，学习兴趣的形成，主要依赖于学习对象的丰富多彩、学习方法的灵活多样、学习时间的自我支配、学习过程的轻松愉快。但如果家长给孩子布置过多的额外作业，使学生的时间几乎被作业所占用，学习方法也是机械地死记硬背，整个学习过程是枯燥无味的。这样的学习氛围怎能激发出孩子的学习兴趣，怎能不影响孩子的积极性呢？产生厌学的情绪也就不足为怪了。

小学生正是大脑发育的时期。从生理上讲，大脑是学习的器官，学习过程就是大脑活动的过程，合理的学习会促进大脑机能的发展。过重的作业负担使大脑始终处于疲劳状态，大脑皮层的兴奋与抑制失去平衡。因此，那些心理脆弱的孩子可能会产生注意力不集中、记忆力下降、失眠、多梦、神经衰弱、精神恍惚、反应迟钝等神经官能症，严重者可能导致精神分裂或成为精神病患者。

家长朋友们，您是否也像彭飞的父母一样，经常给孩子布置大量的额外作业呢？看了以上分析，您知道，这是很不可取的。那么，在减负的呼声中，家长应怎么做才能促进孩子的身心健康呢？

应该说，游戏就是儿童最自然和主要的学习。但现在的事实是，许多孩子无法享受到游戏的快乐，更无法体会到学习的乐趣，这是学校、老师和家长应该引起高度重视的问题。其实，为促进孩子的进步，家长对孩子适当的期望、不懈的关爱和经常的鼓励就是最好的方法。当然，如果您想孩子更充分地利用时间，最好的办法是跟孩子一起学习，在了解孩子知识掌握的基础上，给孩子布置一些有针对性的作业，而不是盲目地给孩子布置大量机械性的、没有乐趣又占用他课外活动时间的作业。

小朋友们也要充分体谅父母的良苦用心，要认识到做作业是加深对知识的掌握和巩固，提高自己技能的必然过程，在学校减负、减少作业量的时期，适当地增加一些家庭作业，对你掌握知识、提高技能有一定的帮助。因此，首先学习态度一定要认真，不能用偷懒、怕苦的心态来对付学习和作业，不要因为在心理上觉得作业多了自己完成不了，这样想着心里就不自觉地着急起来，影响了写作业的平静心态。做作业时要保持心态的平静，一题一题认真做，浮躁、着急都会影响做作业的速度。其次要向学习成绩好的同学讨教好的学习方法，看能不能找到一个最适合自己的方式，使作业完成得又快又好。再次，如果作业真的多到影响自己的娱乐、休息甚至睡眠进而影响到自己白天的功课，你可以真诚地跟父母解释和交流，一起商谈，把自己确实已掌握部分的作业少做点，自己掌握不够好的作业全部认真做完，这样，既有利于你的学习，又使家长了解了你的学习情况，更有针对性地指导你学习。

自我实践

（1）一般来说，小学一、二年级是不主张布置家庭作业的，三年级以上小学生的家庭作业的时间不超过 1 小时，心急的家长们可以看看，您对您的孩子有没有揠苗助长呢？

（2）喜欢玩是孩子的天性，游戏就是孩子学习的一种重要方式，所以，家长朋友可以想想，您布置的作业是不是太单调了——只有书面作业。那么从现在开始，多与您的孩子一起做游戏吧，让孩子在游玩中快乐地学习。以下是给您的两个“作业”：

①春天来了，抽出时间带您的孩子去郊游，让孩子清楚、有条理地陈述他所看到的景物，有可能你还能让他做做加减乘除运算呢。

②每天家里都要买菜，用了多少钱天天算还真麻烦。那么，请您的孩子给您做个“小会计”吧，也许不知不觉中，孩子算术好了很多，也变得更爱这个家了。

（赖日生）

精彩链接

调动孩子快速写作业的游戏法

孩子喜欢玩，不愿写作业，甚至写作业也会拖到很晚，这是父母极为头痛的事情。但是，只要父母多动脑筋，针对孩子的特点想办法，孩子也可能会高高兴兴地完成课外作业的。游戏法就是利用孩子的爱好，以一种想象游戏的方式让孩子完成作业的方法。下面是一位母亲引导孩子做作业的故事：

我儿子特别喜欢动物，不管是大动物还是小动物，大到老虎、狮子、长颈鹿、大象等，小到蚂蚱、蛐蛐、蝈蝈等，甚至连蜈蚣、毛毛虫什么的，也会玩一玩，当然最常玩的，还有更小的蚂蚁。

我就利用他的这一点。我和他在一起的时候，我跟他说，铅笔的笔尖又黑又小，多像蚂蚁。而你的作业就是蚂蚁要吃的粮食。秋天快到了，蚂蚁要准备粮食好过冬了。所以，你要当好指挥官，指挥你的千军万马的蚂蚁，快把作业粮食搬到家里去。

第一次用，效果就不错。

后来，我还给孩子封了官，我把他的作业本子叫仓库，把书包叫粮站，我管儿子叫粮站站长。我还跟儿子说，每个仓库都要装满粮食再装另一个，因为他总是用很多本子，一个没用多少，又用另一个去了。而且，对于他作业中的错误我也不再说是错，我告诉他，有一个粮食放错了地方，比如说，一粒玉米放进了麦子里。

在这个游戏中，孩子的想象也很好，有一天，他对我说："我有一个魔术师。"我当时听了一愣，他马上又说："就是橡皮，因为它可以把错误的粮食变没了。"

这种方法对小学低年级的孩子作用更大，年轻的家长们不妨一试。

32. 什么是真正的友谊

问题咨询

老师：

您好！

我的好朋友过生日时，我用准备给他买礼物的零花钱买了一本自己早就想买的书。结果，没钱买礼物了。我花了一晚上时间精心制作了一张贺卡送给这位同学。没想到，我在班上遭受了她的白眼，这意味着我可能要失去这个朋友……我真不明白，难道只有买的东西才是礼物，而我自己花费心血做的礼物就这么没有价值吗？到底是谁错了？

一位六年级的学生

心理分析

一只病得快要死的鸢对它妈妈说：“妈妈，请您不要悲伤！还是赶快祈求神明，让他们保佑我的性命吧。”妈妈回答说：“唉！我的孩儿，你想有哪位神会可怜你？几乎每一位神明都被你惹怒了，你总是从他们的祭坛上把人们献给神的祭品偷走。”这故事是说，若要在患难中得到朋友的帮助，就必须在平时缔结友谊。

友谊是人与人之间的真挚情感，是社会交往中最密切最重要的关系。古往今来，有多少仁人智士赞美过人类的友谊。古希腊哲学家伊壁鸠鲁说过：“在智慧提供给整个人生的一切幸福之中，以获得友谊为最重要。”法国近代启蒙思想家伏尔泰说过：“友谊是心灵的结合。”我国著名作家巴金先生曾经写道：“友情在我过去的生活中就像一盏灯，照彻了我的灵魂，使我的生存有了一点点光彩。”足见友谊之珍贵、纯真。小学生对于友谊还不能理解得这么深刻、这么透彻，友谊可能还只是一个空洞的词，大多数小学生对于友谊的认识还只是建立在谁对谁好、谁能和我玩的基础上。

美国有位心理学家把朋友分成六大类。你看看自己和好朋友是哪一类呢？你希望得到怎样的朋友呢？第一类是最淡漠的朋友，只是泛泛之交；第二类是彼此有共同的情趣，在学习上工作上有一定联系和接触的朋友；第三类是功利重于感情的朋友，这种友谊存在着一种危险性和虚假的因素；第四类是情谊真挚、可以信赖的朋友；第五类是能相互关心、互相帮助和激励的朋友；第六类是真正的知己，相互把对方的困难作为自己的困难，患难与共，肝胆相照。

人都有情感，而且需要交流和归属感，这也是人的一种基本需要。友谊能满足人的这种需要。所以，我们渴望友谊，呼唤友谊。作为凡人，我们都期盼着有一份诚挚的、永恒的友谊。谁渴望得到友谊，谁就要先付出真诚，在你付出的同时，友谊就是给你最好的回报。为朋友取得成绩、获得成功而高兴自豪；为朋友遇到困难不幸而真诚帮助解难；对朋友信赖有加而不虚假；对朋友有意见尽量当面提出，不要背后议论；当朋友有了错误，要真诚帮助。如果这样去做了，友谊之花一定会伴随每一个同学，永不凋零。

我知道，现在令你苦恼的是好朋友不理解你的一片心。至今，她还在怨你、恨你。看得出，你是很看重友谊的，那就尽力去“修补”它吧！想让你的好朋友理解你，就应该先让她了解你。了解你的焦虑心情，了解你对她的诚心和重视，了解你盼望和她重归于好的愿望。最好的办法是去找她当面谈，真诚、坦白、热情是你的“好帮手”，它们能帮你的！很可能，好朋友开始不理你，没关系，就多做几次努力吧！相信功夫不负有心人，你的真诚会打动她的！

自我实践

良好的交往技巧有益于小学生与好朋友增进友谊，为了友谊不妨多学几招：

1. 学会表达

（1）语言要清楚、具体。避免因表达含糊而给朋友造成误解，作决定时要与朋友讲清目的，说明道理，避免冲突。从而得到小伙伴的认可和信任，愿意再次合作。

（2）言辞应该合理，符合实际，切不可夸大。“你老是不和我玩”、“你总不帮我忙”、“你从来没有……”等这些带有绝对色彩的词句最好少用。

（3）行动应多于说话。“明天我要送你一块橡皮”、“你有不会的就问我”等这样类似承诺的话，一旦说出来就不能光说不做，避免引起朋友的反感和不信任。

2. 学会倾听

倾听可以使他人感受到被尊重和被欣赏。倾听他人谈话的好处之一就是，小伙伴会更加尊重你，也就愿意和你交朋友。运用倾听这种技巧时，要注意以下几点：

（1）真心实意，集中注意力。

（2）适时用动作或简短的言语进行鼓励，表示你对朋友的理解。

（3）听懂了别人的话，还应给予准确的反馈。这样才能增强“倾听”这一技巧的实效性。

（余仙平）

精彩链接

友谊与友谊的获得

一、友谊的含义和价值

1. 友谊的含义

①友谊是人类的感情生活方式；②友谊是真诚和真情的联结；③友谊是一种崇高的道德情感力量。

2. 友谊的价值

①满足学生的归属感，稳定情绪；②丰富学生的感情世界，发展高尚的情操；③增强学生的社会责任感；④给学生的生活和进步以动力。

二、交友的原则和方法

1. 交友的原则

①志同道合；②真诚相待；③谦虚大度；④善交益友。

2. 交友的方法

①要了解人际吸引的特点；②交友必须以诚相处，没有真诚就得不到友谊；③交友要重择友；④交友要主动热情。

三、有利于获得友谊的个性特点

①尊重和关心他人，助人为乐；②平等待人，一视同仁；③以诚相见，作风稳健；④性格开朗，待人热情；⑤谦虚谨慎，有独立见解；⑥富于幽默，有审美水平。

33. 同学之间怎样开玩笑

问题咨询

老师：

您好！

我喜欢和同学开玩笑，有一次大扫除结束后，我偷偷地把一个垃圾畚箕放在门上，结果打在一个同学身上。我和其他同学笑得合不上嘴，他却跑去告老师，结果我被狠狠批评了一顿，我心里很不服气，开开玩笑怎么可以当真呢？

一位三年级的学生

心理分析

人们在交往中，互相之间开玩笑是常见的事。玩笑通常可分成两大类：一类是善意的玩笑，例如，有时人们用“大脑门”来比喻一些聪明的孩子，用“眼镜”来形容一个人有知识。这类玩笑对人并无恶意，不要过分计较。一类玩笑则是恶意的，以他人的缺陷或不足作为玩笑的内容，侮辱他人人格，使他人难以接受。

经调查发现，小学生拿缺陷开玩笑的比例，比中学生高得多。拿别人的缺陷起绰号开玩笑的，也多以男学生为主，这些男生大多身强力壮，他们开的玩笑目的性很强，要么是为了逗乐，要么是为了羞辱对方。在现实生活中，小学生开玩笑常常会变成恶作剧，戏弄别人，侮辱别人，如取绰号，趁人不备去吓唬别人，把别人急用的物品藏起来，把人摔倒在地，把脏东西弄在别人身上、头上等。但是我们应该知道让别人难堪、让人当众出丑是很不道德的行为。开玩笑不是一件坏事，但开过了头就不好了。同学之间在一起时免不了要开玩笑。好的玩笑可给人带来不少好处。

那么，同学之间怎样开玩笑才能有益无害呢？心理学家认为，健康有益的玩笑应该注意以下问题：

1．不要不看对象

由于性别、年龄、性格等方面的差异，并不是所有人都喜欢开玩笑，这就要因人制宜。男同学对语境的承受力较强，一般的玩笑不会导致他们难堪；而女同学相反，切不可过分地对她们开玩笑，使她们下不了台。

2．不要不看场合

一般说来，严肃、静穆的场合（如祭扫烈士墓、升旗等时）不应开玩笑；在喜庆的场合，要注意自己所开的玩笑能否给喜庆的环境增添喜悦气氛，如果因为你的玩笑而使别人扫兴就不好了，学习时不宜开玩笑，吃饭时也不要开玩笑。

3．不要不看时间

开玩笑要看时间。比如休息时间要安静，如果有人开玩笑，你追我赶，会影响自己和其他同学的学习与休息。

4．不要不问心境

“人逢喜事精神爽。”当同学心情愉快、情绪热烈、语言气氛活跃时，可以适当地多开一些玩笑，这时即使重一些也无妨；反之，当对方心情郁闷、情绪低沉、不愿交谈时，就不宜开玩笑，否则将“自讨没趣”。

5．不要取笑缺陷

有的人生理上、心理上可能有些缺陷，这些缺陷会使人遗憾、烦恼甚至痛苦、自卑。一个有良好道德修养的人是不会把人的这些缺陷当做笑料的。如果你用这些缺陷来开玩笑，你将会被人深深地憎恶，同时证明你也是一个“缺德者”。

6．不要搞恶作剧

恶作剧有时可以引起哄堂大笑，例如，别人往下坐时，你抽掉人家椅子，使其摔个四脚朝天，人们可能会因此而发笑，这样的笑是可悲的。曾有学生冒名谎报病情、火警，造成了严重后果，类似这样的恶作剧千万要不得。

7．不要出人之丑

一般地，每个人都有其“丑”，如生活学习中的挫折，或已经改正的不检点行为，这些是不宜拿来作笑料的。如某同学有两门功课不及格，你就不能寻开心地说他“提着一对红灯笼回家”。这种玩笑不该开。

8．不要不讲分寸

开玩笑也得讲分寸，不可只图自己的兴趣、痛快，而不顾对方是否能接受，开起来就乱说一气，没完没了。此外，“君子动口不动手”，说说笑笑即可以了，不可动手动脚。因为一旦动起手脚，其结果常常是假戏真做，既伤皮肉又伤感情。

9．不要污言秽语

开玩笑是运用幽默的语言艺术进行思想交流和感情交流。这就要求语言必须纯洁、文雅。污言秽语，不仅使语言环境中充满了难闻的“气味”，对听者来说也是一种侮辱；同时，也说明你修养不高，这样有谁还愿意与你一起交流思想和感情呢？

好的玩笑使人开怀大笑的同时，可以使人缓解内心紧张、焦虑的情绪，获得情绪能量的释放。为什么总有人爱让别人出丑来开玩笑呢？心理专家指出，开玩笑时爱攻击别人的人往往是一些不自信的人。他们做起事来，不顾及别人的面子，有时甚至打击别人，以攻击别人建立起自己的自信。而且，心理学家发现不自信的人由于不能接纳自己、尊重自己，因此他们容易以一种厌恶和挑剔的眼光去看待别人，容易通过打击和嘲笑对方来获得自我的心理平衡。

自我实践

（1）想一想幽默和恶作剧的结果有什么不同。

（2）收集一些幽默故事，讲给爸爸妈妈与同学听。

（余仙平）

精彩链接

如果你遇到恶意玩笑

如果你遇到这类恶意玩笑，我们的建议是：

（1）明确表明你的态度，让对方知道你不喜欢这种玩笑。如果对方不理会你的态度，你可以采取一走了之的办法，让他自讨没趣。

（2）以幽默、机智来化解。德国著名诗人歌德，有一回在公园里的小径散步，迎面遇到了一位性情暴躁的批评家。他一看是歌德，就很不礼貌地嚷道：“我从不给傻子让路。”歌德却很冷静而又不失幽默地说：“我正好相反。”说完，笑着站在一旁，让那位批评家通过。批评家自讨没趣，灰溜溜地走了。对一些令人难以接受的玩笑，运用幽默、机智可以达到很好的效果。

（3）学会以宽容、开阔的胸怀对待别人。同学之间并没有什么不可化解的矛盾，相互开开玩笑不要太介意。这样，同学就不会经常拿你作为开玩笑的对象了。

34. 交朋友要不要委曲求全

问题咨询

老师：

您好！

我女儿自小就是班干部，在同学、朋友中威信很高。然而，在我和她的谈话中发现，其实她并不快乐，经常在做一些自己不愿意做的事，据她说是怕失去朋友，失去威信。这使我很担心，我该怎样帮助她？

一位小学五年级学生的家长

心理分析

有一个很有趣的小品，说的是一个没有什么捷径买火车票的人，却无法拒绝同事让他弄几张卧铺票的要求，结果他只好自己扛着被子去售票厅排了一天一夜的队，才好不容易交了差。此事刚完，又有人找上门来，托他“弄”票，他说不出“不”，只好又扛着被子去火车站排队……这样既影响了自己的身体，又耽误了自己的工作。

在现实生活中，人们大多有过类似的无奈。但是许多人在人际交往问题上往往有一个误区，就是过分地考虑到外界与他人的需要，而压抑或违背自己正当的意愿，失去了自己的独立性，或将合作、合群与恰当地拒绝他人对立起来，给自己造成很多不必要的麻烦。其实，每一个人都有拒绝他人的权利，都有权利说“不”，只要你的拒绝是合理的，就会得到别人的真诚理解，并不会因为拒绝别人而失去什么。

但是恰当地拒绝他人是一种艺术，不仅需要技巧，而且需要策略。下面介绍几种说“不”的方法：

1. 幽默拒绝法

当你不想只是冷冷地说声“不”时，不妨用句幽默的话，让别人在笑声中了解你的立场和态度，愉快地接受你的拒绝。作家萧伯纳就曾经运用过。据说，毕罗公爵夫人十分傲慢，她请萧伯纳，却不发请柬，只托人带一张纸条，上面写道：“今晚6点我将在家，毕罗公爵夫人。”萧伯纳微微一笑，挥笔写下几个字：“我也一样，萧伯纳。”

2. 换位拒绝法

你可以半吐半露地告诉别人你的处境，让他明白，你拒绝不是不想帮这个忙，而是的确不能帮这个忙。当年，罗斯福还是名海军部长助理时，他的好友向他打听一项军事机密。罗斯福望望四周，然后压低嗓子向好友问道：“你能保密吗？”好友急切地保证：“我能！”“那么”，罗斯福微笑着说：“我也能。”

3. 回避拒绝法

对于你不想回答的问题，诸如：“你有没交朋友？”“你对某人有什么看法?”等，尽可以回避，以达到拒绝回答的目的。剧作家小仲马就曾用此法回避了许多不愿意回答的问题。那时，一位记者喋喋不休地追问小仲马现在在干什么，他的意思是问小仲马在创作什么剧本。小仲马不想回答，于是蹦出这么一句：“我在蓄胡子，你没看见吗?”

心理学认为，儿童在童年时期易出现个性心理结构发展不完整的矛盾，这种矛盾的表现是多方面的，表现在人际关系中，便出现您女儿这种情况，易从众、随大流、委曲求全。她一直是个班干部，这使她时时处处对自己高标准、严要求，生怕一不小心得罪了同学、朋友而失去友谊和威信，于是只好委曲自己，过不快乐的日子。可以说，班干部的生涯束缚了她的个性结构发展，而现在这种委曲求全、怕失去朋友的做法，既是个性缺陷的结果，又可能是未来挫折的原因。所以，您发现这个问题非常及时，非常重要。

自我实践

您该怎样帮助您的女儿呢？试一试和女儿一起设计并表演以下说“不”的情境，然后讨论如何说“不”，说“不”应注意些什么?

情境一：

甲：你觉得这本书怎么样?

乙：很好。不过我更喜欢……（有礼貌拒绝）

情境二：

甲：咱们何时会见？5 点左右吧!

乙：4 点半怎么样?（显得委婉）

情境三：

甲：你今晚能来吗?

乙：今天不行，下次吧。到时候我再告诉你。（太直接）

情境四：

甲：你觉得我的礼服漂亮吗?

乙：有意思。（即不喜欢）

情境五：

甲：你多大了？

乙：你为什么问这个？（缺乏余地）

（余仙平）

精彩链接

从众行为分类

社会心理学认为，从众是指个人的观念与行为由于群体的引导或压力，而向与多数人相一致的方向变化的现象。根据外显行为是否从众，及行为与内在的自我判断是否一致，可以将从众行为分为以下三类：

（1）真从众。这种从众不仅在外显行为上与群体保持一致，内心的看法也认同于群体。

（2）权宜从众。在有些情况下，个人虽然在行为上保持了与群体的一致；但内心却怀疑群体的选择是错误的，真理在自己心中，只是迫于群体的压力，暂时在行为上保持与群体的一致。

（3）不从众。不从众的情况有两类：一类是内心倾向虽与群体一致；但由于某种特殊需要，行动上不能表现出与群体的一致。另一类是内心观点与群体不一致，行动上也不从众。

35. 如何克服交往中的羞怯心理

问题咨询

> 老师：
>
> 您好！
>
> 我看到别人有很多朋友，他们有说有笑，心里非常羡慕，自己也想多和同学们来往，但一和同学接触，就会脸红，同时心里会害怕，害怕话说不清楚别人看不起自己。我该怎么办？
>
> 一位五年级的学生

心理分析

在日常生活中，常常会看到这样的现象：有的人在路上碰到熟人因怕羞故意躲避；有的人不敢在大庭广众之下讲话，一讲话就会脸红舌硬。上述情况在心理学上称为“羞怯症”。所谓“羞怯症”是指在人际交往过程中过多地约束自己的言行而出现的局促不安、手足无措的一种心理倾向。

从心理学的角度看，羞怯是一种情绪。每个人都有过羞怯的经历，这是非常正常的，只是羞怯的程度和时间的长短不一样罢了。有的人到成年以后还摆脱不了羞怯，以至于形成“羞怯症”，所以应该重视孩子的羞怯体验和行为。不要对孩子的羞怯不当回事，那羞怯将有可能伴随孩子终身。孩子羞怯的表现形式有多种，大多数羞怯的孩子都学习成绩差，不与他人交往，不愿与同龄的孩子在一起玩耍，逃避课堂讨论，不主动发言，不愿在公开场合抛头露面，做什么事情都要父母陪伴，不能单独外出，怕见陌生人，在陌生人面前不知如何应对，说话爱低着头，声音比较小，爱脸红，说话办事都爱在别人后面，甚至连笑也不敢先于别人。

一般来说，“羞怯症”有以下几种表现：

首先，站在陌生人面前，总感到有一种无形的压力，似乎自己正在被人审视，不敢迎视对方的目光，感到极难为情。

其次，与人交谈时，面红耳赤，虚汗直冒，心里发慌，即使硬着头皮与人说上几句，也是前言不搭后语，结结巴巴的。

再次，不善于结交朋友。常感孤独，常因不能与人融洽相处或充分发挥自己的才干而烦恼，不善于在各种不同场合对事物坦率地发表个人意见或评论，因此不能有效地与他人交换意见，给人拘谨、呆板的感觉。

最后，常感到自卑。在学习和生活中往往不是考虑取得成功，而更多的是考虑不要失败。

羞怯的本质就是一种不自信。造成这种状况的原因很多，具体地说，主要有以下几点：

1. 先天原因

有些人生来性格内向，气质属于黏液质、抑郁质类型，他们说话低声细语，见到陌生人就脸红，甚至常怀有一种胆怯的心理，举手投足、寻路问津也思前想后。

2. 家庭教育不当

过分保护型与粗暴型的家庭教育方式都可造成子女怯懦的性格。前者，家长代替了子女的思想和行为，子女缺乏经验，生活办事能力差，单纯幼稚，遇事便紧张、恐惧、焦虑。后者，家长剥夺了子女思维和行动的机会，子女时常担心遭批评和斥责，遇事便紧张、焦虑、消极、被动。有些家长对儿童的胆小不加引导，孩子见到陌生人或到了陌生的地方，便习惯性地害羞、躲避，没有自信心。

3. 青春期心理

儿童进入青春期后，自我意识逐渐加强，敏感于别人对自己的评价，希望自己有一个“光辉形象”留在别人的心目中，为此，他们对自己的一言一行非常重视，唯恐有差错。这种心理状态导致了他们在交往中生怕被别人耻笑，因此表现得不自然、心跳、腼腆。久而久之，便羞于与人接触，羞于在公开场合讲话。对此，应给予正确指导，鼓励儿童大胆、真实、自然地表现自己，否则便会越演越烈。

4. 缺乏自信和实践锻炼

有些人总认为自己没有迷人的外表，没有过人的本领，属能力平平之辈，因此他们在交往中没有信心，患得患失。长期的谨小慎微不仅使他们体验不到成功的喜悦，而且使他们更加不相信自己的能力。加之多数学生生活环境比较顺利，缺乏实践锻炼的机会。这些往往是导致他们害羞的重要原因。

自我实践

以下方法可以用来克服羞怯心理：

1．松弛训练法

当你的心理感到紧张、心跳过快的时候，可以转换一下视线、变换一下姿势、说两句寒暄之类的话，这样就可以克服羞怯心理。

2．认知平衡法

羞怯大多是由自卑等心理不平衡状况所致。在由自卑导致胆怯的时候，可以从内心进行认知的自我平衡，不要对自己全盘否定；相反，多想想自己的长处，从而产生自信。

3．气氛转换法

在与他人交往时，可能由于某些原因我们会难于启齿，从而导致心理紧张。在这个时候你可以转换一下话题，使气氛得以缓和，等到气氛融洽、有利于说出真情时，我们可以心平气和地说明我们的意图。

4．模仿法

经常有意识地注意观察和模仿一些泰然自若、善于交际、活泼开朗的人的言谈举止，对照自己的弱点加以克服，并根据自己的气质形成自己的风格。

只要我们勇敢一些，坚持用以上方法来训练自己，就能克服和人打交道时的羞怯心理。

（余仙平）

精彩链接

松弛是关键　微笑是法宝

心理学家认为，松弛是克服羞怯心理的关键。改变你的身体语言，害羞的人往往给人以孤僻、冷傲的表象特征；而实际上他内心深感胆怯、孤独，渴望与他人交流，但因为其表象使人们无法了解这些信息，反而回应以远离和同样的冷傲不屑，从而令害羞的人越发感到不安。改变这种状态的最简单方法就是改变身体语言。

人际交往的身体语言中，最具魅力的是微笑。微笑是友善的表示，是自信的象征。微笑可以使你摆脱窘境，可以缩短你与他人之间的感情距离，可以化解朋友间的误会，同时微笑可以减少你羞怯的感觉。

一步一步循序渐进，了解专家的一些建议，或听取朋友关于交际的成功经验，并不能让你一夜间就完全克服羞怯心理。事实上你内心深处仍感到害羞。但是，只要你不断和人们交流，努力去克服羞怯心理，那么你就能拥有自信与大方的笑容。

36. 如何面对挫折

问题咨询

老师：

您好！

我女儿当了几个学期的中队长，再加上上学期又是三好学生，这学期的中队长她以为当定了。结果，在竞选中另一同学以绝对优势当选。现在她不想去上学了，还想退学，这几天上课也没心思。我该怎么劝她？

一位六年级学生的家长

心理分析

有一个美国人，跟同龄人相比，饱受挫折。他的经历非常坎坷，坎坷的经历锻炼了他，使他成为一个具有坚强意志的人。他 22 岁做生意失败，23 岁竞选州议员落选，24 岁做生意再次失败，26 岁爱侣逝世，27 岁一度精神崩溃，29 岁竞选州议长失败，34 岁竞选国会议员再次失败，46 岁竞选参议员又遭失败，47 岁竞选副总统失败，49 岁竞选参议员失败，51 岁时他当选为美国第 16 任总统，真是屡败屡战，这个人就是林肯。

我们先来看看什么叫挫折。心理学认为，挫折就是指人的行为或需要受到阻力不能实现时所产生的情绪状态。挫折是每个人日常生活中都难免遇到的，有的人经受得住，有的人却经受不住。

对于小学生来说，由于受身心发展和社会阅历等的限制，还不能对自己和社会有清楚的认识，他们的目标期望值往往比较高，因此在生活和学习中很容易产生挫折感。您女儿认为自己会毫无疑问地当上中队长，但是事实却不是她所想的那样，这使她产生了挫折感。作为家长，应从积极的方面引导小学生正确对待所遇到的困难和挫折，使他们认识到困难和挫折是我们生活中的一部分，并教育他们如何应付所遇到的挫折，提高挫折耐受力。

心理学研究表明，早年的挫折经验对成年后的影响很大。如有人用动物做电击实验，发现凡幼年受过刺激的动物，成年后对刺激就能表现出迅速而有效的反应；反之，则不反应或反应迟缓，且有效性也差。对人类来说也是如此。一个从小经过逆境磨炼的人，成年后就更能有效地适应环境。所谓“自古雄才多磨难，从来纨绔少伟男”，说的就是这个意思。正因为如此，许多有远见的教育家，都非常强调从小让孩子经受艰苦磨炼，使其懂得生活中还有逆境、坎坷、困难等字眼。俄罗斯著名教育家苏霍姆林斯基认为，必须从小让孩子知道生活里有一个困难的字眼，这个字眼是跟劳动、流汗、手上磨出老茧分不开的，这样，他们长大后就会大大缩短社会适应期，提高挫折耐受力。

但是，长期处于挫折感的重压下，又容易使孩子变得情绪消沉，表情冷漠，内心充满敌意和破坏性。因此，家长在发现孩子的不正常心理之后，要尽快帮助孩子解除挫折所带来的重压。具体办法有下面几种：

（1）降低孩子的要求，教会孩子正确认识自己。有时候，家长对孩子过于严厉要求，很容易使孩子产生挫折感，适当地降低对孩子的要求，根据孩子的实际情况来要求孩子，评判孩子，会减少孩子的挫折感。

（2）培养孩子坚强刚毅的性格。意志的软弱是不能承受挫折的主要原因，这就需要家长能在平日的生活中多培养孩子的刚强性格，不要事事都为他们做，而要让孩子独立地去完成一些作业、任务等。只有这样，他才会在遭遇挫折时坚毅果断，而不至于委靡消沉。

（3）倾诉法。即将自己的心理痛苦向他人倾诉。适度倾诉可以将失控力随着语言的倾诉逐步转化出去。如果倾诉对象具有较高的学识修养和实践经验，将会对失衡者的心理给以适当抚慰，鼓起奋进的勇气，受挫人会在一番倾谈之后收到意想不到的效果。

（4）目标法。挫折干扰了自己原有的生活，毁灭了自己原有的目标，重新寻找一个方向，确立一个新的目标，这就是目标法。目标的确立是一个将消极心理转向理智思索的过程。目标一旦确立，犹如心中点亮了一盏明灯，人就会生出调节和支配自己新行动的信念和意志力，从而排除挫折干扰，去努力达到目标。

自我实践

（1）设计自我诱导语来增强挫折承受力。根据自身情况编写诱导语10条左右，例如我能正确认识挫折，我的挫折承受力很强，我能从容应付挫折，我能从危机中看到生机等。并按照自编诱导语进行想象性练习，或者在镜子面前对自己说这些话，注意声音要大，训练5~7天，每天1~2次。

（2）利用假期参加一次“吃苦”锻炼。如支农、远足、野营、登山、自炊、拉练、学工、军训等社会实践活动。在“吃苦活动”中“自讨苦吃”，自我锤炼。

（余仙平）

精彩链接

谈谈挫折的利与弊

挫折是不是有弊而无利呢？不是的，挫折除有不可避免性外，对人也有激励与消极这两重性。

以利而言，挫折能引导一个人产生创造性的变迁，既增强韧性和解决问题的能力，也能引导人们以更好的方法满足需要。英国卓越的科学家威廉·汤姆逊用这样一句话概括了他的一生：“有两个字最能代表我五十年内在科学进步上的奋斗，就是‘失败’二字”。可见，失败成就了他的事业。

但以弊而言，挫折又有以下危害：

一是会造成情绪上的伤痕，常见的有：

攻击：有直接攻击与转向攻击，发泄愤怒的情绪。自信者多倾向直接攻击。自卑者常把攻击转向自己或迁怒于别人。

不安：多次挫折后，自信的人也会慢慢失去自信心，出现焦虑忧郁的心境。

冷漠：情绪常常受压抑，会对工作对生活失去热心，采取冷漠态度。

退化：常常遭受挫折的人会退化，即往往会出现孩子似的不理智的行为。

二是会造成行为上的偏差，常见的有：

合理化：自己安慰自己，就像狐狸吃不到葡萄而说葡萄是酸的一样，给自己找个宽谅失败的理由，以便心安理得。鲁迅笔下的阿Q就深谙此法。

逃避：逃向幻想世界或生理疾病。

压抑：把可能引起挫折的想法、感情压抑住，使之变成潜意识。

反向：为避免“不好的动机”的暴露，而采取与动机相反的行为，如过分地亲切与屈从，背后可能隐藏着憎恶与反抗的动机。

三是会造成心理成长环节上的缺陷，常见的有：

停滞：发展到某个阶段即不再前进等。

改向：在遇到挫折之后改变理想方向，有的会自暴自弃，甚至堕落犯罪。

畸形：生活中常见一些怪僻的人，他们畸形的原因往往是挫折，如失恋造成的对异性的憎恨和疏远；因直言遭到打击而变得格外慎言和胆小等。

恶习：这与挫折也很有关系。如有的人挨了打骂，于是也用同样的办法来对付别人，所谓“以恶抗恶”。它一旦成为积习和心理倾向，就会影响自己的发展和人格。

37. 老师批评错了怎么办

问题咨询

老师：

您好！

有一次上课时，我的邻座把小纸条丢给前面的同学。老师以为是我干的，把我叫起来，狠狠地批评了我一顿。我当时真想顶撞几句，但气得说不出话来，从此恨死了这位老师，也不太想上她的课。我真想不通为什么老师会这样？

一位五年级的学生

心理分析

老师错怪学生，在学校里是经常发生的事情。原因一般有四种：

（1）老师在教学工作中缺乏经验，对学生中发生的纠纷，常常只看表面，如果两个同学发生吵闹，总是认为先开口骂人的不对。

（2）脾气急躁，结论武断，如上面这位同学反映的情况，老师不经过调查武断地批评人，造成判断失误。

（3）处事粗糙，随意决定，碰到问题，不肯多作思考。

（4）带有偏见，对喜欢的学生，总是他好的多；对不喜欢的学生，总是认为他不好的多。

老师存在这些问题，主要是依靠他本人不断取得经验、不断学习、不断实践来解决。学生如果在老师错怪自己的时候能抱正确的态度，真正做到教学相长，老师就能在学生那里得到纠正错误的机会与力量。但不少学生常常采取不正确的做法，造成师生关系紧张。如有的同学当面不说，背后乱说，甚至添油加醋、指指点点，造成师生关系长期僵化。

批评，是一种负激励教育手段，运用得当，可获得较好的教育效果；运用不好，其负面效应可能大于正面效应。事实上，批评的效果不仅取决于教师的水平，而且还受学生的个性决定。

有的学生性格内向，自尊心强，在教室当众被指责，仿佛遭受了莫大的羞辱，最后虽被“降服”，战战兢兢地接受了教师的教育，但因自尊心受到伤害，会与教师产生心理隔阂，从而影响师生关系。有的学生会认为教师不尊重他的人格，有意让自己在其他同学面前下不了台，他们会担心教师把自己的错误当做反面材料去教育其他学生，弄得自己名声不好，成为其他同学的笑料。因此，他们对教师的批评教育会有强烈的抵触情绪，虽嘴上不说，但心里不服，即便红着脸认了错，背后却我行我素，大唱对台戏。有的学生性情暴躁，容易冲动，一旦在教室挨批，觉得大失面子，感情就会失去控制，知错而故意不认错，甚至公开顶撞教师。

凡此种种，显然都不利于师生间的感情沟通；也不利于问题的妥善解决，难以收到预期的效果。人际交往中，遭人误解是难免的事。在遇到误解以后，有的人感到委屈、悲伤；有的人情绪消沉，认为“跳进黄河也洗不清了”；也有的人会产生强烈的情绪反应，感到别人太不理解自己了，打算采取以牙还牙的报复手段，想以此来消除遭人误解所带来的怨恨。我们认为，这些都不是解决问题的办法；相反，还会使事情更加复杂，损害团结，影响学业。正确的做法是，对误解要“解”不要“误”。所谓“解”，就是缓解、化解矛盾，让误解成为“雪消春水来”的转机。

自我实践

生活中的误解大部分是由于别人不了解情况而产生的。因此，当误解产生时，我们应当：

（1）寻找合适的机会，把事情向当事人解释清楚，让对方了解事情的“庐山真面目”。在申辩、解释时，态度要诚恳，要尽可能平心静气，采取谅解别人的宽宏态度，切不可因内心不满而使用过激的言辞。一旦情况清楚了，对方的误解自然便会烟消云散了。

（2）先从自己身上找原因、寻对策，不要轻易地指责误解你的一方。应该说，只要对方不是故意找你的茬，与你闹别扭，他对你产生误解总是有原因的。因此，你首先要检查一下自己是否有被对方引起误解的言行，如果有，应“有则改之”，立即找到症结，并向对方解释清楚，保证今后多加注意；如果没有，你也不要随意责怪对方，而应采取积极适当的方法，以消除对方对你的误解。

（余仙平）

精彩链接

保持你的最佳心境

心理学家认为，学会保持最佳心态，就好像一只活鱼，能够自由自在地遨游在社会、家庭、生活的海洋中。那么，怎样在人际关系复杂的社会环境中，保持你的最佳心态呢？

1. 要善于抑制个人情绪

每个人的情绪不会是一成不变的，有时好，有时坏，有时波动如浪，有时平静如镜。因此，必须学会控制情绪，特别是能在最短的时间内，将不良情绪消灭在萌芽状态，使之不再扩展、蔓延，以致酿成灾祸。要做到这一点，首先要注意用“理智调剂”。心理学认为，人们发脾气，吵嘴打架，往往是感情冲破理智的大门造成的，因此，凡事应该三思而后行。否则容易造成对方不理解，出娄子，形成突发性矛盾，导致仓促之间失去理智平衡。万一遇到“顶牛”时，首先要善于压“火”，要显示出自己的大度，有气节，不失高尚的人格。其次，要善于“退却”。以“退”为“进”的“退却”，是消除“战火”的积极心理因素。

2. 学会“自思”

“自思”的方式有两种：

（1）以日记形式回忆一天的生活，这是“思维自我净化”的一个冶炼过程。用这种方法自我“冶炼”，久而久之，便会塑造出一种善于“克己”的高尚道德。而这种“道德”，也正是稳定心态的支柱。

（2）面壁，实际上是思维的“新陈代谢”。它比日记形式有更大的空间，可以想象得更多、更辽远、更广阔。如果将这种方式与日记方式结合并用，亦思亦记，有想有录，“净化”效果会更佳。

3．处理人际关系要有一个“好尺寸”

所谓“好尺寸”，是指善于学习、仿效他人之长。这不但能使自己与周围的人们形成和睦的气氛，有利于最佳心态的培养与稳固，也容易把周围的事情处理好。相应地，对别人的缺点，除了自己应该警惕之外，也应尽量把握好“揭短”的尺寸——尤其是对那些缺乏涵养道德，且又心地狭隘、自高自傲的人，“揭短”的最好办法是“不觉处叶绿花红”——在不知不觉中感化掉对方的敌意。

给自己营造宽松的心理环境

人，生活在浩瀚纷繁的社会中，同时也生活在自己的心理环境里。如果说，单个的个体无法改变外部世界，那么置身于群体中的每个人完全可以营造自己的欢乐“心园”：学会不在意。

有一句话说得极妙：“一件事，想通了是天堂，想不通就是地狱。既然活着，就要活好。”其实，有些事是否能引来麻烦和烦恼，完全取决于我们自己如何看待和处理它。所谓事在人为，结果会大相径庭。因此，美国心理学家戴维·伯恩斯提出了消除烦恼的“认知疗法”：通过改变人们对于事物的认识方式和反应方式来避免烦恼和疾病。这就需要我们首先学会不在意，换种思维方式来面对眼前的一切。

不在意，就是别把什么都当回事，别去钻牛角尖，别太要面子，别事事“较真”、小心眼；别把那些微不足道的鸡毛蒜皮的小事放在心上；别过于看重名与利的得失；别为一点小事而着急上火，动辄大喊大叫，以致因小失大，后悔莫及；别那么多疑敏感，总是曲解别人的意思；别夸大事实，制造假想敌。要知道，人生有时真的需要一点傻。

不在意，也是在给自己设一道心理保护防线。不仅不去主动制造烦恼的信息来自我刺激，而且即使面对一些真正的负面信息、不愉快的事情，也要处之泰然，置若罔闻，不屑一顾，做到“身稳如山岳，心静似止水”，“任凭风浪起，稳坐钓鱼台”。这既是一种自我保护的妙方，也是一种坚守目标、排除干扰的良策。我们的精力毕竟有限，假如处处纠缠琐事，为小事所累，我们的一生必将一事无成。

当然，不在意并不等于逃避现实，不是麻木不仁，不是看破红尘后的精神颓废和消极遁世；不是对什么都冷若冰霜、无动于衷的加缪笔下的“局外人”。而是在奔向人生大目标途中所采取的一种洒脱、放达、飘逸的生活策略。倘能如此，你自然会拥有一个幸福美妙的人生。

38. 如何当好班干部

问题咨询

老师：

您好！

我是一个班长，一直都积极地协助老师管班上的纪律，谁做了违纪的事，我就把这些人的名字交给班主任，班主任就批评他们。我认为自己做得很对，可是到头来我却成了同学们眼中的敌人，有时想想不当班长算了。我该怎么办？

一位六年级的学生

心理分析

目前有这种情况：小学生低中年级的同学喜欢当干部，喜欢帮助老师做事。到了高年级，有不少同学就不想当干部了，这与高年级同学情况复杂、思想问题多有关。据调查，他们不想当班干部的原因有两点：一是吃力不讨好，二是耽误学习不合算。班级里的同学难管，不听你的，甚至顶撞你，弄得你很难堪；别人去玩了，你还要被老师叫去做事，有时下午弄得很晚，连作业都来不及做，真是吃力不讨好。有些家长也不支持，他们认为孩子主要是学习成绩好，才是真的，与其用不少时间花在工作上，还不如把学习抓好。其实孩子从小担任班干部，这是锻炼孩子能力的极好机会，也是对孩子的真正关心和爱护。

做一名优秀的班干部绝不是件轻而易举的事，同样是班干部，有些同学干得从从容容，有些同学却干得苦不堪言。要做一个优秀的班干部，要充分认识担任班干部的意义和作用。班干部不仅仅是班级领导群体，更是学习、生活中最上进的群体，一个班级就是一个小社会，当班干部是管理才能、人际交往才能、表达才能等多种能力的综合运用。可以说，一个好的班干部，将来必然是社会生活中的一个佼佼者。

具体来说，对于学生干部一般有下面一些基本要求：

第一，严于律己。当了班干部，就成了同学们注意的焦点，做普通同学时的小过错没人注意，做班干部了，就会被指责。因此，做班干部的必须对自己严格要求，在各方面都做得优秀。

第二，以身作则。班干部要做好本职工作，必须身体力行，要求别人做到的，自己要首先做到。自己管好自己，在各方面起到带头作用就可以了。像学习委员，自己学习刻苦，本身就是一种带头作用，这就已经尽到了学习委员的职责。

第三，合作和奉献精神。班干部是一个整体，分工明确，又要通力合作，所以班干部干好本职工作的同时，还要协助其他干部干好各项工作。此外，做班干部还必须要甘于奉献、乐于奉献，要有勇于为班级工作鞠躬尽瘁的奉献精神。

第四，要处理好几种关系。干好班级工作，既要有工作能力，又要深得民心，受到同学们的拥护和支持，因此，要巧妙处理好干部与干部之间、干部与同学之间、干部与老师之间的各种关系，真正成为同学们的贴心人、老师工作的得力助手。班干部必须是一个学习优秀的学生，所以还必须处理好班级工作与学习之间的关系。要干好工作，又不要耽误学习。其实，只要处理好了，班干部的工作热情、荣誉等对学习都是一种有力的促进作用。

总之，当班干部要讲究方法、技巧，要严格要求自己，不断提高自己，有意磨炼自己，使自己各方面的能力都得到提高。

自我实践

当班干部是老师和同学对你的信任，也是锻炼自己能力的极好机会，不要辜负老师和同学对你的重托。那么，怎样才能当好一个合格的班长呢?

(1) 同学要平等相处，主动热情地关心同学、帮助同学，特别是成绩上品德上落后的同学，做他们的好朋友。每个班级里总是有进步慢的学生，他们往往比较孤立，有时会有对立态度，对他们不能歧视，更不能老是去揭他们的痛处。你如果能做好这些同学的工作，你的能力将大大得到提高，你的威信也将大大提高。

（2）能自己做的工作尽量自己去做，不去麻烦老师，重要的事情要及时报告，以得到老师的支持。老师是班干工作的指导者，要依靠老师，但不能依赖老师。需要老师帮助处理的事情，也得把真相说清楚，不偏不倚，公正无私。

（3）处理问题时要冷静。同学们发生纠纷，先调查一下吵闹的原因。可以当面问吵闹者，也可以向别的同学了解，不要摆干部的架子，急于表态。

（余仙平）

精彩链接

具有领导能力的儿童的特征

（1）责任心强，同意了的事就会去做，而且做得好。

（2）在同龄儿童和成人面前，显得自信，当被要求在班上展示作业时，表现得安然自得。

（3）受到同学们的爱戴。

（4）善于自我表现，言语流利，易被人理解。

（5）容易适应新的环境，思维敏捷。

（6）行为习惯灵活，改变常规秩序时不受干扰。

（7）在同伴中有控制他人的倾向，在参加的活动中常起领导作用。

（8）处理人际关系的能力强，能影响别人选择观点、采取行动的途径或方向。

（9）对别人的需要能表示理解和同情，并在道义上表现出关心。

（10）被同伴看做是行为的典范，对自己、对别人的要求具有高标准。

(11) 能确立目标和顺序并计划、组织、协调行动。

(12) 能创造性地解决问题，常有同伴或教师前来“讨教高招”。

(13) 能做出好的裁判和决定，能预测行为的结果。

(14) 具有领袖人物的超凡魅力，吸引人，表现自然，富有洞察力，别人愿意聚集在他周围。

(15) 有独立性及思维的不顺从性，愿意冒险。

(16) 做事目的性强，纪律性好，对喜爱的问题有探索精神。

39. 赏识成就人才

问题咨询

老师：

您好！

我的孩子今年小学三年级了，在家里很乖。我们家长根据现在流行的“赏识教育法”，对他经常进行鼓励。可是在不断的鼓励表扬之下，他变得有些骄傲，不能接受批评。有时还主动要求物质奖励，要不然就不主动学习。我们现在感到很头痛，现在总是怀疑赏识教育是否真的可行。

困惑的学生家长

心理分析

这位学生家长来信中表示对现在赏识教育怀疑。其实，赏识教育是没有错的。而家长对它的作用有怀疑，这主要是在进行赏识教育具体操作时有问题。我们要知道，并非简单地表扬就是赏识教育，赏识教育也需要技巧。

对儿童进行赏识教育，就是对儿童所表现出来的符合我们所预期的认识或行为进行肯定性评价的过程。其主要表现形式是表扬奖励。表扬奖励是一种积极强化的教育方法，但是我们应该明白，表扬奖励也是把双刃剑，适当的表扬奖励可使儿童得到精神上的满足和愉悦，增强其自信心和上进心，消除其不良行为，强化其优秀品质的形成；不适当的表扬奖励则有碍其优良品质的形成，甚至还会使儿童形成一些不良的品质。在表扬奖励的具体操作中，我们应该注意以下几个方面：

1．要注意因材施教

对一些胆小和没有信心或刚刚遭受挫折的儿童特别需要鼓励，这对他们树立自信心是有好处的；而对一些自尊稳定、有骄躁表现的儿童，过多的奖励反而有害，因为过多的表扬往往容易使他们造成错觉，认为自己什么都好，滋长骄傲自满情绪，只爱听赞扬的话，不愿听反面意见，长此下去，就会影响儿童良好个性的形成。

2. 通过多种形式表扬奖励儿童

物质奖励是表扬，口头表扬是表扬，点头、微笑同样是表扬。表扬要根据学生不同年龄的身心特点和知识层次而采取不同的方法。最好的方法是在对小学生表扬鼓励过程中把不同的方式方法结合起来，使他们不会形成奖励定势。

3. 让儿童了解受到表扬奖励的具体原因

表扬的潜在作用在于能为儿童将来的行动指明方向，使儿童受到鼓舞而更加进步。家长应特别强调儿童令人满意的具体行为，表扬得越具体，儿童对哪些是好行为就越清楚。比如，两个小朋友在一起玩要，一个小朋友摔倒了，爬不起来就哭了；另一个小朋友跑过去把他扶起来，帮他拍净身上的泥土。如果家长见到后说你今天真乖，儿童往往不明白“乖”是指什么。你可以这样说：“你今天把小朋友扶起来，你做得很好，爸爸妈妈很高兴，以后和小朋友在一起玩要，就像这样互相关心、互相帮助。”用这种方法既表扬了儿童，又培养了儿童关心别人、助人为乐的良好行为。

4. 不要用事先许诺的表扬奖励来激励儿童

有的家长在教育儿童的过程中，有时为了让儿童听从要求往往会采用事先许诺的表扬奖励来调动儿童的积极性。如“你先别闹了。你不闹的话，爸爸就给你一块糖”、“别趴在桌子上，如果听话，妈妈等会给你买好吃的”、“你现在好好听话的话，周末带你去动物园玩”、“如果你去拿扫帚把客厅打扫干净，晚上让你多看半小时的电视”。家长的这些许诺确实可能会在一时一事上发挥积极作用，儿童在得到家长的许诺后，确实出现某些好的行为，如真的听话了、遵守纪律了。但是这种事先许诺式的表扬奖励，如果用多了，其不良后果也是十分明显的，它会使得儿童变得非常功利，使他们在采取行动之前，只计较自己是否得利，或利大还是利小，使得他们养成斤斤计较、见利忘义、自私自利等浓厚的功利主义意识和品质，使他们难以认识到自己对待事情应负的责任，以及行为对他人和社会的意义，这就使得其今后很难与人共事、共处。

5. 表扬奖励必须与其他教育手段整合

表扬奖励仅仅是家长影响儿童发展的诸多手段中的一种，它只有和其他教育手段（如批评、环境陶冶、榜样示范等）有机地结合起来，才能取得最优的教育效果。

自我实践

（1）小明是个四年级的小学生，学习成绩还好，父母也比较满意。可就是早上赖床，不愿意按时起床。请你设计一个奖励方式来鼓励小明按时起床。

（2）与同学玩“击鼓传花”的游戏，方法是：围成一圈坐好后，依次传递一支塑料花，并有一同学在旁边击鼓，停止后立即停止传花。这时老师引导大家依次说出接住花的同学的优点。这个游戏可以让大家换一种角度看自己，并由此提高自信心。

（陈四光）

精彩链接

赏识教育专家——周弘

他，曾经是一位不幸而绝望的父亲：独生女儿周婷婷出生后双耳失聪，被医生宣判只能一生聋哑；他又是一位坚强而幸福的父亲，倾尽心血探索家庭创新教育，不仅把自己全聋的女儿培养成了中国第一位聋人少年大学生和留美硕士，并且用20年的生命探索出了“赏识教育”。在全世界最著名的六种教育方法中，只有“赏识教育”是中国土生土长的，被称赞为“中国家庭教育第一品牌”。而他，也被誉为“实践型平民教育家”、“中国第一位觉醒的父亲”、“赏识老爸”。他叫周弘，南京人，今年53岁。

23年前，刚刚做父亲的周弘还没来得及体味到喜悦，就被医生的宣判打入了痛苦的深渊。“你的女儿双耳全聋，她今后唯一的出路是上聋哑学校。”这不啻为一声晴天霹雳。每天看着自己漂亮的女儿独自在无声的世界里沉寂着，做父亲的只能在痛苦的现状中挣扎着、彷徨着、焦虑着，却束手无策。直到女儿3岁那年，电视上播放一部日本电视剧《血疑》，彻底改变了周弘，剧中大岛茂为了只有1%生存可能的女儿幸子付出了100%的父爱，虽然没能挽救女儿的生命，却让女儿能够毫无遗憾地含笑而去，这种深沉执著的父爱深深触动了周弘的内心，唤醒了他沉睡多年的父爱，也重新点燃了他作为父亲的梦想。“我一定要尽我全部的努力为女儿打开有声世界的门，即使不能成功，我也相信女儿长大后一定不会怨恨我。”从那时起，为了让女儿开口说话，他和全家人开始了艰辛的“治哑”之路，每艰难地前进一步都洒满了他们的泪和汗！为了教会女儿一个发音，他们不知要重复喊叫几百遍，累了休息一下，爬起来再接着大声地喊啊、教啊，常常是筋疲力尽、泪流满面。终于，当女儿成功地说出“爸爸好”这三个字的时候，周弘紧紧地抱着女儿，激动得不能自已！

他坚韧的父爱为女儿创造了奇迹：从小双耳失聪的周婷婷在父亲的教育下，16岁就读辽宁师范大学——中国第一位聋人少年大学生；大学毕业后，她又被美国加劳德特大学录取为研究生——中国第一位聋人研究生。

就在教育和培养女儿的过程中，周弘开始把眼光转向对教育规律的研究，希望能够寻求到一种让孩子像“追蝴蝶”一般如痴如醉、流连忘返的教育方法。他发现，所有的家长在教孩子学说话、学走路的时候，都是一流的教育大师，他们会不断地赞扬和鼓励孩子去学习，让孩子始终有着快乐的求知心情，像“追蝴蝶”一样一步一步走向成功，因为他们相信孩子“一定行”！可是，随着孩子的长大，这种神奇而又古老的教育方法逐渐被家长丢弃了，他们更多地开始怀疑孩子“不行”，目光于是总是盯在了孩子的缺点上，眼神中不再是赞许，而是严厉和责备。周弘发现，所有孩子心灵深处最强烈的需求和所有成年人一样，人性中最本质的渴求——渴望得到别人的赏识。赏识，是每个孩子生命成长中不可或缺的阳光、空气和水！于是，在不断的探索和研究中，“赏识教育”的理念诞生了。

40. 你还在走神吗

问题咨询

老师：

我是三年级的学生，在学校里有一件事令我十分苦恼，就是在上课时精力总集中不起来，总走神。一会儿看东，一会儿看西；一会儿玩玩笔，一会儿掐掐手。有时还胡思乱想。想控制自己不走神，但过几分钟老毛病又犯了。这是怎么回事，我该怎么办？

五年级　钱苒

心理分析

钱苒小朋友别着急，其实，专家专门就这个问题调查过，发现很多小朋友都有走神的现象。走神、开小差的主要表现为：上课不能长时间听讲，注意力分散；记不全或记不住老师口头布置的家庭作业或其他事情；无法理解老师的讲课内容，复述听到的事情语无伦次……专家的研究发现，走神影响了这些小朋友的学习成绩。可是通过智力测验表明，他们的智商都在正常范围之内。为什么会走神呢？

从心理学角度来看，上课时走神的原因很多，但主要因素，大体有以下几条：

（1）有些小学生存在偏科现象，对他们喜欢的科目，遇到内容新、感兴趣的课，或者是碰到喜爱的老师，学起来容易跟上老师的思路，不分神，听课效率高；而对那些不感兴趣的科目则会经常走神。

（2）有些学生比较聪明，老师适当点拨一下新学的内容，他们就能理解，对于老师慢慢的引导式教学很不耐烦，于是开始浮想联翩，神游四海。还有的学生对老师上复习课感到很不耐烦，觉得这些都是自己掌握的，所以不愿花精力听讲，导致思想开小差。

（3）还有些小学生在课堂上不能集中注意力是因为身心发展还不成熟，自我控制的能力还较差，从而导致走神。这种情况会随着年龄的增长而有所改变。

（4）环境的影响。小学生注意力发展的特点告诉我们，在小学阶段，小学生的注意力容易收到外界因素的影响。目前带有各种娱乐性质的文具用品在小学生中很流行。如卡通封面的书壳、带有弹簧玩具的笔等，这些文具也是小学生上课走神的一个重要诱因。

（5）过重的心理压力。在调查中发现，学生中的走神现象很多是消极心理造成的。比如有的学生父母离异或病重，有的学生与同学和老师的人际关系处理不当等，有此类问题的学生不应忽视这些问题的解决。

针对不同的原因，我们应该采取不同的措施。如果是由于对某个学科不感兴趣，那要多和老师交流，让老师针对你的学习情况采取补救措施，使自己在各门功课上都能平衡发展，做一个全面发展的好学生。如果走神是因为学会了而不愿再认真听的话，那我要告诉你，上课注意听讲，不仅是你个人的事，还关系到别的同学。你是生活在一个集体中，遵守课堂纪律，不只是一种要求，还有一种尊重，对老师的尊重和对同学们的尊重。这是一个小学生起码应该做到的。此外，上课前应把那些容易分散注意的文具收到书包里，避免上课时因此而分散注意。存在心理困惑，有心理难题，自己难以解决的，要及时寻求老师、家长的帮助。

总之，小朋友一定要牢记：上课不能走神，要集中精神听清楚老师的每一句话、每一个字。这是搞好学习的最重要的方法，也是那些好学生的共同秘密。事实上，如果上课分心，就会影响对知识的记忆与理解，留下学习的隐患。于是影响作业完不成以及下节课新知识的学习。即使课后自己再补，或请家教，终究还是浪费了时间与金钱，真是费力不讨好。可见，上课认真听讲，不仅是尊重老师的劳动与遵守纪律的问题，而且还是一个决定学习效率的学习策略问题。小朋友，你明白了吗？

自我实践

集中注意力的“视听配合训练”

1．视觉想象训练

闭目凝神，凭想象在空中描绘出一个点来。此刻心中除了这个点，什么也不想，慢慢将此点延伸为一条直线，再将它拉长，然后描绘成星形或旋涡状等简单的图形。这样每隔一天，让图形复杂些，并用心多描绘几次，连续做十天。

2. 听觉训练

找一个闹钟，听它的滴答声，并伴随着闹钟的声音，在心中默念“滴答、滴答、滴答”。第一天念 10 个，第二天念 15 个，第三天念 20 个，逐次增多，每天做 8 次。

两种训练配合使用，坚持一段时间，必然会有明显的效果。

（陈四光）

精彩链接

稳定注意力的训练方法

以下是一些有利于集中注意力、提高学习效率的心理训练方法，当你或你的孩子因注意力无法集中而影响学习时，不妨试试以下练习。

1. 复述性练习

和家长一起看图画故事，或是看一部动画片，然后立即把自己看到的内容复述给父母听，尽可能完整地复述故事。每天做一次。

2. 搭积木练习

搭积木是一个立体三维游戏，需要有高度的注意力才能搭出既高又漂亮的造型。家长可以和孩子展开竞赛，看谁的积木搭得又高又漂亮。在搭建过程中，孩子会保持连续不断的想象力和注意力，可以培养他们稳定的注意力。多米诺骨牌练习也可以达到同样的效果。

3. 韵律操练习

对特别好动的孩子而言，学会较复杂的韵律操可以带来成就感，也可以解决其心神浮躁的问题。每个难以集中注意力的孩子，我们都要分析他是好静型，还是好动型。文静的孩子才能忍受得了堆放多米诺骨牌的挑战，对于好动的孩子，让他三天之内学会一套韵律操，会使他的注意力和接受能力成倍上升。

4. 抗干扰练习

等孩子在无干扰环境中的注意力已大大集中，可以考虑在他的“注意力训练”空间中，放上“干扰源”。他在做拼图游戏时，父母可以在一旁看电视；他在看成语故事书时，可以稍稍地打个岔。孩子在这过程中会有注意力涣散的现象，会有反复，但最终他的抗干扰能力会逐渐上升，至少在课堂上，他不会再被老师裙子上的图案弄走神了。

41. 如何有效安排晚上的时间

问题咨询

老师：

您好！

一年前，爸爸教我合理安排时间，特别是如何安排晚上的时间，通过这一年的训练，我觉得效果很显著。平均每天我能在晚上 7：30 分以前做完作业。为此，爸爸也常常表扬我。我觉得我现在有好多时间可以自己安排了。这些时间可以干其他事，例如唱歌、看小说书、背课文、看中国古代诗、绝句选等，还有足够的时间和爸爸妈妈聊天呢。

我做作业的效率提高了，反应也比以前快，我尝到了合理安排自己时间的甜头，快要期末考试了，由于我做作业很快，有足够的时间来复习以前的功课。我之所以现在天天能那么轻松，是和我善于合理安排自己的时间分不开的。感谢爸爸教我如何安排时间。

五（6）班　王英

心理分析

从信中，我们可以看出王英同学是幸福的，可是并不是每一个学生都能像她那样善于合理安排时间。他们的家长也不一定像王英家长那样能够合理帮助孩子安排时间。目前，家长对孩子晚上时间的安排大致有以下三种方法：

（1）要求孩子立即做好老师布置的家庭作业，然后再做家长布置的作业，孩子从放学回家可能除了吃晚饭的时间，一直会写到晚上十一点钟。

（2）有些家长要求宽松一些，孩子家庭作业做完之后，就采取放任的态度，随便孩子干什么。

（3）有些家长则是与孩子协商共同制定一个晚上时间安排的计划表，包括老师布置的家庭作业，对当日课程查漏补缺，预习明日的功课，亲子交流、游戏，自由安排时间等项目。

第一种方法短期内对孩子的学习可能会有一定的效果，但它容易让孩子疲惫不堪，影响第二天的学习效果，加大孩子的负担。第二种方法比较宽松，但是仅仅要求完成作业，没有养成孩子良好的生活学习习惯，如检查当日功课学习的不足之处，预习明日的课程，适当地劳动等。这不利于孩子长远发展。

第三种方法是值得我们广大家长学习的，有利于孩子的学习及其他能力的全面发展。王英的家长在教育孩子方面很有办法，在提高学习效率的基础上，父母轻松，孩子也轻松。

但现在采用第一种方法的家长很多，使学生负担很重，一些学生甚至睡眠也得不到保证，孩子眉宇间的欢乐越来越少。许多教育专家、学者纷纷呼吁：把欢乐的童年还给孩子。不少学校也相应提出“紧张的上午，多彩的下午，轻松的晚上，快乐的双休日”这一改革思路，向课堂40分钟要质量，让学生有一个“轻松的夜晚”。

所谓“轻松的夜晚”是指：①要保证孩子有10个小时的睡眠时间［见教育部、卫生部1979年12月6日《中小学生卫生工作暂行规定（草案）》］。②要限制孩子的家庭作业分量和晚上作业时间。根据原国家教委有关要求，一年级不布置书面家庭作业，二、三年级家庭作业量不超过40分钟，高年级作业量不超过1小时。③要在家长指导下，让孩子做自己乐意做的事。这样的夜晚，对孩子不仅是有益的，而且是轻松的。

自我实践

如何让孩子度过一个轻松而又有意义的晚上呢?

晚上，孩子的第一件事是在家长关注下，在规定时间内高质量地做完作业，养成专心专意做作业、今天事今天做完等良好学习习惯，学会安排自己的学习时间。第二，在老师布置的作业完成的基础之上，教会孩子如何查漏补缺，如何复习预习，学会科学地学习。第三，在保证孩子睡眠时间和在规定时间内完成家庭作业以后，家长可在安全、健康以及不影响他人工作、学习、休息的前提下，让孩子做自己乐意做的事：与小伙伴做游戏，看课外书，看电视，听音乐……让孩子身心愉悦，又学到一些知识。

注意：为了让孩子晚上过得有序、愉快又有意义，家长要帮助孩子统筹兼顾，合理安排。如晚饭前后，家长可安排孩子一些力所能及的家务劳动和自理性活动；白天便于孩子与伙伴交往，同楼栋、左邻右舍的孩子交往及户外活动，就安排在放学后、晚饭前进行；为保证孩子睡眠充足，可要求孩子晚上 9 点上床入睡。家长要根据自家特点和孩子的兴趣，要求孩子做出晚饭后到晚 9 点前的具体安排：把家庭作业放在黄金时间，其他如看电视、课外阅读、练琴、听音乐等则恰当安排。一旦做好合理安排，就要长期坚持，形成习惯。

（陈四光）

精彩链接

家长的责任

（1）首先要为孩子提供必要的物质条件，如文具、书籍、孩子的专用书桌、书架、小台灯等，最好让孩子有自己的小空间。

（2）更重要的是要为孩子营造一个良好的学习环境，让孩子能安心、静心地读书、做作业、做他想做的事。一个夜夜垒“长城”的家庭，一个充斥低级庸俗书刊的家庭，能让孩子在家中专心学习、健康成长吗？一个“小吵天天有，大吵三六九”的家庭，一对经常出入夜总会、酒吧间的夫妻，能让孩子讲究文明道德、学习知识学习文化吗？反之，即使居室条件差一些，孩子要与父母挤在一张桌上做功课，父母业余潜心学习，崇尚知识，不断充实、完善自己的良好行为，必然会成为敦促孩子学习的良好环境因素，营造出浓郁的家庭文化氛围。

（3）家长要不断提高自己的文化修养，对孩子在看电视、看课外书时提出的问题，能旁征博引，正确评价人物功过、事件是非；能深入浅出地分析文学艺术作品，提高孩子的艺术鉴赏水平、审美情趣；即使孩子在玩，家长也能随时引导，把孩子无意的玩耍引导到有意识的探索知识奥秘上来，让孩子玩出新水平。

（4）家长还要更新教育观念，鼓励孩子逆向思维、敢于质疑、富于创新。这样，孩子在休闲的晚上，也会迸出智慧的火花，涌动创造的愿望。

42. 远亲不如近邻，近邻不如同桌

问题咨询

老师：

您好！

我的小孩的同桌小林上课爱讲话，影响了我孩子的学习，有几次还损坏了我孩子的学习用品，我该不该去找老师换位置呢，如果不换又该怎么办呢？

一位焦急的家长

心理分析

人具有社会性，人是社会中的人，这就决定人需要交往，需要和谐的人际关系，学生也不例外。美国卡耐基大学分析了 1 万个人的个人记录，结果发现，技术上的训练或头脑的精明，只占成功因素的 15%；而个性的因素，也就是建立良好的人际关系的能力，占成功因素的 85%。成功的人并不一定是最聪明的或有一技之长的人。有些人并非才华横溢或美貌绝伦，但他们与人相处，公平、谦和、不卑不亢，常与朋友达成相互理解、尊重与合作，工作、学习、生活往往十分顺利，成功和幸福时时伴随着他们。

心理学研究表明，人际关系的状况对学生的心情和行为有较大的影响。如果一个人处于受欢迎的地位，就会内心充满自信，具有幸福感，情绪高涨，精神振奋；反之，如果在学校中处于被孤立与嫌弃的地位，那么就会产生自卑心理，学习热情降低，甚至产生对抗心理和违规行为。

导致小学生人际交往问题的因素有很多，大致可以分为外在因素和内在因素。外在因素主要有：首先是学习竞争激烈导致的人际关系紧张。在班级体中学习成绩总有优劣，而老师、家长对成绩又特别看重，竞争激烈程度可想而知，很多学生把学习上的竞争带入了人际关系中，导致同学关系紧张。其次，小学阶段的学生大多渴望得到老师的关注，如果感觉其他同学得到老师关注较多，而自己较少，也会引发心理对抗。

内在的原因主要是家庭教育中产生的自我中心式的思维方式，使得小学生很难设身处地地为他人着想。这些孩子往往出生于独生子女家庭，是家庭的核心，被奉为“小皇帝”、“小太阳”，受到整个家庭的过度保护和关心，从没有替别人考虑过，带着这种心理状况到学校，必然出现人际关系紧张的问题。

对于孩子在学校与同学的矛盾，不同的家长会采取不同的态度。有些家长总是怕孩子在学校吃亏，并且有意无意地向孩子灌输这种不能吃亏的意识，使孩子不懂宽容，事事都与别人斤斤计较，搞得同学关系很紧张。甚至有些家长一听说孩子在学校和同桌有矛盾，就立即找老师，要求调整座位，并把责任完全推到其他人身上。

同学之间因为一些小事情如橡皮、本子等会有一些口角甚至吵闹，但孩子们都是非常善良、非常单纯的，少有“记仇”的。往往是课前别扭下课和好，上午吵架放学时又手挽着手回家了。要想明白无误地判断同学矛盾中谁对谁错是很困难的，问题的关键还在于大人在保护孩子的同时也不要忘了强调宽容，这样才能减少不必要的摩擦。有些家长就做得很好，下面就是一个强调宽容化解矛盾的典型例子。

五年级的一个班上因为新近调整了座位，两个原本不坐一起的女孩成了同桌。其中成绩不大好的 A 连着几次在 B 离开时把自己桌屉里的纸屑等杂物放到她的桌屉里去。B 发现以后想跟 A 讲理，但怕 A 赖账，就犹豫着回家告诉了爸妈。爸妈要求她对这种小事保持平静，每天把垃圾扔掉就是了。于是 B 就每天把这些不属于自己的垃圾清理干净。然后又对 A 说以后有什么纸屑之类可以帮她去扔。过了些时候，A 终于不再偷偷扔垃圾到同桌的桌屉里去了。

要想从根本上解决孩子的人际交往问题，还需要对孩子进行正确交往方式的训练。这首先要改变孩子以自我为中心的一贯思维，进行角色互换的训练，也就是我们日常所说的“将心比心”、“设身处地为对方着想”。这是一种以对方的角色为自我的联想，让矛盾双方位置互换，促使他们体会对方的处境，这样有利于相互理解，有助于彼此的心理沟通，从而促使同学之间互谅互让，建立良好的人际关系。一位学生在进行角色互换的游戏后，在自己的日记中写道：“理解是朋友迈进的第一步，一个懂得理解别人的人才会有真正的朋友”，“要想避免吵架，我们就不应该想要从对方那里得到什么，而是我能为对方做些什么”，“改善人际关系，除了要解除自我中心想法，还要采取一些有效的方法，如做错了事主动道歉”。

自我实践

角色互换游戏

根据给出的情境，父母和孩子分别选择其中不同的角色在家中扮演，扮演结束后大家一起讨论各个角色的言行是否恰当。

情境一：

明明的笔忘记带了，他向同桌李华借，可是李华却不同意。

第一轮：孩子扮演明明，家长扮演李华。

第二轮：家长扮演明明，孩子扮演李华。

情境二：

晓晓约小强周六下午到少年宫打乒乓球，可是周六下午晓晓和父母去舅舅家玩，把和小强的约定给忘记了。星期一早晨，他们在校门口相遇了。

第一轮：孩子扮演小强，家长扮演张晓晓。

第二轮：家长扮演小强，孩子扮演张晓晓。

（陈四光）

精彩链接

三个金像

从前，有个国王，他想试探一下邻国的国王和人民是否聪明、有辨别力。于是他派人送了三个黄金塑造的人像到邻国去。这三个金像不但外表一模一样，连重量也完全相同。他想让邻国的国王判定哪一个金像更有价值。

邻国的国王召集了他所有的大臣，大家左看右看，怎么也看不出这三个金像有什么不同。甚至这个国家最聪明的人也说不出所以然来。正当大家都绝望的时候，一位被关在监狱里的青年托人带口信来，说如果让他看一看金像，他能分辨出他们的价值来。于是这个青年被带进宫中，国王将三个金像交给他。他仔仔细细地看了又看，最后，他发现每个金像的耳朵上都有一个小孔。于是他要了一根极细的银丝，从金像的耳朵里穿进去。他发现，第一个金像，从耳朵里穿进去的银丝从嘴里钻了出来；第二个金像，从一边耳朵穿入而从另一边耳朵钻出；第三个金像，则是从耳朵穿入而从肚脐眼儿钻出来。这青年人思考了一会儿，对国王说：

“尊贵的陛下，我认为我们眼前的这个谜，就像一本打开的书。你瞧，就像每个人都与其他人不一样，每个金像也都不一样。这第一个金像提醒我们：有那么一种人，他听到点什么事，一眨眼的工夫就从嘴里说了出去；第二个金像，就像那么一种人，他从这个耳朵听到了什么，马上就从那个耳朵溜出去了；而这第三个金像，他很像一位能够把听到的事记在心上的人，陛下，您现在可以判断哪一个金像最有价值了吧？您愿意哪一种人做您最亲密的朋友呢？一个嘴上存不住半句话的人？一个把您的话当耳旁风的人？还是一个把您的话牢记在心的可信赖的人呢？”

43. 如何克服学校恐怖症

问题咨询

老师：

您好！

我孩子小南今年上小学一年级，是个听话可爱的孩子。可是最近突然不愿意去学校，甚至不让我们提学校。每次让她去学校，她就又哭又闹。开始时，我们还强迫她去，可是问题越来越严重。把她送到学校门口时，她就会无缘无故地呕吐，让我们很心疼，只好同意她不去学校。可不去学校怎么能行呢？帮帮我的孩子吧。

一个焦急万分的母亲

心理分析

这位母亲的孩子很可能是有学校恐怖症。学校恐怖症是一种较为严重的儿童心理疾病，多见于7~12岁的小学生。由于存在各种不良心理因素，使学生害怕上学，害怕学习，具有恐怖心理。学校恐怖症一般有三个特征：

（1）最典型的特征是害怕上学，拒绝上学，无论家长怎么劝说，对上学都会有抵触情绪。

（2）学校恐怖症严重时，如果父母强迫患儿去上学，会使其焦虑加重，甚至出现一些生理症状，倘若父母同意暂时不去上学，孩子焦虑马上缓解，生理症状也立即消失。

（3）学校恐怖症伴随的生理症状主要表现为：面色苍白，全身出冷汗，心率加快，呼吸急促，甚至有呕吐、腹疼、尿频、便急等。

产生的原因可以从内外因两个方面考虑。内因方面，有学校恐怖症的孩子均有以下的性格特点：胆小、仔细、敏感、多疑特别爱面子，经不起批评。

外因方面，有些孩子的家长、老师及本人常期望过高，超过了儿童心理所能承受的程度，导致孩子心理失衡，逐渐形成焦虑感。

一些学校突发事件，常给孩子带来巨大的负面影响。如孩子尊重的老师由于情绪不佳或其他原因表现失常，体罚学生或辱骂学生。这会使孩子在感情上一时接受不了，产生情感障碍，变得讨厌老师，又会由讨厌这个老师，进而泛化到憎恶学校、憎恶同学。

此外，家庭教育影响也是中小学生患上“学校恐怖症”的重要原因之一，有的家长本身在人际关系上就存在问题，邻里关系紧张，对邻居斤斤计较，这些行为都在潜移默化地影响孩子，使其在处理人际关系上采取不正确的方式；还有的家长对孩子偶然出现的不想去学校或身体不舒服反应过度，也会导致学校恐怖症。当孩子偶然一次因身体不舒服而不想去学校时，家长过分紧张，无原则的迁就孩子，不让孩子去上学，而是在家休息，长期如此，孩子受家长影响，对自身问题看的过重而导致学校恐怖症。

在确定是否是学校恐怖症时，要注意和逃学区分开。它们之间主要有如下三点区别：

（1）学校恐怖症伴有明显的情绪障碍，孩子情绪低落、消沉。而逃学的孩子则没有情绪障碍，他们往往是逃出学校寻找快乐。

（2）学校恐怖症往往发生在品学兼优的学生身上，他们学业上没有太大的问题。自幼成长顺利，家庭环境良好。而逃学的学生常伴有学习问题，学习成绩不良。

（3）学校恐怖症发生的开始，家长就知道。而逃学事件发生的开始家长不一定知道。

自我实践

治疗学校恐怖症，首先要寻找孩子不肯上学的原因。当发现孩子有不肯上学的现象时，家长应该与他们谈心，尽可能了解所有与他们上学有关的情况。要注意开导，不要采用简单的恐吓的办法，迫使孩子去上学，以免加剧孩子的心理创伤。要正面诱导，讲清目前上学和将来工作之间的关系，让孩子在认识上有所提高，切忌各种强迫性、惩罚性的言行。

当不肯上学的原因找到后，父母、老师、心理专家应共同制定一个治疗计划。这个计划应包括以下两点：

（1）让孩子尽快回到学校。孩子脱离学校越久，对学校的恐惧心理就越强。在孩子开始试图回到学校时，孩子的焦虑情绪会很明显。这时的父母不能心软而放弃让孩子回到学校，而应该和学校的老师取得联系。让老师给予孩子更多的关心，降低孩子的焦虑情绪。开始阶段，父母可以适当的到学校陪伴孩子，但是陪伴的时间应该逐渐减少，最终让孩子回归学校。每当孩子有进步时，即应及时给予表扬和奖励。

（2）有些孩子的学校恐怖症伴随着较严重的生理反应，这时候应该寻求心理学专业人士的的帮助，为孩子彻底解除内心的焦虑。

（陈四光）

精彩链接

如何防止学校恐怖症

1. 培养孩子坚毅的性格

对于性格懦弱、内向的孩子，尤其要给予关注。家长在早期家庭教育中，要注意培养孩子胆量，鼓励孩子和其他小朋友一起玩耍。进入学校后，老师对这部分孩子要给予更多的关心，让他们体会到学校学习生活的快乐，让他们体会到成功的乐趣。

2. 及早发现，及早干预

很多家长平时忙于工作，或是只关心孩子的学习成绩，对孩子细微的内心变化不能及早发现，常常耽误干预的最佳时期。其实，在孩子刚刚有不想去学校，不想学习的念头，就进行干预，效果是最好的。

3. 家长适当降低对孩子过高的期望值

很多家长总是望子成龙，对孩子学业要求异常严格。而孩子幼小的心理难以承受这样的压力，导致对学习、对老师、对学校产生厌烦。给孩子一个宽松的发展空间，有利于孩子健康成长。

44. 培养孩子良好的思维习惯

问题咨询

老师：

您好！

我是一名小学四年级学生，在校学习成绩中等。我对许多事物都有浓厚的兴趣，都爱问个为什么，但是我不知道怎样才是科学的探究问题的方法。同时，要搞清楚这些问题会花去很多时间，因此，家长老师对我很有意见，认为我不好好学习，看着其他同学都在学习，有时想干脆不要想太多问题，只学习书本知识就够了。

明明

心理分析

从明明同学的来信看，明明同学是一个爱学习、爱动脑的好同学，在学习课本知识的同时，对课本之外的事物也有非常浓厚的兴趣，爱问个为什么，这是非常难能可贵的。同时，明明同学也愿意积极地去探究事物的来龙去脉，这也是应该鼓励和支持的。爱因斯坦曾说过：“提出一个问题比解决一个问题更重要。”孩子年龄小、知识少、社会阅历浅，对周围世界充满了好奇，充满了疑问。当孩子发现问题、提出问题时，家长要爱惜孩子的好奇心和好问心理，并经常引导和启发孩子发问。

思维是从问题开始的，有了问题，孩子才会积极地思考，所以教师和家长不应打击孩子的积极性，而应鼓励他，培养孩子善于发现问题和提出问题的能力。这就要求教师和家长要善于进行启发式教学，激发小孩子的求知欲和积极思考的愿望。教师要善于把小孩子置于有趣的和能激发好奇心的情境中，引发他们进行积极的思考。在发现问题后，家长和老师要培养孩子独立思考、独立解决问题的好习惯。当孩子提出问题后，不要急于告诉他答案，要引导他独立思考，启发他思索。家长可引导孩子查阅工具书或资料寻找答案，教给他方法；也可有意不告诉他答案，和孩子一起查找资料，一起解决问题。这样可激发孩子在学习上的探究心理，培养孩子独立思考、独立解决问题的能力，同时也教会孩子学习的方法，使他终身受益。

问题解决后，家长可培养孩子从多角度多方面来思考问题，以训练孩子的发散性思维和求异性思维。例如，大家都知道的一道题：“树上有五只小鸟，如果开枪打死一只，树上还有几只小鸟？”答案没有唯一，可以是一只，也可以是两只、三只、四只、五只或一只也没有等。像这样的问题有益于训练孩子的发散性思维和求异性思维。

批判的思维习惯也是良好思维习惯的一个品质，要培养孩子敢于并善于对“正确答案”质疑，这方面只要在日常生活中注意启发引导即可。如在孩子已知答案了，家长还要有意问一问为什么？或者故意反驳与孩子争辩。经常这样做，孩子就会养成一种习惯，在得到答案以后自己就会质疑。

对知识的掌握和理解是良好思维习惯的前提。学生应该首先理解和掌握所学习的知识，在此基础上提出问题并积极解答问题，所以明明同学也应该在学好自身课本知识的同时，花一部分时间和精力在自己感兴趣的事物上。

在小学教育中，孩子是否敢问、乐问、善问，对其独立思维能力的形成具有重要的作用。教师应创设良好的轻松的课堂氛围，让每个孩子都有心理安全感，都敢于提问，乐于提问，善于提问。首先，教师要相信每个孩子能学习、会学习且都能学好。其次，教师的态度要亲切自然，要尊重孩子的意见，热情鼓励、积极启发引导孩子，消除孩子紧张、局促不安的心态，使孩子能在健康的集体心理氛围中轻松地学习。

教师应善于捕捉孩子星星点点的智慧火花，不失时机地给予积极评价，使孩子时时有一种愉悦的心理体验，感受到思维劳动本身的乐趣。不要对孩子停留在知识表层或者幼稚的问题有任何不良表示。

自我实践

1．对下列问题给出尽可能多的答案

（1）一天，一位司机师傅开着一辆装满货物的卡车。在行车途中，车被卡在一座桥梁下过不去了，他下车一看，只差1.5厘米过不去，卡车上的货物又没法移动，这可怎么办？你能帮司机师傅一把吗？

（2）有人不拔开瓶塞就可以喝到饮料，你能做到吗？（注意，不能将瓶子弄破）

（3）在荒无人烟的河边停着一只小船，这只小船只能容纳一个人。有两个人同时来到河边，两个人都乘这只船过了河，请问他们是怎样过河的？

（4）分别说出下列物品的用途（注意实用性），举例说明，越多越好。

①水，②汽车轮胎，③桌子，④电吹风，⑤糖，⑥电话，⑦手帕，⑧刷子

2. 总结和建议

（1）要摆脱思维定式，应善于从不同角度思考问题。

（2）要掌握有关求异思维的知识，并积极自觉地进行相应的训练。

（3）增强训练的兴趣，提高训练的积极性和自觉性。

3. 课外作业

（1）篮子里有5个苹果，由5个小孩均分，分到最后，篮子里还有1个苹果。他们是怎样分的？

（2）请对“毛衣”的用途提出尽可能多的设想。

（冷荣兰）

精彩链接

一次有趣的活动

一天下午，晓琳她们班搞了一次“摆脱习惯性思维”的活动。同学们可新奇了！晓琳是活动主持人，她心里又高兴又紧张。

丁零零……上课铃响了，活动开始。她走到讲台前，笑盈盈地看了看大家，润了润嗓子说：“同学们，今天我们搞这个活动，主要是要大家发挥自己的聪明才智，比一比谁会动脑筋。好，下面我出第一道题：某人说，他在合适的一天，能在河面上走10分钟而不沉入水里，你们猜，他是怎样做到这一点的？”这时，同学们有的紧锁双眉思索着，有的高高地举着手，好像自己肯定能答对似的。

急性子的陈涛站了起来，说：“这个人坐在船上，所以他能在河面上走10分钟。”晓琳笑了，对他说：“这个人在河面上走，不坐船。”陈涛听了，吐了吐舌头，坐下了。随后，晓琳又叫了几个同学回答，他们都没答对。

就在这时，张红站了起来，她说："这个人在结了冰的河面上走，所以他能走10分钟。""对。"晓琳笑呵呵地向同学们宣布。同学们一阵鼓掌，张红高兴极了。

一道道思维题在欢乐的气氛中解开了。

时间过得真快，活动结束了。大家都说："晓琳，以后多搞几次这样有趣的活动吧！"

45. "农民工"的子女怎么教育

问题咨询

老师：

您好！

我们是一对常年在外打工的农民夫妇，我们的孩子11岁，和爷爷奶奶一起在老家生活，今年上小学四年级。每次打电话孩子都不愿听，春节回家孩子也不愿和我们亲近。老师也反映孩子学习成绩不大好，对学习没兴趣，不愿和同学交往。我们对此非常着急，不知怎么办。

焦急的父母

心理分析

近年来我国大量农民进城务工，农村大规模的人口流动的背后却是农民工子女赖以生存和成长的家庭的剧烈变动。所以这对夫妇遇到的问题也是千千万万外出打工的农民工急需解决的问题。现在民工子女有两种生活学习方式：一种是像上面这对夫妇那样把孩子留在老家的“留守儿童”，另一种是跟随父母在外就学的“漂流儿童”。两种情况下的儿童都会有不同程度的心理问题。其中“自卑”是他们共有的。

1. “留守儿童”的主要心理问题

（1）亲情饥渴。由于父母长期在外务工，造成亲情的长期缺失，对留守儿童的心理健康、人格发育带来了严重后果，他们存在着严重的“亲情饥渴”，长期的分离和缺乏联系使得亲子关系出现障碍，与在外打工的父母相处时感到生疏冷漠、交流困难，造成巨大心理创伤。

（2）抑郁、自卑。留守儿童不能获取正常的宣泄烦恼的方式，过半的孩子积压忧郁，逐渐产生自卑心理；还有一部分孩子主要从同龄人中去获取安慰。这样，同伴的不良习惯、一些越轨的行为很容易影响他们，甚至出现“拉帮结伙”的现象。

（3）学习能力低下，学习成绩差。大多数留守儿童学习成绩中等偏下，学习能力及自控力较差，自律性较差，监护人不能督促他们学习，监护人本身的态度和能力又减弱了原有的家庭监督作用，影响了留守儿童学习能力及自控力的形成。留守儿童主要由隔代亲人照看或亲戚代管，祖父母大多是文盲半文盲，他们的观念落后，只是负责小孩的生活，对孩子大多局限于吃饱穿暖之类的浅层关怀，对孩子的心理、情感等问题几乎从不注意，难以尽到对孩子的教育责任。

2. “漂流儿童”的主要心理问题

（1）极度自卑。大部分孩子有很强的自卑心理，他们性格内向，不容易与同学和老师沟通。在学校里，由于不断转学，或者从教育条件较差的农村转到教育条件较好的城市学习，造成了民工子女知识上的断层。他们学习能力差，成绩不理想，往往遭遇一些不公平的对待。在这种情况下，“漂流儿童”滋生了极度的自卑感，总觉得自己低人一等。

（2）自我封闭。在饱受他人嘲讽和羞辱的状况下，“漂流儿童”又极力维护着自己仅有的一份自尊。为了减少受到的伤害，他们常常盲目地把自己的内心封闭起来，或沉默不语，拒绝与人交往。

（3）性格孤僻。在远离家乡的同时，“漂流儿童”也远离了自己的伙伴和心灵上的和谐交流。在接受新环境的过程中，难免会遇到许多困难和挫折，他们渴望交流，渴望帮助，渴望被人呵护。但是父母们为了生活忙于奔波，根本无暇顾及自己的孩子。极度的自卑和趋于自我保护的自尊又使他们不愿启齿求助，于是只能默默地忍耐，独自承受着生活的种种考验。心理上的自我封闭、行为上的自我孤立，使他们渐渐脱离了集体的温暖和纪律的约束，形成了孤僻的性格。

（4）自暴自弃。外来民工家庭中，大部分家长的自身素质较差，对孩子的期望值也不高。他们对孩子缺乏耐心，很少关心他们的学习。如果孩子犯了错，不是简单粗暴地打骂，就是冷漠无情地放任自流。家庭中缺少来自父母应有的关爱，学习上享受不到成功的欢欣，生活中得不到起码的人格尊重，这样的生活使一些孩子心中充满了怨恨，又无能为力。所以就自暴自弃，破罐子破摔，进行无声的反抗。

3．解决问题的对策

对于“留守儿童”来说，如果条件许可，父母亲应尽可能地留下一个在家；如果父母都外出，要改变亲子之间的沟通与交流方式，时间上不能相距太久，经常与孩子保持联系，并了解孩子的情况。在经济许可情况下，可以一个学期中间回来一次，寒暑假把孩子接到身边，这样，亲子互动与沟通的时间与机会就比较多，并且具有一定的连贯性。沟通时，不能只谈学习成绩，其他方面也应该询问，特别是青春期的孩子，要有更多的关心。除了电话联系外，还可以用书信的方式。

除了与孩子保持经常性的联系外，还要与孩子的班主任保持经常性的联系，向班主任请教教育子女的方式方法，共同商讨教育的策略与办法。鼓励孩子多与同学交流，遇到问题要求孩子努力寻找解决办法，而不是置之不理，培养独立学习、独立生活的能力，成绩提高了，能力加强了，自然能很好地克服自卑心理。

对于“漂流儿童”而言，一方面，父母应积极关注孩子的学习和生活，抽出时间与孩子交流、沟通、玩乐。有能力辅导孩子功课的父母，应陪孩子学习，直到孩子能独立学习为止。家长应认识到家庭环境，特别是父母对孩子的心理发展具有很大的影响作用。要努力创设良好的家庭氛围，使孩子身心得到健康发展。

另一方面，小朋友自己要点燃自信之灯，学会自控，要树立正确的人生观、世界观、价值观，学会控制自我、调节自我、发展自我、完善自我；善于发现自己的闪光点，农村孩子淳朴、善良、爱劳动、爱集体、尊敬师长又渴望知识，这些都是难能可贵的品质；融入集体，融入城市，成为集体中的一员，成为城市中的一员，主动地参与活动，积极适应并融入城市生活中。

自我实践

1. 学会自我表扬

在干完一件事后，自己对自己进行一番表扬和鼓励，即使没有获得成功，也要为干的过程中的一些突出表现而夸奖自己。现在的肯定就是将来成功的资本。

2. 只与自己比

从事各种活动时，不要只跟别人比，而要跟自己的过去比，让今天的成绩比昨天的好，明天的成绩比今天的好。

3. 主动与他人交往

虚心向别人学习，主动听取别人的意见。每个人的知识结构不同，知识水平不同，对待同一问题也会有不同的理解，爱好特长也各有侧重，要有勇气承认自己的不足和短处。只有这样才能和他人取长补短，共同进步。

4. 不说泄气话

永远不要对自己说“我不行”、“我干不好”，而要经常给自己积极的心理暗示：“这事我能干，而且一定能干好”，“我一定会成功”。

5. 不要太计较别人的贬低

人无法讨得所有人的欢喜，因此，对于那些无聊的讽刺和贬低不必在意。自己想做又能做的事大胆地去做，不必过分担忧别人怎样看你。走自己的路，让别人去说吧！

6. 努力学习，刻苦锻炼

一般人自卑都是因为缺乏知识、能力或技能引起的，要克服这种自卑，就要把压力变成动力，努力学习，刻苦锻炼，不断充实和完善自己。制定可行的学习目标，盯住目标不断努力，逐步缩短与强者的差距，最终和他们站在同一水平线上。

（冷荣兰）

精彩链接

信心创造奇迹

在宋代，有一段时期战争频仍，外患不断。一位大将军叫李卫，带领人马奔赴疆场，不料自己的军队势单力薄，寡不敌众，被困在小山顶上，注定被敌军吞没。就在士气大减，甚至有要交枪投降的可能之际，将军李卫站在大家的面前说："士兵们，看样子我们的实力是不如人家了，可我却一直都相信天意，老天让我们赢，我们就一定能赢，所以我这里有9枚铜钱，向苍天企求保佑我们冲出重围，我把这9枚铜钱撒在地上，如果都是正面，一定是老天保佑我们，如果不全是正面的话，那肯定是老天告诉我们不要冲出去，我们就投降。"

此时，各个士兵闭上了眼睛，跪在地上，烧香拜天企求苍天保佑，这时李卫摇晃着铜钱，一把撒向空中，铜钱落在了地上，开始士兵们不敢看，谁会相信9枚铜钱都是正面呢?!可突然一声尖叫："快看，都是正面!"大家都睁开了眼睛往地上一看，果真都是正面。士兵们跳了起来，把李卫高高举起喊道："我们一定会赢，老天保佑我们了!"

李卫拾起铜钱说："那好，既然有苍天的保佑，我们还等什么，我们一定会冲出去的。各位，鼓起勇气，我们冲啊!"

就这样，一小撮人马竟然奇迹般战胜了强大的敌人，突出重围，保住了军队。这时候将士们谈起了铜钱的事情在说："如果那天没有上天保佑我们，我们就没有办法出来了！”

这时候李卫从口袋了掏出了那9枚铜钱，大家竟惊奇地发现这铜钱的两面都是正面！

信心能创造奇迹！

46. 合作让我更加快乐

问题咨询

老师：

您好！

我觉得自己有个聪明的脑袋，因为不少邻居和爸妈的朋友老喜欢夸我聪明，和小伙伴们玩时我也总是他们的头头。上了小学后，不知怎么搞的，我觉得同学们很幼稚，什么都不懂，我好心要教教他们，可他们不但不领情，还容易和我吵起来。因此我不屑与他们玩，也就没什么好朋友了。我很烦，以前我不是人见人爱的吗？

二（3）班　明明

心理分析

有这么个真实的故事：耳聋的周婷婷和视力接近于零的王峥在1996年考入了同一所大学。一个听不清，一个看不清，她们怎么听课呢？结果周婷婷和王峥组成了一个“海伦·凯勒联合舰队”，王峥重点负责听老师讲课，周婷婷重点负责抄笔记。有了合作，她们不用再为各自的弱点苦恼了。周婷婷对王峥说：“平时上课我顶多听懂20%，现在有了你，我全懂了。”她们的合作，还不仅仅限于听课上，还包括进行心灵沟通。她们的故事被拍成电影——《不能没有你》。她们的成功，充分显示了合作的力量。

明明同学，在日常生活中，你是否只愿去做自己的事，对他人的困难视而不见？是否只是对自己有好处的事感兴趣？是否觉得自己的能力很强，对配合他人完成工作，有些委屈？如果是这样，那你可要注意了。

很多小朋友都是家中的独生子女，备受父母的疼爱与呵护，当他们与伙伴交往时，没有什么与人相处和合作的经验。他们不能用合适的语言把自己的需要传达给别人，也不能理解别人的需要和想法。有些孩子很想加入同伴的活动，却只强调突出自我而不顾别人的需要，在交往中尽量占据上风，行为往往很乖张，喜欢说“我比你好，让我来玩”、“你不行”等。明明同学，虽然你帮助同学的出发点是好的，但如果你有这样的行为倾向，那么，遭到同伴的拒绝就是很自然的事情了。

父母、家人往往什么事都顺着我们，久而久之，无论在家里还是家外，我们都常常会无意识地以自我为中心，要求别人为自己做很多；而自己为别人做的或想的很少，我们的言行也常常会不自觉地表现出那种以自我为中心的意识。比如，有位五年级的同学在班中成绩属于中等偏上，有一次讨论一道数学题目，几个同学都不约而同想到了这道题的方法，老师请她讲解，她在讲解后补充了一句：“老师，这题的解法是我先想到的。”同学们在课后指责她抢功，可她却说：“没有我，凭你们怎么会想到。”六年级一个同学平时成绩不错，学习也很用功，可从不愿帮助别人，老师有意安排他和一个成绩一般的孩子同坐，希望在学习上能帮助后进生，可他总是敷衍了事，显出一副不耐烦的样子。有一次，同学打电话问他索要一些关于数学方面的复习题，可电话里他很干脆地拒绝了他，说他要用。

社会是一个大舞台，人们总是在社会上扮演不同的角色，比如你在家是爸爸妈妈的宝贝，在学校是学生，在商店是顾客，在公交车上是乘客，进了电影院则又成了观众。对于不同的角色，我们有着不同的角色规范。作为学生，要做到遵纪守法，文明礼貌；作为朋友，要做到互助互爱，以诚相待。如果我们与同学或伙伴相处时仍用家庭的角色来指导自己的行为，把在家中的所作所为搬进来，那么无疑会混淆了自己的角色。

自我实践

在与同伴相处时，你是否认为你对某一问题的看法准确无误，而对方是错误的？你是否试图强迫对方按你的思路看问题？请通过下面的小游戏，试着关注他人，理解他人。

做法：课外活动时间，叫上几个同学，围成一个圈，闭上眼睛回忆一下这一周内生活中的种种情绪感受，每个人在卡片上写出5种主要的情绪感受，然后把卡片放在一起，每人从中抽取5张。接着两人一组进行合作，每人根据自己拿到的卡片，用手势、表情等身体语言进行表达，让对方来猜。猜对一种表情记一分，猜错则记零分。最后看哪组在规定时间内得分最多。

（钟丽凤）

精彩链接

鱼与鱼竿

从前，有两个饥饿的人得到了一位长者的恩赐：一根鱼竿和一篓鲜活硕大的鱼。其中，一个人要了一篓鱼；另一个人要了一根鱼竿，于是他们分道扬镳了。得到鱼的人原地就用干柴搭起篝火煮起了鱼，他狼吞虎咽，还没有品出鲜鱼的肉香，转瞬间，连鱼带汤就被他吃了个精光。后来，他饿死在空空的鱼篓旁。另一个人则提着鱼竿继续忍饥挨饿，一步步艰难地向海边走去，可当他已经看到不远处那片蔚蓝色的海洋时，他浑身的最后一点力气也使完了，他也只能眼巴巴地带着无尽的遗憾撒手人间。

又有两个饥饿的人，他们同样得到了长者恩赐的一根鱼竿和一篓鱼。只是他们并没有各奔东西，而是商定共同去找寻大海，他俩每次只煮一条鱼，他们经过遥远的跋涉，来到了海边，从此，两人开始了捕鱼为生的日子，几年后，他们盖起了房子，有了各自的家庭、子女，有了自己建造的渔船，过上了幸福安康的生活。

一个人只顾自己的利益，得到的终将是短暂的欢愉。只有把自己和他人的利益有机结合起来，才有可能成为一个成功之人。有时候，一个简单的道理，却足以给人意味深长的生命启示。

47. 学会与女同学交往

问题咨询

六（1）班男生于小华上课不遵守纪律，课外不完成练习，甚至还常常发生逃学现象。虽然经过老师的多次常规教育，但收效甚微。于是老师常常批评他，同学也看不起他，导致他一段时间情绪非常低落，心情非常苦闷。后来，一个偶然的机会，班上转来了一名女生，恰好安排在他座位旁。该女生性格非常温和，对他的态度十分友好，每天上学放学总是陪他一起走，跟他谈谈心。当于小华做作业感到困难时，这位女生总是耐心帮助他；当于小华挨老师批评和受同学嘲笑时，这位女生总是热情地开导他。如今，于小华以优异的学习成绩升入了一所重点中学。真奇怪！

心理分析

从心理学角度来看，这一点也不奇怪。心理学家曾做过一个有趣的试验：将男女中学生按性别分成两组劳动，发现两个小组的纪律都比较松散，劳动效率低，男生追打现象严重，女生懒散无力。后来将男生、女生混合分为两个小组，情况就大有改观：两组同学劳动热情高涨，互帮互助，自发开展了劳动竞赛。劳动结束时，同学之间还打趣地说："今天的活儿干得可真快啊！"

如果从学生时期男女生之间就"闭关自守"、"老死不相往来"，既不懂得欣赏异性，也不懂得欣赏自己，这只能造成心灵的扭曲，至少会使人际关系冷漠和疏远。将来就是成绩优秀，事业成功，也容易出现情感或心理问题，影响孩子一生的幸福。

从心理角度看，男女同学的正常交往活动是非常重要的。很多学生这时在异性面前都会有一种异样的心理感受，一种难以言表的愉悦与兴奋，而且特别愿意在此时表现出自己的长处，从与异性的相互交往中体会到自己的独特个性和魅力，学习与异性相处的经验。

在学习、游戏、旅游、体育比赛等活动中，有的女生说："我觉得男生心胸开阔，和他们在一起时我的心情也开朗了。"有些男生讲："也不知为什么，比赛时如果有女生在场观看，我们男生就跑得特别卖力。"其实，这些都说明了正常的异性交往对双方的心理健康发展都会有促进作用。由于男女同学各自特点不同，男生往往比较刚强、勇敢、不畏艰难、更具独立性；而女性则更具细腻、温柔、严谨、韧性等特点，男女同学的正常交往可以促使双方互补，对他们的性格发展和智力发育都有益处。

有人说因为有男性，女性才变得更加温柔；因为有女性，男性才变得更加刚强，此话不无道理。异性的相互吸引会使彼此产生更加完善自己的要求，同时也会给双方造成一个发展各自优点的最佳环境。进入青春期的男女同学都希望自己能够成为受到异性瞩目和欢迎的人，为此他们会尽力地改变自己、完善自己，这也是一个自我发展、自我评价、自我完善的最佳心理环境，是克服自身缺点及弱点的好机会。

因此，老师和家长首先不仅不应该禁止异性交往，而且要鼓励孩子与异性交往，同时，家长也将自己的人生经验传授给孩子，成为孩子与异性交往的指路灯，引导他们正确进行异性交往，帮助孩子掌握交往的尺度与分寸。懂得用合适的方式欣赏异性、悦纳自己是孩子人格成熟的开端，是孩子人生幸福的起点。

自我实践

表演心理剧

(1) 与同学一起进行以下心理情境剧表演：

剧情一：

自习课，一位男同学和女同学争论一道题，争得面红耳赤。

剧情二：

我认识了一个英俊又会弹吉他、唱歌、成绩优秀的男孩，眼前时常晃动着他的影子，挥之不去……我该怎么办？

剧情三：

班上的一个男同学在路上向一位女同学打招呼，并想跟她谈点事，女同学感到非常紧张，脸涨得通红，连手脚都不知该怎么放。

(2) 结合情境表演，与同学讨论以下问题：

①应持什么样的态度与异性交往？

②如何恰当地与异性交往？

③如何摆脱异性交往时的胆怯、紧张心理？

（郭斯萍）

精彩链接

两性交往的原则

异性同学之间的健康交往是一种正常有益的社会现象，也是我们每个学生应该学习和掌握的技能。因此，异性之间要进行健康的交往，就必须遵循以下原则：

1．办事公开

异性交往或办事要安排在集体活动或有人在场的时候进行，不要有意遮遮掩掩，也不要频繁进行单独幽会。

2．言行得体

异性同学间交往，无论彼此如何有好感，一言一行都要留有余地，既不忸怩作态，也不毫无顾忌，要注意男孩女孩毕竟有别。交往中有一些敏感的话题（如感情、隐私、性爱等），要尽量予以回避，身体接触要把握好分寸，不能轻浮。如果玩笑开得过火，满口污言秽语，推推搡搡，动手动脚，那就有失体统。

3．心底坦荡

由于“男女授受不亲”等传统观念的影响，人们可能会对异性之间的交往投以异样的目光，甚至会议论指责。但是，只要自己的交往问心无愧、光明磊落，别人怎么说就让他们说去，因为最有发言权的是事实。总有一天，事实是会为你说话的。

第三部分

行为养成

48. 如何培养独立生活的能力

问题咨询

> 乐乐今年8岁了，读小学二年级。这位小朋友的脑子挺灵，做事时注意力也很集中。可让家人很着急的是他的自理能力较差，日常生活中许多力所能及的事都还不会做，有时不愿做，如穿衣、洗脚、整理玩具、书包等。乐乐小一点的时候，他的家长怕他做不好反而耽误时间，就尽量替他做，心想等他长大后自然而然就会了。没想到，乐乐却养成了依赖的习惯，遇到事情时，首先不是自己想办法解决，而是求助于大人。直到现在，每天都是妈妈帮他洗脸、穿衣服，甚至书包也要妈妈整理。看到身边很多和自己差不多年龄的孩子独立生活的能力都比自己强，而自己总是落在后面，乐乐和爸爸妈妈都很着急。

心理分析

乐乐是个生活中缺乏独立性的孩子的典型例子。一项有关小朋友入学各种能力状况的调查表明，现在的独生子女上小学时普遍欠缺的不是知识，而是另外的五种能力，其中很重要的方面便是独立生活的能力。随着年龄的增长，小朋友们总有一天要作为一名独立的社会成员去参与各种社会活动。而一个独立性差、不能独立生活的人是很难成功地融入社会的。小朋友们一旦养成了过分依赖父母的习惯，将来就容易事事依赖父母和别人，没有主见，没有自信心，没有勤奋向上的精神，成为一个无所作为的人。

小朋友们缺乏独立生活的能力，最主要的原因是从小父母不正确的家庭教育方法造成的。心理学研究表明，3 岁左右是培养孩子独立性的敏感期，在那时，随着自我意识的萌芽和发展，逐渐表现出独立的倾向，常常拒绝大人的帮助，尝试着自己去做一些事情，有时难免给大人带来很多麻烦，如双职工家庭早上起来，本来时间就很紧张，孩子自己要穿衣吃饭，速度肯定很慢，而且弄得满桌满地都是饭。再比如孩子抢着收拾碗筷，结果把碗摔破了，想擦桌子，结果越擦越脏。大人们嫌麻烦，就干脆不让孩子动手，久而久之，害得小朋友们没有锻炼的机会，也失去了独立生活的能力。还有一种情况是家长们过分疼爱自己的孩子，生怕他们受累、受伤，什么事都给孩子们做好，小宝贝们只需要衣来伸手、饭来张口，结果失去了独立生活的技能。

小朋友们如何培养独立的生活能力呢？更多的在于家长，要扭转观念。而就小朋友自己而言：

（1）要积极主动地参与各项活动或家务劳动事，特别是自己的事自己做，如洗脸、洗脚、穿衣等。

（2）要多学多问，不懂或不会做的就问，问家长或同学都可以。

（3）要善于积累经验，这样做过的事就会熟能生巧，越做越有信心，越做越有兴趣。

（4）密切配合家长的教育，养成良好的行为习惯和处事能力。

培养小朋友们的独立性，更多的在于家长的教育观念和日常生活中对孩子的耐心培养。

第一，大人们要容忍孩子尝试自己做事时带来的混乱。由于家长们从小没有训练孩子的肌肉力量、动作准确性和灵活性，并且小朋友自己有时也缺乏生活经验，因此做事时态度虽积极，但却容易把事搞糟，甚至带来混乱。家长受不了这种“添乱”，就干脆包办、代替，导致孩子慢慢失去做事的兴趣，习惯于依赖大人。其实小朋友们的独立性是从最初做事失败的经历和教训中逐渐发展起来的。

第二，给孩子提供独立活动的机会和场所，让他们去自己想问题，干力所能及的事情。如自己选择游玩地点，自己洗袜子、晒衣服和收衣服，帮大人拿筷子、端菜，逐渐学会洗碗、擦桌子、拖地等，小朋们在日常生活中逐渐发展自己的能力和自觉性。

第三，家长对孩子自己做事情要进行必要的指导，教给他们一些基本方法和技巧。例如，教给孩子穿衣的步骤和动作要领，摘菜时去掉黄叶子等。

第四，帮助孩子把做事与做游戏区分开来。一方面培养孩子的独立性，另一方面提高孩子的自我控制力和自觉性。

第五，鼓励孩子与伙伴之间的交往。孩子们要多到户外活动，在与同伴交往的过程中，发展社会交往能力，从心理上摆脱对父母的依赖。

自我实践

测测你的独立性

在日常生活中，很少有人承认自己在判断事物和行为上受人左右，但事实上确有主导的和从属的，下面这组测试题可以帮助你确定你是容易接受暗示，还是具有独立性。

（1）如果路上有一只小狗挡了你的去路，你怎么办？

A. 找另外一条路走

B. 悄悄地紧紧衣服，从旁边绕过去

C. 想了想，估计不会出什么事，继续走下去

D. 根本不去注意它

（2）你将余钱购买有可能获利的有价证券吗？

A. 非常热衷

B. 在证券降价前能设法抛出去

C. 很想冒险去搏一下

D. 不，从一开始我就懂得钱是不会从天上掉下来的

（3）你失眠吗？

A. 经常失眠　　B. 有时有

C. 很少　　D. 从不

（4）你看电视节目吗？

A. 我只看我喜欢的一个新闻信息

B. 我看所有的信息节目

C. 只看其中的一个

D. 很少打开电视机

(5) 在采取重要决策前，你和谁商量？

A. 我尽量听取我亲人的意见

B. 在家庭会议上讨论

C. 与知己商讨

D. 我不和谁商讨

(6) 穿了新衣服出现在别人面前，你的感觉怎么样？

A. 在人们没有夸奖我前，我感到不自在

B. 我尽量不去吸引别人的注意

C. 别人投过对我感兴趣的目光时，我很高兴

D. 我没有任何特别的感觉

(7) 你与父母发生冲突吗？

A. 经常发生，有时只是为了些小事

B. 有些不和，但原因是严肃的

C. 只是在小时候有过

D. 没有，他们有他们的生活，我有我自己的生活

(8) 身体不舒服你怎么办？

A. 叫急救车来

B. 去医院看病

C. 在我自己的药箱里找药吃

D. 我想休息一下，一切都会好的

(9) 如果你到某地迟到了，那么：

A. 你会马上赶公共汽车或坐出租车

B. 你会不安，会找些理由来解释

C. 你会平静地等待

D. 这些情况很少出现

(10) 你选择书籍的标准是什么？

A. 朋友推荐

B. 根据封面及装潢情况

C. 凭自己的兴趣

D. 凭心情：想看侦探小说的时候就买侦探小说，想看严肃书籍时就买严肃书籍

（11）你相信预言吗？

A. 相信

B. 不相信

C. 不信，但有兴趣看看占星图

D. 当然不信，也从不看占星图

请将你所选的答案按以下标准记分：

A. 1 分；B. 2 分；C. 3 分；D. 4 分。如果没有一个答案适合你，则每题记 1 分。11 ~ 16 分：只能同情你。你识不破圈套，只要夸你是独立、自主的人，谁都可以对你要花招；20 ~ 26 分：你在分析、判断别人意见时虽然有一定的见解，但干起来不够坚决，你应该更多地相信自己，而不要一味地叹息“命该如此……”；30 ~ 36 分：你很清醒地看待世界。你不埋怨、不指责周围的人，善于坚持己见；40 ~ 44 分：不管怎么样都不能动摇你。

（张美兰）

精彩链接

“妈咪爱”，要不得

古话说：3 岁看大，7 岁看老，这话不是没有道理的。心理学研究揭示：一个人的人格发展是否健全，在 3 岁时就定下基调。因为 3 岁的小孩大脑发育接近成熟，可以随意控制身体活动，能说会道，对周围事物充满好奇。他们开始有自己的主张，做什么事都说“我会”、“我来”、“我自己做”，开始想要摆脱大人的监护。这是孩子第一次独立发出自己的声音，是孩子人格发展的一个关键期，父母处理得当，孩子一生受益。

人的一生称得上“关键”的不过几步：3 岁，开始反抗父母，称

为第一反抗期。这时期独立自主与胆怯依赖开始第一回交战，谁能争胜，就看父母怎样对待。7 岁，入学，第一次从家庭走向学校，面临如何适应的问题。十几岁，青春期，又称第二反抗期。思想要求独立，极力想脱离父母的吸引力，充满困惑矛盾，自卑是青春期最大的敌人。二十岁，就业，步入社会，承担家庭和社会责任。

培养孩子的独立性，需要从小为他们创造自己做事的机会。3 岁以后的孩子，自理能力较强，可以自己穿衣、洗脸、刷牙、保管自己的东西。如果父母支持孩子自己的事自己做，有助于形成孩子有主见、有责任的性格。相反，不理睬孩子的自理行为，孩子自己洗脸，你嫌他笨手笨脚，弄湿衣袖；孩子自己走路，你怕摔着，吓唬他地上有毛毛虫。久而久之，幼小的心灵自认为“我处处不行”，心理学上称为“习得性自暴自弃”。包办代替的父母造成孩子自卑、胆怯、低能、缺乏主见。要培养孩子的独立性，应该让孩子自己作决定。做父母的，遇事慢一点挺身而出，偶尔向孩子要主意，让孩子觉得也有一份责任。

49. 学会同情与关怀

问题咨询

> 我和彭荣珍本是一对好朋友，可是这几天，她却和一些不好的人走到一条路上来。我想挽救她，可又怕她恨我，我真希望她翻然悔悟，重新做个好学生，我不希望她和一些不三不四的人走到一起，不想失去这个朋友，我现在很尴尬。老师，您说我该怎么做呢？
>
> 五（3）班　刘赟

心理分析

这位同学的焦虑和担心来自于自己对朋友的同情与关爱。其实，在我们的生活中，每个小朋友都要学会同情与关爱。

先来看看这样一个令人揪心的故事吧。成都东郊某小学五年级的四个男孩相约去游泳，他们骑车来到了偏僻的东风渠边。其中两个男孩不会游泳，坐在岸边玩，另一个已游完上来穿好了衣服，只有一个名叫李友洪的男孩还在游。可一眨眼他就沉入水底，不见踪影了。三个孩子惊呆了，绝望之余首先想到了父母们的严厉指责，于是不约而同地想到了"保密"，并隐藏李友洪的衣服及自行车后，神色自若地回到了家。李友洪的父母焦虑万分，四处寻找都不见儿子的踪影。事隔多日，在班主任反复调查和个别盘问中，终于有个孩子说了一句令人震惊的话："听说李友洪已被淹死了。"经过再三查问，这三个没异常反应的学生终于说出了这个秘密。

四个男孩从小一起长大，年龄相仿，可面对其中的一个遇险溺水时，其余三个却若无其事，这件事说明孩子们缺乏安全意识，缺乏处理突发事件的能力，更表明他们的情感冷漠，只顾自己，缺乏对他人的同情和关爱。因为一个有同情心的孩子，往往会善解人意、乐于助人，碰到困难有较强的主动性和合作性。

那么，一个个活泼可爱的孩子怎么会变得这样没有同情心和爱心呢？这里面有好几方面的原因。

一方面，小朋友们年龄偏小，不懂事，还不会从他人的角度考虑问题，因而体会不到别人的痛苦和难处。正如故事中的三个小男孩，他们只知道隐瞒事实，不考虑父母和老师是多么焦虑和痛苦。当然，这要等小朋友成长发展到一定时候，理解力强了，思考能力强了，个人的经验增加了，才能慢慢学会。

另一方面，责任在于家长的教育方式。也许故事中三个学生的家长经常用“拳头加棍棒”的方式解决问题。一旦小朋友犯了错误，家长们不是耐心地引导、教育、纠正错误，而是又打又骂。这种打骂的方式使他们害怕、逃避责任，因而就变得冷漠、自私、残忍，也就没有了同情心和爱心。当然，我们也能想象当时他们的内心肯定也特别痛苦、空虚、孤独，这件事也将是他们一辈子的教训。

另一种原因也可能是小朋友本身的自我保护、自我发泄心理造成的。当然这种现象不多。一般这种小朋友都有过不被同情和关心的痛苦。比如，因为自己的成绩差，总被同学瞧不起或欺负，一旦其他同学也碰到这样的事，自己也不闻不问，心想：“我才懒得管呢，自己都自身难保。”如果老欺负自己的同学碰到困难，就更不会去帮他们，心想：“现在也碰上倒霉事了吧，看你怎么办?”幸灾乐祸还来不及呢，更不用说会去帮助他们。久而久之，这样的小朋友就把自己封闭起来了，对周围的人和事就很冷淡，毫不关心，毫不同情。

当今的孩子大多数都是独生子女，家庭条件好，又受父母的宠爱，因此这种骄气、自私、冷漠的小朋友还不止个别呢。小朋友们从小就要学会同情、关爱别人，从生活中的点滴事情做起，长大了才会成为有责任心、有正义感、有爱心和有合作精神的人。

自我实践

要学会同情和关爱，除了自己要用心观察和体验以外，还要请爸爸妈妈、爷爷奶奶们来帮助自己，这样不但别人快乐，自己也很快乐，这个世界就多了一份爱心和微笑。具体做法有：

（1）家长们要尽量鼓励孩子们表达自己的真实情感和体验，并帮助孩子们了解别人的处境和情感状态。这样小朋友们就可以和周围的人心灵相通，就很容易萌发同情心和爱心，也很容易得到别人的同情和关爱。

（2）家长和老师们可以利用一个游戏活动扮演各种角色，小朋友们在这些游戏活动中练习同情人、照顾人和帮助人；并让小朋友们多看这样的影视节目、多读这样的故事，让爱心、快乐从故事里走到小朋友心里。

（3）家长和老师要教给小朋友们一些安慰和助人的技巧。有时小朋友们不是不愿意帮助别人，而是不知怎样去做，不懂得方法，这样就要多向别人请教。

（张美兰）

精彩链接

如何判断一个孩子是否具有同情心

判断一个孩子是否具有同情心，可以从以下几方面观察他的言行表现：

（1）对其他孩子不愉快的情绪或处境是否关心。看到小伙伴摔倒、生病或哭泣时，能否主动去安慰、询问并想办法帮助他们，如去找老师、帮着擦眼泪等。有的孩子爱争强好胜，在活动中与伙伴发生冲突，但一看到对方哭泣或受伤，同情心使他很快停止争执，转而寻求和解。

（2）对待弱小、残疾人的态度。和比自己年幼的孩子一起玩时，是关心照顾、谦让，还是依仗自己大与其他孩子争抢玩具，占便宜。看到生理有缺陷的人是怜悯同情，还是讥笑讽刺。

（3）对待小动物的态度。小动物经常被孩子当做玩耍的对象，但玩的方式却体现了孩子不同程度的同情心。有的孩子充满怜爱之情，以自己的需要和感受来照顾小动物，冷了想到给它盖东西，好吃的东西想到与它分享，还煞有介事地对它讲话。而有的孩子却以捉弄、虐待小动物为乐趣，用一些恶作剧的手段对待它，看到小动物受伤害无动于衷或从中取乐。

(4) 他人遇到困难时的反应。有同情心且情绪认知能力强的儿童，常常能及时察觉别人的难处，主动提供帮助。当你抱着一大堆东西走到商场门口时，有时会听到一个稚嫩的声音："阿姨，我来给你开门。"孩子真挚的同情和帮助，常常令我们感动不已。当然，也有的孩子对别人的困难视而不见，甚至在别人请求帮助时不情愿去做。

(5) 对待别人缺点的态度。同情心常表现为对那些有缺点或能力差的小朋友不歧视、不嘲笑，愿意帮助他们，善意地提醒他们以避免老师的批评。而缺乏同情心的孩子却可能在旁看别人的笑话，嘲笑做事能力差的同学"太笨"，拒绝和他们一起玩。

50. 做个勇敢自信的孩子

问题咨询

> 我是一个很奇怪的男孩，我的胆子特别小，在学校无论见到哪个老师都不敢问好，老师们说我太没礼貌。家里来客人时，我总是躲在房间的某个角落，不敢出来，也不敢和客人说话，更不敢叫人。您一定要替我分析一下，如果您告诉我该怎么做，我会一辈子谢谢您的。
>
> 五（2）班　刘建建

心理分析

可以看得出，信中的这位小朋友非常害羞、胆怯，甚至显得有点自卑和封闭，整天生活在惊慌、恐惧、烦恼和被动中。但他也想改掉这个坏毛病，做个大大方方、勇敢、自信的孩子。

其实不仅是他，在我们的生活中，很多小朋友在某些方面或很多时候都会表现出这种恐惧心理。比如说在日常生活中，有的小朋友特别怕蜘蛛、老鼠、毛毛虫等小动物；在课堂提问过程中，有的小朋友明明知道答案，但又不敢举手回答，或站起来又不敢说话，或只说两三个字就紧张得结结巴巴、面红耳赤，惹得其他同学哄堂大笑；有的想在杂志上发表作文又怕自己写得不好或杂志不会录用，等等。总之，总有一些小朋友显得胆小怕事。

其实小朋友害羞、腼腆并不是坏事情，这说明你们已经长大了，懂得谦虚了，有自我意识了。但过分地害羞就会让你变得胆怯、自卑甚至封闭，这就束缚了小朋友们思维和行为的发展，也给自己的心理造成很多压力和痛苦；同时也会让你周围的人瞧不起你，觉得你没能力、没出息。小的时候，爸爸妈妈可以保护你，可当你长大之后，要自己一个人面对社会，你就会非常痛苦、失望，想一想这后果多可怕呀！

首先，让我们一起来分析一下，小朋友们的这种心理是怎么造成的？

第一，受爸爸妈妈等家人的影响。如果他们平时沉默寡言，做事小心翼翼，过分注意细节，苛求自己的孩子，那么这些孩子的性格就比较内向，平时不太做声，什么事都藏在心里，不爱对别人说，久而久之就形成了习惯，什么事都不想开口、难于开口。比如上课不敢站起来回答问题的小孩。

第二，小朋友的家长对自己的保护太多。特别是很多独生子女，家长们拿在手里怕摔了，含在嘴里怕化了。因而孩子们和外界接触得少，真正独立自主想的和做的事情也很少，一旦家人不在身边就没有了安全感，就紧张、害怕，不知如何是好。

第三，小朋友自己不愉快的经历。并不是每个小孩子生来就胆怯，俗说话："初生牛犊不怕虎。"没有经历过挫折或受过伤害的孩子就不知道害怕，受的伤害太多了就变得胆怯、退让了。比如，某位小朋友本来很愿意站起来回答问题，但每次答案都是错误的，既没有受到老师的表扬，又被同学取笑，久而久之，他就对回答问题没有信心了，也不敢站起来了。

第四，缺乏日常知识和经验。比如，爸爸妈妈的同事同学来了，小朋友们首先要想到自己是家里的小主人，应热情地和他们打招呼，甚至倒茶端点心，并陪他们聊聊天等，因为他们是朋友，不会对我们产生任何的威胁和伤害，没有必要恐惧。

自我实践

小朋友们不用担心，这里有一些好的办法可以帮助你们克服胆怯心理，变得勇敢、自信起来。

（1）建议自己的爸爸妈妈制造一些轻松和谐的家庭气氛。如讲讲各自学习、生活、工作中的趣闻及困难，让全家人共同分享各自的苦与乐，并和父母一起多参加一些游戏活动。比如，和父母一起去拜访亲朋好友；周末或节假日和父母一同出去游玩；邀请客人到自己家里来玩等。这样小朋友们就会越来越开朗、活泼，学会待人接物，与人交往，对生活充满自信和勇气。

（2）小朋友自己要主动和老师、家长们沟通，说说自己的心里话。一旦有错误或遇到难题，他们就会及时给予教导和鼓励，帮你渡过难关。小朋友们也因此而不断发现自己的优点和进步，感受到家长、老师和同学对自己的关爱。咱们看看信中的那个小朋友吧！如果他想改掉自己的这个缺点，他首先应和老师说明。这样，老师见到他就会热情主动地先叫他，另一方面，老师应倡导班上的其他小朋友见到他也先主动热情地叫他，久而久之，就促进了这位小朋友和其他师生的交往，并产生了友谊，以后就会互相热情地打招呼了。

（3）要多学习各种知识，不懂就问就学。既可以问老师、问同学朋友、问家长，也可以通过各种书籍或电视节目去学，家里有电脑的学生也可以上网找找资料。如有的小朋友怕蜘蛛等小动物，只要你了解清楚了其种类、生活习性等就不觉得可怕了。

（4）为自己创造机会，体验成功。比如你想发表作文，那就好好地写一篇，并请家长或老师帮忙修改，然后再寄出去，一旦你的作文被选中，你肯定会特别兴奋、激动。别人也会对你刮目相看，以后你发表作文就会勇敢自信多了。

（5）多记一些人生格言。多向一些成功的人学习，摘录一些名人名言作为座右铭，以榜样来激励自己。

（张美兰）

精彩链接

关于勇敢自信的人生格言

（1）自信是走向成功的第一步。

（2）不入虎穴，焉得虎子。

(3) 做任何事情没有勇气的人，不要期望有任何成就。

(4) 勇气具有感染力，当勇敢的人站稳立场，其他人的脊梁就挺直了。

(5) 把恐惧的事付诸实践了，恐惧自然消亡。

(6) 恐惧将巨人变成侏儒，白昼变成黑夜。

(7) 信心不需要奇迹，信心创造奇迹。

(8) 赞美是推动人生向前的动力。

(9) 赞美给人带来幸福，也使赞美的人更加可亲。

(10) 没有财富不算贫穷，没有勇气才是无法翻身的贫穷。

51. 让每一分钱都更有意义

问题咨询

我平时成绩还好，就是花钱大手大脚，总是控制不住。上次，外公给了我20元钱，我还没过一天就花完了。虽然平时爸爸给我的钱很多，但我总是没有节制地花，花完了又很后悔。我知道我不能这样，但总是会忘记，同学们也这样说我。我很想改掉这个爱花钱的毛病，应当怎样做才好呢？请您帮帮我。

五（3）班 徐璐冰

心理分析

这位同学花钱大手大脚，但非常可贵的是他意识到了自己乱花钱的坏毛病，并且想尽量节省，改掉这个坏毛病。其实，小朋友们的钱该花的还是要花，但要花在刀刃上，让每一分钱都花得更有意义。

某中心小学的一位辅导员曾做过一次调查。结果发现大约 96% 的同学有固定零花钱，但自己有积蓄的只占 34%；80% 的同学碰到过没有钱的应急情况，可他们至少有 60% 的零花钱可不花或少花。

可见，孩子们不会合理地使用零花钱，胡乱地花在杂货店、文具店、网吧、小吃店、电脑游戏光盘等方面，真是一大浪费。更糟糕的是，小朋友们会因此而变得爱慕虚荣，互相攀比；并且特别容易造成错觉，认为钱来得容易，不加珍惜；甚至还会形成金钱万能、有钱能使鬼推磨的观念，以至于最后利用各种谎言向父母要钱、骗钱，甚至去偷、去抢。小朋友们这种花钱大手大脚的坏毛病的形成原因主要有如下几点：

（1）小朋友自我意识的表现。当然这不是件坏事，小朋友应该有自我意识，明白自己在哪些方面要用钱，用多少，如何去用等，不要每件事都依靠父母做主。但是，如果没有目的、没有计划地乱用钱，乱向父母要钱，买一些不该买的东西，用在不该用的地方，用完后一点也不心痛，那就养成了坏毛病。

（2）父母过分宠爱甚至溺爱自己的孩子。这一方面导致了孩子的顽固、任性、不听劝告，有了钱想怎样花就怎样花；另一方面孩子想要多少钱，家长就给多少，生怕自己的孩子过得比别人差。

（3）父母花钱大手大脚，小朋友自己也受其影响，如穿名牌、进大酒店吃饭、出门打的等。

（4）小朋友自己虚荣心强、爱面子。总觉得别的同学都买，自己不买，好像跟不上伴，会被其他同学笑话，说自己穷、小气、落后等。

（5）学校周围的诱惑确实很多，如形形色色的网吧、碟子、小吃、玩具、文具等，小朋友们年纪较小，有时意志不是很坚定，本来没打算买或没必要买的东西，结果也买了，然后就后悔。

自我实践

小朋友们要改掉这个坏毛病很容易，那就是在家长、老师的配合下，自己严格要求自己，努力控制自己。

（1）爸爸妈妈们要区分孩子们要钱的要求是否合理。如果合理，就给钱让他们买；反之，就不能给，并要说明原因和道理。这样既可以培养小朋友的消费观念，促进其学习兴趣，又可以培养其独立性。

（2）家长给零花钱不应该与小朋友的学习成绩和家务劳动相联系。因为小朋友在学习方面应该是自愿的、积极主动和刻苦的；此外，作为家庭小成员，小朋友们也应该为父母分担一些力所能及的家务事，这样既可养成勤劳独立的习惯，也可体谅爸爸妈妈的辛苦，学会关爱和帮助别人。

（3）对校园周围进行整治。撤销那些五花八门的杂食店、小商店，特别是无证经营的小摊点。搞好校园周边环境，塑造良好的学习环境，同时还应该对学生进行思想教育。

（4）父母亲应做出节俭或合理花钱的榜样。小朋友可自己设置储钱罐或在银行开户头或将钱交给大人管理，把自己的零花钱全部存起来，再精打细算地花。

另外，对于比较富有的小朋友，则可以通过以下活动来训练自己，让自己的每一分钱都花得更有意义。

（1）用自己存的钱买书、文具等有用的学习用品，或交学费、培训费等。

（2）观察自己的生活与那些家境较贫困的同学有什么不同。

（3）和老师、同学等一起走访那些贫困、失业或下岗职工家庭的生活开支状况，比较自己的每月开支。

（4）和老师、同学多谈谈心，说出各自对生活的看法，避免物质生活条件优越，而精神空虚。

（5）适当捐款给特困生、偏远山区学生。

（6）积极参与学校或社会组织的各种活动，如理财我能行，学做家庭小会计等，充分体验父母挣钱难、开支大的生活。

（张美兰）

精彩链接

我已经长大了

奉贤江海中心小学的辅导员组织了一次“学做家庭小会计”的实践活动。其目的是让孩子们在活动中学习家庭财务开支，学会与父母分担家庭责任，积累社会经验，树立正确的金钱观、理财观，从而将自己培养成为具有高度责任心、社会竞争力的21世纪新青年。在这次活动中，许多孩子收益匪浅。

其中一位学生在自己的体验日记中这样写道：一个月的小会计体验要结束了，此时全家人围坐在一起，爸爸看完我作为家庭小会计列出的详细的账目后说道：“上个星期一家人的伙食费就要120元，开支大了。”妈妈担忧地说：“是啊，你爸爸下岗了，我们如果不节约些，家里的经济要出现问题了。”爸爸认真地说：“噢，我现在就开始戒烟，以后再也不抽了。”

听了这些，我心里很难受。唉，我现在如果工作了多好，那就能帮爸爸妈妈的忙了。可妈妈又很乐观地说，只要一家人合理计划，精打细算，就能解决困难。于是爸爸、妈妈和我一起讨论了很久，把家里下个月的开支做了计划，而我又光荣地连任下个月的家庭小会计，连妈妈也高兴地说道：“女儿已经长大了。”通过这次活动，我真的觉得自己已经长大了。

52. 如何克服孩子的自私

问题咨询

老师：

您好！

我的孩子卢东东今年已经上二年级了。成绩还不错。可他就是很自私。我们做家长的很担忧。他和小朋友一起玩的时候，总是把玩具拿在自己手中，别人碰一下都不行。更让人生气的是，对我们家长也很小气。比如说去饭店吃饭，他点的菜甚至不许我们吃，说那是他的。即使他自己一个人吃不完，扔掉也不许我们碰。虽然有时候我们批评一下，但是他也不放在心上。想要严厉点，我们又下不了这个狠心。唉，我们该怎么教育他呢？

卢东东的家长

心理分析

先来看一个感人的故事。据2001年2月21日的《扬子晚报》报道：有一个孩子从小家境贫寒，是省城一对普通工人夫妇资助他念完中学的，然而当这个孩子念到大三时，那对夫妇双双下岗，生活非常困难。到了他读大四时，那家的男主人又患了肾衰症，每个月都要花去大把的医药费。尽管如此，那对夫妇仍未停止对他的资助，借债帮他完成了学业。这位当年的孩子大学毕业参加工作以后，那对夫妇的生活已陷入绝境。于是，大学生毅然辞去了不错的工作。因为凭他现在的月工资，根本无法回报那对夫妇。这位大学生托关系到日本去打工，将挣的钱全部寄给那对夫妇，后来那家的男主人成功地进行了换肾手术，生活也逐渐走上了正轨。

看完这个故事，我们再来看看卢东东的家长面对的问题，真使人心里不是个滋味。自私的孩子自古就有，可从没像现在这样发展成为一个社会普遍问题。现在的小皇帝、小公主，恐怕古人看了也会感慨不已。儿童自私问题的严重有其深刻的社会根源。社会心理学发现，人类有这样的特性：对子女的爱付出得更多，而对父母的爱较少。我国目前实行的计划生育政策又加剧了这两种爱的反差。把子女像父母一样供奉，而真正的父母却被晾在一边的现象常见诸报端。可是物极必反，这种环境之下培养出来的孩子，对他们的父母又怎样呢？卢东东可以算是一个典型的例子。孩子的自私之心，甚至膨胀得对自己的父母也吝啬无比。这些问题的根源在于父母，尤其是母亲对孩子不明智的爱，家长要为此承担绝大部分责任。

孩子一生下来时，都有一颗纯真的心。可是为什么随着年龄的增长，有的孩子乐观大度，而有的孩子吝啬自私呢？这与他们的早期家庭生活环境及教育是分不开的。

很多家庭中，父母对子女的爱是无条件的，家里好吃的、好玩的都尽量让着孩子，唯恐孩子不高兴。长此以往，孩子会觉得家里的好东西理所当然是归他的，反正爸爸妈妈不需要。孩子会很自然地忽略父母的需要，而把自己的需要放在第一位，人人都应关注他，优先考虑他，稍有不周到，便自觉受到了莫大的委屈，埋怨父母。试想，这样的孩子，怎会不自私？

自我实践

看看　想想　做做

1. 看看

一对老人同时住进一家医院同一个病房。他们都病得比较厉害，只能卧床休息。其中一位老人住在靠近窗户边的一张病床，另一位老人则远离窗户，看不到窗外的景色。于是，靠近窗子边的老人每天都向另一位老人讲述窗外发生的事情：一个小孩正在踢键球，一对青年男女在谈恋爱，一条小狗在奔跑……距离窗子比较远的那个老人很羡慕窗边的老人，羡慕他可以看到美丽的景色。一天，窗边的老人半夜心脏病突发，可是另一个老人没有帮他叫医生，眼睁睁地看着他去世了。第二天这位老人搬到了窗户边的病床，往窗外一看，顿时愣住了，窗外什么也没有，只有一堵厚厚的围墙。

2．想想

结合上面的故事，思考以下问题：

（1）距离窗子较远的老人为什么不帮另一个老人叫医生？他应不应该为那个老人叫医生？

（2）在别人有困难时，你会提供帮助吗？帮助别人对我们自己有什么好处？

（3）自己可以在哪些方面为别人提供帮助？

3．做做

（1）帮助别人的方式很多，既可以是提供物质帮助，也可以是精神帮助。在别人情绪低落是，鼓励他们也是一种帮助。尝试用这种方式帮助一下那些情绪低落的人。

（2）检查一下自己的物品，找出一些你已经不再需要的东西，把它们送给真正需要它们的人。

（陈四光）

精彩链接

先知和长勺

一位虔诚的教徒找到先知伊里亚，这个教徒受到天堂和地狱问题的启发，希望自己的生活过得更好。“哪里是天堂，哪里是地狱？”他问先知，但伊里亚没回答他，伊里亚领着他的手穿过一条黑暗的通道，来到一座宫殿。

他们走进一个铁门，来到一个大厅中。大厅里挤满了人，有穷人，也有富人。有的人衣衫褴褛，有的人珠光宝气，在大厅的中央，支着一口大铁锅，里面盛满汤，下面烧着火。整个大厅中散发着汤的香气。大锅周围，一层层挤满了人。那些两腮凹进、带着饥饿眼光的人，都在设法分到一份汤喝。当那位伊里亚带进来的教徒看到那些人拿着盛汤的勺子时，不由大吃一惊。那些铁勺子，足足有一人高，安着木柄。那些饥饿的人贪婪地拼命用勺子在锅里搅着，但谁也无法把汤盛出来。勺子太长大重。即使是最强壮的人把汤用勺子盛了出来，也无法把汤靠近嘴边去喝。有些鲁莽的家伙，甚至烫了手和脸，还把汤溅在旁边人的身上。于是大家争吵了起来，人们竟挥舞着本来为了解决饥饿的长勺子大打出手。先知伊里亚对那位救徒说："这就是地狱。"

他们离开了这座房子，再也不忍听他们身后恶魔般的喊声。他们又走过一条长长的黑暗通道，最后进入另一大厅。这里也有许多人，在大厅中央同样放着一大锅热汤。就像在地狱里所见的一样，这里每个人手中也同样拿着一把长勺。但这里的人营养状况都很好。大厅里只能听见勺子放入汤中的声音。这些人总是两人一对儿在工作，一个把勺子放入锅中又取出来，将汤给他的同伴喝。如果一个人觉得汤勺太重了，另外那个人就过来帮忙。这样，每个人都在安安静静地喝汤。当一个人喝饱了，就换另一个人。先知伊里亚对他的教徒说："这就是天堂。"

53. 暗示的魔力

问题咨询

> 我的孩子小佳在出生时不太顺利，医生不仅给他吸了氧，还告诉我孩子以后可能会出现智力问题。他今年 9 岁了，和一般的孩子不太一样。先天不足，学习上有困难，成绩位于班里的后十名，我真担心他会有智力低下的问题。我已经带他看了七八家医院，也做了很多检查，就是没查出什么毛病，甚至智力测验也很正常。这是怎么回事呢？
>
> 焦急的家长

心理分析

从家长的来信中，我们可以肯定地说，他的孩子绝对没有什么智力方面的缺陷，否则在多次检查中肯定能检查出来。而孩子现在学习成绩差，表现不好，很大程度上与家长的不良暗示有关。

暗示，是指人或环境以不明显的方式向人体发出某种信息，个体受到这种信息的影响，并做出相应行为的心理现象。暗示是一种被主观意愿肯定了的假设，不一定有根据，但由于主观上已经肯定了它的存在，心理上便竭力趋于结果的内容。

在心理咨询临床中，常常有“疑病症”案例，主要表现为当事人精神消沉，认为自己身体某部位有疾病，即使是通过医院反复检查没有疾病，但是当事人仍然坚持自己有疾病。在这种情况下，医生会采取安慰剂疗法，告诉当事人，正好最近发明了一种特效药，对他的病有很好的疗效。其实这种药并不存在，只是一些无任何作用的安慰剂。但是当事人服用之后，就会感觉效果明显，很快症状就消失了。治好他的“病”并非是安慰剂起了作用，而是医生给他的积极暗示。

二战时，纳粹在一个战俘身上做了一个残酷的实验：先给一名战俘看一个记录片，放的是一个人被捆绑，被一个烧红的烙铁烫在大腿上，一阵青烟之后，那人的大腿被烫得皮开肉绽。看了这个记录片之后，纳粹就把这个战俘捆绑了起来，抬出一个火炉，里面有一个烧红的烙铁，并告诉他，将要像录像里一样，研究一下人被烙铁烫过之后的反应。接着把战俘眼睛蒙上，重新拿出一个没有烧过的烙铁，放在战俘的大腿上，战俘一声惨叫。两分钟后，拿开烙铁，发现战俘的大腿严重烧伤。一块普通温度的烙铁，为什么能将人的大腿烧伤呢？其实，这也是暗示的力量。

这两个例子足以证明暗示的魔力。

我们每个人在生活中总会接受这样或那样的心理暗示，这些暗示有的是积极的，有的则是消极的。而一些比较敏感、脆弱、独立性不强的人，譬如妇女和儿童，就比较容易接受暗示。如果是长期的消极和不良的心理暗示，就会对人的生活产生一定的影响，使情绪受到波动，严重的甚至会影响到健康。信中的小佳，就是由于长期的不良心理暗示导致了学习困难。而施加不良心理暗示的人恰恰是被暗示者身边最爱、最信任和最依赖的人，如母亲、老师。如果长期对某人施加不良心理暗示，必然影响到个体的认知思维过程，使人形成不良的心理反应和行为模式。而对于缺乏辨别能力的儿童来讲，不良的心理反应更易于形成和固定下来，严重的甚至会影响到其一生的发展。

因此，作为父母和老师，对于儿童的正常发展具有很重要的作用，尤其是父母，其一言一行都会对儿童的思维能力和心理的健康发展起到促进或限制作用。所以，不管在什么样的情况下，父母都要尽量多地给予儿童积极有益的心理影响以及实际的帮助和引导。此外，让孩子能够正确地认识自己或许更重要。让孩子形成正确的自我观念、恰当的自我认知，更利于他们成年后在社会上找到正确的位置。

自我实践

俗话说“解铃还需系铃人”，要解除小佳的不良暗示，还需要父母的积极配合。把他们在日常生活中给小佳的消极暗示转变为积极暗示。

（1）彻底改变以往认为小佳智力有缺陷的想法，在日常生活中，把他当做一个普通的孩子来对待。不要在别人或小佳面前提起他出生时的不顺利。

（2）积极帮助小佳学习，如请家教、亲自辅导等，提高他的成绩，树立他学习的自信心。

（3）用积极暗示代替消极暗示，如父母可谈论一些他的优点，有意让他听到。当小佳出现任何进步时，父母都要给予表扬鼓励。

（陈四光）

精彩链接

暗示的经典实验

一些科研人员到学校里，给学生做发展潜力测验，然后给每个班级的班主任一份名单，每份名单上有五个学生的姓名，并对这些班主任说，经过科学预测，你们班的这些学生有很大的发展潜力，以后会成为了不起的人物。其实，这些名单都是从每个班级中随机抽取出来的。他们有的学习较好，有的较差。一年后，科研人员再次来到这个学校，他们发现，名单上的这些学生，不论原来成绩好坏，在一年中都有了飞快的进步。为什么他们的成绩进步如此之快呢？科学家解释说，因为科研人员对教师来说是权威人士，教师很相信他们所说的话，所以接受了他们的暗示（名单上的学生是很有发展潜力的）。他们在日常教学中，就会有意无意地给这几个学生一些积极的暗示，如上课经常让他们回答问题、不断表扬等。正是这些积极的暗示让这些学生的学习成绩快速得到了提高。

54. 我被青春撞了一下腰

问题咨询

老师：

您好！

我心里很烦。现在和爸妈、老师的关系都不好，我真的不知道这是怎么了？以前我是个乖乖女。在家里很听话，在学校对老师的话更是当做圣旨一般。可现在我总觉得他们很烦。总是让我这样做，那样做，我就偏不那样做。他们就唠叨个没完。让人烦死了。其实我也不想和他们闹矛盾，可是当他们唠叨的时候，我又忍不住和他们对着干。

我真是变坏了吗？

六年级　小敏

心理分析

小敏是变坏了吗？肯定不是。其实，我们应该恭喜她，她已经进入青春期了，是个长大的孩子了。小敏的情况我们把它叫做“青春期叛逆心理”。它是指青少年为了维护自尊，而对家长或老师的要求采取相反的态度和言行的一种心理状态。孩子到十二三岁的时候，往往产生一种与父母相抵触的情绪。他们心里有什么话也不愿向父母说，对于父母的批评和劝导不像以前那样听话了，甚至产生抵触、不顺从的情绪。

有一次，老师让同学们写一篇关于母亲的作文。许多同学嘀嘀咕咕：“妈妈有什么好写的，烦人！”“这么大了，还妈妈、妈妈的，没出息！”

青春期的青少年对父母所给予的爱时常体会不到。父母为孩子吃喝拉撒睡所付出的一切，孩子认为理所当然；出于培养孩子成才的爱心，有时父母的观点和方法不当，孩子一般不能谅解，反而会生出怨恨。然而，一个不懂得爱父母的人，能懂得爱周围的人、爱整个人类吗？

逆反心理的表现是多种多样的。主要表现为对抗老师、对抗家长，对老师、家长的要求是充耳不闻，甚至和老师、父母对着干。这些行为常常激怒家长和老师，而家长和老师的训斥、唠叨，反过来又使孩子非常反感，这不仅影响孩子和老师、父母的关系，而且影响到教育的效果。学生的这种逆反心理其实是一种消极抵抗的心理，如果长期不能纠正，就会形成一种固定的思维模式，对学生的发展会带来很不利的影响，甚至最后发展成反社会人格，对社会造成危害。

逆反心理在青少年阶段是常见的心理特征，这种心理一方面是由于年龄的发展，孩子的独立意识和自我意识不断增强，自我感觉已经长大，有强烈的独立自主要求；而家长老师还是以老眼光对待孩子，这必然导致孩子的逆反。此外，一些老师和家长的专制教育方式也易引发孩子的逆反心理。研究表明，以民主方式进行教育孩子比较容易接受，而专制的教育更容易引起反抗。

自我实践

加强沟通　从我做起

（1）给爸爸妈妈或老师写一封信，谈谈你心里对他们的想法。

（2）设计一个富有创意的主题，让爸爸妈妈过一个愉快而有意义的生日。

（3）回家听父母讲他们成长中的故事，了解父母在成长过程中遇到过什么问题，他们是如何解决的。

（陈四光）

精彩链接

如何度过青春叛逆期

从人的发展角度说，青春期叛逆心理是正常的。但是因为它会给少年及其家庭带来负面影响，严重的会导致青少年对人对事持多疑、偏执、冷漠、不合群等病态性格，使之信念动摇、理想泯灭、意志衰退、工作消极、学习被动、生活委靡等。所以，我们在认识青春期叛逆心理的基础上，要采取一定的措施预防它走向极端。

1．理解万岁

俗话说："理解万岁"，孩子只有理解父母和老师的良苦用心，只有承认他们看似烦人的啰嗦是出自伟大的爱心，他们才能够以宽容的心态去面对这些，甚至是降低逆反心态。

2. 认识自我

很多青少年对自己所处这个阶段的心理特征并不了解，当他们对父母极其反感时，没有意识到，这很大一部分原因是自己正处在成长阶段造成的，而认为完全是父母的过错，把责任全部推在父母身上。完全没有以自省的方式来思考这个问题。认识自我，从自我分析原因，有助于青少年走出逆反的漩涡。

3. 提高适应能力

由于心理发展得还不够成熟，青少年的适应能力并不是很强。通过多参加各种各样的活动，在活动中发展自己的适应能力，充分展现自我价值，也可以克服逆反心理。

55. 过好五彩缤纷的节日

问题咨询

老师：

中秋节孩子放了一天假，本该好好休息，可是孩子却总是让人烦心，真让人着急。本来说好了，要早点起来，先完成作业，再玩；可是他一玩起来就没完，让他学习就哈欠连天。我们也觉得过节应该让孩子休息一下，可是现在的竞争太激烈了，浪费一天，就可能落后一步啊！我们真不知道怎样让孩子过一个有意义的节日。

梅彤的家长

心理分析

目前，各种节假日繁多，怎样让孩子度过一个有意义的节假日，成了众多家长思考的问题。一旦节假日安排不好，孩子就可能放任自流，失去约束，给以后的学校学习带来不好的影响。有的家长急功近利，强迫孩子读书、学艺，给孩子带来了更大的负担。本来应该是个轻松的节日，却常让一家人都感到不舒服，甚至有些家长感慨说，还不如不放假。当然这是不可能的，那如何来安排这个节日呢？

(1) 可以根据节假日的特殊性，因地制宜，引导孩子学习与节日有关的知识，开阔孩子的视野。

中国的节日有很多种，大致有传统节日、革命纪念节日和国际性的节日。这些节日是文化的重要组成部分，学生对于这些节日的起源、意义都应该有所了解。

从民间传统节日看，春节、元宵节、端午节、中秋节等都有着不同寻常的来历，历史悠久、内涵丰富。端午节就是为了纪念爱国主义诗人屈原怀石投江的历史事件，表达人们对爱国、正直、无私等美好品质的向往和敬仰；中秋节反映了人们渴望家庭团聚、思念亲人的心态，涉及到有关月亮的天文知识和人们赏月抒怀时所作的诗词歌赋等；元宵节涉及到人们元宵之夜闹花灯的喜庆场面等。

从革命传统节日看，有国庆节、建军节等。1949 年 10 月 1 日，中华人民共和国成立，因此，每年的这一天成为国庆日来纪念这一伟大的日子。国庆节的意义其实不仅仅是这一天中华人民共和国成立，它还关联到国内革命战争、抗日战争、抗美援朝等重大历史事件。1927 年 8 月 1 日，共产党领导军队在南昌向国民党反动派打响了第一枪，建立了人民自己的子弟兵——红军。这就是“八一”建军节的由来。这些节日都是对孩子进行爱国主义传统教育的好时机。

“五一”劳动节、“三八”节、“六一”节等节日都是国际性的节日，它们分别体现了劳动者地位的确立、妇女地位的提高和对儿童的关心、爱护。

这些节日都有着深刻的教育内涵，家长要在了解节假日的内涵的基础上，从孩子的年龄特点出发，由浅入深地向孩子渗透教育内容，在节日气氛中让孩子受到教育。

（2）充分尊重孩子的意见，合理安排节假日活动。

孩子虽小，但家长应重视孩子的意见，注意同孩子共同商量，安排好节假日活动。

①共同确定活动目标。每次活动都应有具体可行的目标要求，如过“三八”妇女节，要求孩子为母亲制作一份礼物，或为母亲做一道饭菜。必须注意的是，孩子应该参与目标制定。

②活动过程应清晰。整个活动过程先干什么，后干什么，家长和孩子都应清楚明白。如国庆节，早上看升国旗，上午参观国庆展览，下午选购图书，晚上观看国庆晚会、写日记等。

③活动形式应灵活多样。孩子往往希望活动生动有趣，体现喜庆气氛。如在“六一”儿童节，可以到青少年宫游园；可以参加庆祝表演活动；可以参与“希望工程”活动，为贫困地区的少年朋友们送一份礼物；可以与小伙伴们一起做有趣的游戏，开展比赛活动，

等等。

④整个活动应体现教育性，体现在节日活动中有所收获，得到教育启迪。中秋节不仅要吃月饼，还要会背诵古代关于中秋的优秀诗歌，并理解古人独在异乡为异客的心情；还可以引导孩子了解香港回归以及台湾回归祖国的意义。在劳动节去参观工人农民劳作的情形，体会到劳动创造世界的深刻内涵，激发起劳动光荣的情感等。

自我实践

节日快到了，如何和孩子度过一个快乐的节日呢？

（1）节日前，给孩子买一些与该节日有关的图书，给孩子布置任务，请孩子饭后给全家人讲节日的来历。

（2）和孩子商量节日应做的事情，为节日定一个详细的计划，计划中应包括学习一项节日饮食或娱乐的技能，如端午节试着和父母一起包粽子。

（陈四光）

精彩链接

星期一效应

这是心理学家近年来新发现的一种心理现象，指的是一些人在周末或假期结束后，上班的第一天产生的工作、学习不适应现象。

主要表现为：工作学习时注意力难以集中，容易疲倦，容易冲动。因为常发生在双休日后工作的第一天，所以称为星期一效应。

这种效应产生的主要原因是，一些人在节假日期间，身心完全放松，打乱原本有规律的生活节奏。早上往往睡到十点以后才起床，根本不考虑早餐。午餐和晚餐又由于各种应酬，暴饮暴食。原来形成的生物钟被打乱。结果重新回到工作、学习岗位上时，难以立刻适应原有的生活学习节奏。如果不加以干预，星期一效应会在两三天内自行消失。但是它仍然会给人带来较大的负面影响。一些心理比较脆弱的人，甚至会引发心理问题。

因此，我们在节假日期间，应该懂得节制自己，尽量不要偏离原来的生活习惯太远。

56. 如何安排周末时间

问题咨询

> 老师：
>
> 我的孩子今年上三年级了，平时学习还算认真，可是一到周末，他就有点懒。周末我们给他报了小提琴班、少儿绘画班、少年武术班。他对少年武术班还有点兴趣，可是上其他班时，就垂头丧气，让人看着就着急。小时就不能吃苦，长大该怎么办啊？
>
> 鲁鲁的家长

心理分析

家长中普遍存在着望子成龙、望女成凤的心理。这种心理本身没问题，可是，有些家长在具体做法上，存在着偏激行为。鲁鲁的家长就是这样，总想让孩子一步登天，这种不考虑孩子承受能力、盲目填鸭式的教育方式，只能使孩子对学习产生厌倦。

据报道，上海有个叫小峰的小朋友，8 岁读 3 年级，小小年纪却有 12 斤重的书包，每天做完老师、家庭教师和家长布置的作业就要近 4 个小时，简直成了一架读书、做作业的机器。到了双休日，家长的安排是：周六上午去西郊学跳舞，下午到少年宫学书法；周日上午到公园英语角学会话，下午去学钢琴。在这四项中，小峰最喜欢英语会话，最讨厌学钢琴。每次走到钢琴边，就显出一股无名的烦躁，一脸无奈的神情，招来的便是父亲的厉声斥责。反抗的无力与有形的压力使小峰陷入极度痛苦之中。为解脱这个痛苦，年幼的小峰竟拿出剪刀，狠狠地“咔嚓”一下将右手食指剪断，血流如注……

如何合理安排孩子的周末时间，使孩子在周末休息时间既有所收获，不荒废学业，又松弛得当，这已是每个家长都必须面对的课题。

其实，周末给孩子一定的闲暇时间，并不是多数家长认为的那样，说是一种浪费，不论从生理还是心理角度，它都是孩子健康成长的需要。适当的玩乐能促进儿童大脑发育，可以锻炼儿童的交往能力，培养孩子多方面的兴趣，开阔视野，启迪智慧。

周末两天时间，既为家长安排孩子活动带来了困难，又为孩子的个性发展带来了机遇。

双休日活动具有巨大的灵活性，这正是对孩子因材施教的好时机。因材施教，是指不能完全按家长的主观愿望而要根据孩子的兴趣、爱好来选择项目、内容。无论是器乐、绘画，还是书法、集邮，只要是孩子兴趣所在，他们就越学越高兴，越学越想学，乐此不疲。前面讲到的上海的小峰，如果家长不逼他练钢琴，而是要他练习英语会话，那么不仅会避免断指悲剧，小峰还有望成为一个杰出的外语人才。因为孩子的兴趣、爱好往往就是他潜在才能的最初表现，在周末为孩子创造活动的机会，从中发现、培养孩子的兴趣、爱好，加以培养，才可充分发挥儿童的潜能。

双休日没有集体的制约，正是家长培养孩子自主意识和能力的好机会。孩子上中年级后，对父母的依赖开始减少。家长可以把双休日的某一段时间，由扶到引，由引到放，交给孩子安排。让孩子安排他们最愿意做的事，可以去玩，可以阅读课外书，可以画画……开始可能会因计划不周或没有恒心，什么也没有干成，这时家长可以帮助孩子总结经验教训，促使孩子不断反思，使孩子懂得珍惜时间，学会合理安排时间，逐步增强自主意识和自主能力。

如何使孩子的双休日过得愉快、充实、有益？一是活动内容应具有科学性、目的性、计划性，努力避免随意性，使孩子通过活动受益。二是活动形式应具有趣味性、多样性，能吸引孩子积极参加，使孩子既学到了知识技能，又愉悦了心情。三是活动安排应注意艺术性。要强化教育要求，淡化教育痕迹；要动静结合，既训练了该动则动、该静则静的习惯，又不让孩子感到疲劳；要解放孩子的手、脚、口、脑，在孩子的独立活动中发展思维、锻炼自立等。

双休日的具体安排，应分为三个层次：

（1）必须要完成的任务，要求孩子必须按时做到。如完成老师位置的作业，一周学习情况的查漏补缺，充足的睡眠，睡觉前后、吃饭前后做力所能及的家务劳动等。

（2）兴趣、爱好性活动（一般在下午或晚上），鼓励孩子参加。家长提供条件，适度要求，适时指导，适当赞扬。

（3）身心调节性活动，要支持。孩子交友、玩乐是一种心理需要，家长要支持；孩子还有一种与父母亲交流的心理需要，家长应该理解，并抽时间与孩子一起聊天、散步，这不仅给了孩子莫大的愉悦，也是寻找机会对孩子进行教育的最佳时机。

自我实践

（1）根据双休日活动安排的三个层次，与孩子共同协商，制定双休日计划。

（2）抽出一定的时间在周末陪孩子一起玩，引导孩子把旧游戏、旧玩具玩出新水平，创造条件，让孩子玩出新花样来。

（3）在周末加强和孩子的交流，及时了解孩子在学习、生活中的问题，并适当地给予指导。

（陈四光）

精彩链接

柳比歇夫的时间统筹法

前苏联昆虫学家柳比歇夫花了56年的时间寻求驾驭时间的规律，他一丝不苟地坚持记录他度过的时间，做到一月一小结，一年一大结，五年一总结，从中研究其规律，他研究出了科学安排和运用时间的方法——时间统筹法。

1. 有效工作时间严格遵守

在一段大块儿的、主要的工作时间里，要精力集中，排除一切干扰，按时按质完成规定的工作。

2. “零星”时间合理利用

每个人都会有一些零星的时间，如候车、乘车、等人、排队等，合理利用这些时间，也会产生很好的效果，他常在散步中捕捉蝴蝶等昆虫，在火车上他总可以静静地看书等。

3. 劳逸结合，适当调节

不会休息，就不会工作。休息是为了使自己恢复体力和精力，是为了更好地工作，在其中一年的时间统计表上，柳比歇夫就记录着娱乐 65 次，游泳 43 次，与朋友交往 151 小时，而且保证每天有足够的睡眠。

他用时间统筹法，使自己生活有节奏，工作效率大大提高。他一生中共发表学术著作 70 多部，论文 12 500 页，一个人搜集的昆虫标本比动物研究所的多 5 倍。

57. 怎样克服孩子的攻击性行为

问题咨询

老师：

您好！

我的儿子在学校总爱打人，不是动手抢别人的东西，就是趁同学不注意时推别人一下，甚至追着同学打。对这孩子，我打也打了，骂也骂了，该说的都说了，就是不顶事，我们现在对他毫无办法。我们怎样才能帮助他改掉这个缺点呢？

一位二年级学生的家长

心理分析

您的孩子所表现出来的行为，在心理学上被称为“儿童攻击性行为”。攻击性也叫侵犯性，指的是个体有故意侵害他人的倾向性，不仅包括外显的攻击性行为，而且包括隐性的攻击或侵犯他人的意图。父母绝不可纵容孩子的攻击性行为，否则，随着年龄的增长而日益固化，最终会导致严重的个性偏差。小学生由于好动，常有攻击性行为发生，尤其是男生。但他们的攻击性行为常常是工具性的，即为了达到非直接伤害他人的其他目标，如为了抢东西，很少是敌对的。所以在纠正小学生攻击性行为时，要分清性质、找出原因：是对别人产生了敌意还是内心受到了压抑？是受了欺负还是因为嫉妒别人？然后再有针对性地处理。

导致儿童攻击性行为的原因是多方面的，但主要原因大多和家庭教育有关，这些原因主要包括以下四方面。

1. 家长对孩子过分溺爱

过分溺爱容易使孩子形成一种心理上的定式，只知道“我”的存在，一切以“我”为中心。这种唯我独尊的心理定式，使他目中无人、无法无天，一旦不满意，就为所欲为，用攻击性行为来进行发泄。

2. 家长对孩子过分严厉

有句话说："孩子是看着父亲的脊背长大的。"它告诉我们，家长是孩子的榜样，如果家长惯用暴力或强制方法来教育孩子，常常靠武力将自己的意志强加在孩子身上，就会给孩子树立横行霸道、不讲道理的榜样，使孩子误以为霸道、打人骂人就是解决问题的最好办法。于是，一些孩子在欲望得不到满足时，就有可能模仿父母的行为来发泄自己的压抑，想以此来"要挟"他人迁就自己。

3. 家长对攻击者的行为表现出不正确的态度

有的家长生怕自己的孩子在外面吃亏受欺负，在孩子上幼儿园或小学时就言传身教地告诉孩子：谁要欺负你，你就打他，打不过就咬。

4. 媒介暴力内容的教唆作用

目前，一些书刊、影视中常常出现暴力情节，专家学者们认为这种暴力现象的展示，对儿童的攻击性行为有很大的诱发作用，尤其是影视中的暴力镜头，对儿童的教唆作用更是不可低估。在这方面家长不能不引起重视，适当引导，一些孩子在看了影视中某些人物实施攻击性行为后扬扬自得的神情，更觉得攻击性行为的痛快，从而进行模仿。

可以说，上述四种原因是引起儿童攻击性行为的主要原因。孩子这种攻击性行为，反映了家庭教育的不当，如果家长不及时教育、纠正，是很危险的。

自我实践

和孩子一起做“角色扮演”游戏

家长和小孩先沟通，找出小孩的不合适的行为。然后想出一个情景，进行情景的再现。例如上面案例里的小孩的行为，我们可以设计一个以下的角色扮演。

先让孩子扮演一个正在集中注意力看书的学生。坐在椅子上，旁若无人。（要选一本合适的书，让孩子真正做到入神状态。或者选一个合适的时间，孩子正在做一件自己非常感兴趣的事，如看电视等。）

家长突然过去把它的书抢过来，并且用力推小孩一下（到差点摔跤的程度，但要保证安全）。（如果不是看书，而是做自己感兴趣的事，就用相似的方法终止他正在做的事，并且有轻度的、不产生过大伤害的攻击行为。）

然后家长和小孩互换角色，进行扮演。

每次扮演要强调逼真，越真越好！不真实就重来。

最后，由家长和小孩共同交流在角色扮演过程中的感受和体验。

由于被人攻击是不快乐的，小孩体验了这种感觉，他就能体验到自己在侵犯他人时别人的感受，进而减少这种行为。

（余仙平）

精彩链接

如何减少儿童的攻击性行为

（1）让小学生明白攻击别人是不文明的行为，同学之间应当相互关心、团结友爱，有了矛盾应该通过商量、说理来解决。父母对子女既不能过分娇惯、溺爱，也不能过分严厉、苛刻，应该让孩子在体会到父母之爱的同时又懂得自己应对别人尊敬、友好。

（2）家长不要从侧面鼓励孩子的攻击性行为。有的家长平时不注意自己的言行，在看到自己的孩子对别人实施攻击性行为时常常露出赞许的表情，这样会给孩子传达一种错误的信息，以为攻击行为会得到大人的赞扬。

（3）和孩子一起看电视、电影，对影视中的攻击性行为应明辨是非，引导孩子分清谁是伸张正义，谁是滥施暴行，谁是非法攻击，谁是自卫反击。家长如果能和孩子一起观看影视片，并适当地发表自己的意见，就会对儿童判断孰是孰非有所帮助。

（4）培养儿童具有良好的社会公德。道德的建设对一个世界观、人生观还不成熟的孩子来说，是极为重要的。家长可通过一些孩子熟悉的事例，用浅显易懂的语言，讲解“己所不欲，勿施于人”的道理，不能将自己的快乐建立在别人的痛苦上；讲“周处除三害”的古老传说；讲见义勇为、扶弱除暴的现代英雄故事，使孩子分清光荣和耻辱，促使其社会公德意识的萌生。

58. 如何度过闲暇时光

问题咨询

马上要放暑假了，一想到要一个人待在家就烦，没有伙伴玩。爸妈要我上兴趣班，我觉得还不如去上学。暑假的日子真不好过，真痛苦。暑假里我该怎么办？

一个四年级的学生

心理分析

一项在小学生中进行的社会调查结果显示：几乎所有的孩子都喜欢有同伴与自己一起玩耍；46.7%的孩子由于缺乏玩伴，经常一个人玩；平时只有9.7%的家长经常和孩子玩，节假日也只有15.6%的家长能陪孩子玩。心理学专家表示了担忧：我国青少年儿童中出现的“伙伴危机”，将会对孩子的健康成长造成不良影响，儿童的健康成长需要群体生活，需要伙伴，孤独往往会对他们的心理造成很大伤害，经常产生孤独感的孩子更容易形成不健康的心理和性格。

我国自1995年开始实行双休日，1999年开始实行国庆、“五一”长假制度后，少年儿童一年中应该有一半多时间是在校外度过，这无疑为他们提供了良好的闲暇生活契机。然而，在现实生活中，孩子们的闲暇日是怎样度过的呢？一方面是学生闲暇生活的贫乏与不良，许多学生的空余时间不是在家长的威逼之下，被迫从事无休止的学科知识学习，就是在电视机与游戏机前无聊地消磨掉金色的童年时光，除此以外，他们不知道还能做些什么；另一方面，有相当一部分家庭则凭着家长们自己的爱好和意愿，强迫孩子在空余时间奔波于各类“特长班”、“培训班”之间，使孩子忙得不亦乐乎。以至于很多人都在慨叹：“现在社会上最累的是学生！”这种做法漠视了孩子自身的爱好和需求，忽视了自由自在的闲暇生活对孩子终身发展的重要意义。

美国伊利诺大学教授、闲暇教育专家布赖特比尔说过一句耐人寻味的话：“告诉我你在可以为所欲为的时候做些什么，我就可以告诉你，你是哪类人。”可见，今天的孩子长大后将成为“哪类人”与他们是否能科学化、个性化地安排闲暇生活有着十分密切的关系。因为现代社会越来越关注人的生存状态，而不仅仅是人的生存时间。而开展闲暇教育也不只是为了使学生过好业已实行的双休日、节日长假之类的现实需要，更是为他们将来拥有丰富多彩的人生打下良好的基础。因此，如何使今天的少年儿童以自主的形式和积极、良好的心态度过闲暇时光，是家长亟须关注的重要问题。

孩子出现“伙伴危机”的原因有很多，其中小家庭化、家长的过多限制和社会风气的影响是三个重要因素：①现在的家庭结构已很少有“四代同堂”、“儿孙满堂”的大家族群居，大多是三口之家，孩子在家中面对最多的就是父母。而中国父母大多比较重视家长的“威严”，不会放下架子和子女做朋友，孩子自然容易感到孤独。②大多数家长对孩子行为的控制性很强，总希望孩子能跟学习好、家庭条件好的孩子交朋友。由于怕孩子受到伤害或不良影响，一些家长往往对孩子过度呵护，甚至干脆阻止孩子和别人交往。③由于大人之间的关系、情感的转变，孩子之间的关爱也变少了，竞争意识、嫉妒心理、防范心理却渐渐增强。

自我实践

如何让孩子们的闲暇生活快乐、充实、有意义，让孩子们的闲暇生活像鸟儿一样自由快乐，让孩子们拥有真正的金色童年，家长的引导是关键。

（1）家长应给孩子一个宽松的家庭空间。父母不仅仅是家长，还应该是孩子的朋友、老师。这有利于孩子树立信心，能够更加全面、准确地了解、分析和判断事物。

（2）家长应多鼓励孩子参与群体活动。这有利于让孩子克服羞怯、恐惧心理，学习人与人之间的相处之道。

（3）教会孩子自己解决问题。当孩子在交往中遇到困难时，父母应及时地引导孩子正确认识、解决各种矛盾，而不是一味地迁就或打骂，这些都是孩子学习的绝好机会。

（4）放手让孩子自己择友。家长应该避免以成人的观念帮孩子选择朋友。孩子自己择友的过程，也就是他学习、成长的过程。家长可在一旁多加注意，并适时给予建议，但不能野蛮干涉、阻止。

闲暇生活中最为可贵的东西，那就是孩子心情的愉悦、情操的陶冶和灵性的孕育。

（余仙平）

精彩链接

闲暇教育源远流长。古希腊哲学家亚里士多德在其《政治学》一书中就专门论及闲暇对人生发展的意义，认为闲暇是一个重要的甚至是高尚的概念，它的含义并不是无所事事、纯粹玩乐，而是一种自由的、有意义的活动。

闲暇教育的主要价值取向是尊重个体的意愿与需要，正确地认识闲暇，合理地支配闲暇，健康地享有闲暇，明智地利用闲暇提高自身素养，促进个性自由和谐发展。通过闲暇教育，引导个体形成科学的闲暇价值观和正确的闲暇态度，拥有高效利用闲暇时间的技能，养成主体意识和独立的品质，发掘个体内在潜力，形成以创新为核心的可持续发展能力，满足人的积极、健康、科学的生活方式的需要，以达到文明、和美、幸福的境界。

59. 如何帮助孩子改正缺点

问题咨询

> 老师：
>
> 我有一件很烦人的事，烦得我都不想回家了。放学一回到家，妈妈就数落我这也不好，那也不好。“你真笨！”“你呀你，这都不会！”我也在努力，可我怎样做才能让妈妈满意呢？
>
> 一个四年级的学生

心理分析

天下的父母都希望自己的孩子成为好孩子，因而对孩子的一些不良行为格外注意，甚至整天唠叨，以为这样就可以让孩子改正缺点。殊不知，这非但不能使孩子改正缺点，反而易使孩子受到父母语言的暗示。

第二次世界大战期间，美国曾招募了一批不三不四的人到前线打仗，这些人纪律散漫，不听指挥，当局请心理学家来帮助管理他们，心理学家要他们每人每月都给家里的亲人写一封信，他们很高兴，但都不会写。于是心理学家将信的内容拟好，要他们照抄一遍。信的内容是告诉亲人，他们在前线如何勇敢，如何听指挥和屡立战功等，每次的内容都基本相似。半年之后，他们竟一个个变了样，变得像信中所说的那样勇敢和守纪律。是什么力量使他们变了样呢？心理学家的暗示起了巨大作用。大人都如此，何况孩子呢？

小学生并不会评价自己，他们往往是根据成人的评价来评价自己，你认为他笨、他窝囊、他是坏孩子，他就真以为自己笨、自己窝囊、自己是坏孩子，因此丧失了自信心，日久天长就形成了自卑、缺乏主动性等不良个性，从而影响到他的智力发展和对环境的适应能力，最终你的“预言”变成了现实。要知道，父母的评价对孩子来说是十分重要的。虽然你当时在说孩子的时候漫不经心，但该子却信以为真，牢记在心。孩子在唠叨声中成长，其结果是，你的孩子就会向你所喻示的评价方向发展。由此可见，我们不能轻易地给孩子下结论，轻易地评价孩子。

特别需要指出的是，当孩子做错事时，应当告诉孩子你对他的行为的看法，应该针对他的错误就事论事，而不应全盘否定他。即家长应把对孩子的行为评价和人格评价分开。这对孩子自尊心的建立是非常有益的。任何孩子都可能做错事情，如果每做错一件事，就被人评价为“笨蛋”，那么孩子为了不出差错，就会变得处处小心谨慎、缩手缩脚。如果我们对他行为的评价和对他人格的评价合二为一，他就不能对自己有个稳定的看法，在他眼里，他的个人价值随着他行为的好坏时高时低。我们常常看到一些孩子，做好一件事，妈妈就说他是个好孩子，孩子便飘飘然，认为世界多美好；而做错一件事，妈妈就说他是笨蛋、无能，他又觉得天塌下来一般，认为自己完了，变得消极颓丧。

所以，对孩子的评价应该把人格和行为分开，当孩子做错事的时候，应该就事论事，而不要去指责他的人格。我们应该让孩子感受到，虽然我也有做错事的时候，但我仍然可爱，父母也仍然爱我。

自我实践

“优点箱”和“缺点箱”

找两个盒子，大的是“优点箱”，告诉小孩箱子是记录他每天学了什么新本领、有什么进步、做了什么好事（范围可广些）；小的是“缺点箱”，记录他身上的缺点和他做了什么不好的事情。两个箱子一大一小，当然也是家长的美好心愿：希望他的优点越来越多，缺点越来越少！一个月打开一次，如果进步显著，就给予表扬甚至物资鼓励，以此帮助他改正缺点。

（余仙平）

精彩链接

真实的力量

当孩子做错了事后，父母怎样做才能让孩子接受呢？正确的做法是：根据孩子的行为，说出你的真实想法。例如，孩子把衣服撕破了，如果我们评价他，“你真是个败家子”，孩子往往不易接受，因为这有伤他的自尊，同时让孩子感到你对他的否定和斥责。有的孩子可能会因此认为自己就是“败家子”，明天还会去弄破别的衣服，还可能去毁坏其他东西，他会实实在在地去做“败家子”。

如果我们对他讲出自己对这件事的真实感受，结果就不一样了。“你把衣服弄破了，妈妈把它补好了你才能穿，妈妈补衣服很辛苦，再说，你穿上打补丁的衣服也不好看呀。”孩子听了你的真实想法以后，就会觉得你在关心他，为他着想，同时他也会想到去体谅别人，并为此而努力去做，改正错误。这样，孩子心理上会感到安全，会更加信任我们，会告诉我们真实的故事：“我的衣服是和小朋友打架撕破的”、“是不小心摔跤刮破的”，等等。

60. 培养良好的行为习惯

问题咨询

我是一个容易丢三落四的男孩，我的文具总是刚买了两天就莫名其妙地不见了，上课时老忘记带要用的书，起床时又找不着衣服了，钥匙更是常常不知去向。为此，老挨父母和老师的批评，我怎样才能改掉这个烦人的坏毛病呢？

最近有点烦的男孩　丢丢

心理分析

很不好意思地告诉你，我小时候也犯过这毛病，常常是找什么偏没什么，待买了新的后，它们又莫名其妙地冒了出来，真让人哭笑不得。不过，后来我还是努力改掉了这个毛病。说起来很简单，其实就是注意养成良好的生活习惯。著名教育家叶圣陶说过：教育就是习惯的培养。习惯对人的生活、学习乃至事业起着至关重要的作用。曾听一位记者说，他采访一位荣获诺贝尔奖的科学家时，问他在哪所大学学到了他认为最重要的东西，结果这位科学家平静地说，在幼儿园。在幼儿园学到了什么？他说学到了把自己的东西分一半给小伙伴，不是自己的东西不要拿，东西要放整齐，吃饭前要洗手，做错了事要表示歉意，要仔细观察大自然……多好的习惯呀！还有你知道吗？现在一些用人单位招聘员工时，常会考一些“怪题”，比如请你吃顿饭，让你打个电话，然后根据你的表现来决定是否录用你。瞧，这不就是在考查你的行为习惯吗？

培根说：“习惯是人生的主宰。”《现代汉语词典》中解释说：习惯是在长时期里逐渐养成的、一时不容易改变的行为、倾向或社会风尚。从更深刻的意义上讲，习惯是人生之基。对于广大少年儿童而言，学习的一个极为重要的内容就是要在成长过程中养成一系列做人、做事、学习等方面的良好习惯。据心理学家们研究发现，孩子乱扔东西的原因是缺少计划性，缺少对事情的统筹安排。周密的计划性对孩子的学习及成人的处事都非常重要，有计划性的孩子在逻辑性强的学科中，比如数学，就相对比没有计划性的孩子掌握得快且好，而乱扔东西的孩子往往学习也不好，可见从小教会孩子不乱扔东西的意义是多么重要。因此，培养良好的习惯应该从点滴生活小事做起。儿童正处于生理、心理快速发展的重要阶段，处于各种习惯形成的关键时期。从小养成良好的习惯，他们将一辈子受用不尽。

教育专家提出，孩子好习惯的养成需要父母走出爱的误区。过分呵护剥夺的是孩子独立承担困难与挫折的机会，而这恰恰是形成良好意志品质与行为准则的必由之路。父母退一步，孩子进一步，这才是成长的自然法则。孩子的行为习惯在家庭中是怎样形成的呢？主要是通过三种方式——教育、模仿和熏陶。“教育”即父母有意识地对孩子的行为习惯进行教导，孩子也有意识地去学习；“模仿”即父母并没有特意教导孩子，而孩子有意地观察并习得行为习惯；“熏陶”则是指父母的教导和孩子的学习都是无意的，孩子也能获得很多行为习惯。

自我实践

小学生良好的行为习惯，可以从以下几方面来培养：

（1）进行中华传统美德教育。选择我国传统文化中有关良好习惯和责任心等内涵的古诗文，要求背诵，初步理解其含义，利用古诗文好读、易记，诗文典故容易理解的特点，悟出良好习惯之所以重要的道理，并用以指导自己的行动。体会自己的责任，增强良好的习惯意识。

（2）榜样激励。让小学生通过了解、学习身边的榜样——优秀学生对自己、对他人、对班集体的高度责任感以及良好行为习惯，分析他们成功的原因，找出他们的良好习惯，然后明确自己的学习目标，确定自己的努力方向，使小学生在模仿榜样中看得见、摸得着、学得到。

（3）行为训练。分层次、有梯度地对学生进行良好习惯的行为训练。每次的行为规范训练有重点、有要求。为了使小学生形成稳定的习惯，行为训练要反复进行、持之以恒，训练内容要滚动进行。在训练中，注意采取小学生自我管理家长监督。

（4）定时评估。每天自评，每周家长小结，达到及时反思、不断强化的目的，促进良好习惯的形成。

（向　晴）

精彩链接

关于习惯的格言

（1）良好的习惯乃是人在其神经系统中存放的道德资本，这个资本不断地增值，而人在其整个一生中就享受着它的利息。

（2）播种一个行动，你会收获一个习惯；播种一个习惯，你会收获一个个性，播种一个个性，你会收获一个命运。

（3）既然习惯是人生的主宰，人们就应当努力求得好的习惯。习惯如果是在幼年就起始的，那就是最完美的习惯，这是一定的，这个我们叫做教育。

（4）人支配习惯，而不是习惯支配人。

（5）趁年轻时养成好习惯。

61. 做事“没定性”怎么办

问题咨询

> 我妈常骂我做事“没定性”，说不知道我整天想干什么，一天起码有24个主意。我的确有些朝三暮四的，今天喜欢玩电脑，明天又迷足球了，后天可能又喜欢上画画了。我也知道这样不好，可就是不能稳定自己的兴趣。我该怎么办呢？
>
> 四年级（3）班　陈航

心理分析

俗话说，六月天，孩儿脸，说变就变。所以，小孩说今天喜欢这个，明天又喜欢那个是很正常的。“没定性”正是少儿的一个突出的行为特点，他们现在的状态符合他们的年龄特征，凭喜欢、凭高兴做事是完全正常的。那么在遇到困难时就抵触拒绝也是很正常的。这个时候家长首先不能责骂孩子多变。孩子遇到困难，或兴趣转移，契机同时也出现了，正好可以借此引导孩子如何面对挫折、克服困难。在少儿的心灵里，最容易产生的感觉便是“新鲜”和“好奇”，只要是新奇的，都容易产生兴趣。但常常是今天看到一种东西很感兴趣，明天就扔在一边不理睬了。这是因为少儿的心理正处于发展阶段，还不具有明确的选择和判断能力，更不能决定自己将来如何发展，只能是什么引发了兴趣就喜欢什么，兴趣来得快去得也快，然后在这不断产生兴趣又不断改变兴趣的过程中，认识事物的能力逐渐提高，情感逐渐丰富，也许不断尝试过后，最终你会选择到最适合自己的爱好。

孩子对这个世界上的许多事物都充满了好奇，对很多新鲜事物都想尝试，因而孩子的兴趣也是多种多样的，对于孩子的这些好奇、兴趣，做父母的不要加以阻止，更不能以自己的好恶来评判孩子兴趣、爱好的优劣，而应该尊重孩子的兴趣、爱好，并给予鼓励、帮助，尽可能使孩子发展自己的各种兴趣和爱好。因为各种知识并不是孤立存在的，而是互相沟通、互相联系的，培养孩子多方面的兴趣，可以使孩子所学的各种知识、小技巧互相促进，融会贯通。

随着素质教育的深入，家长越来越注重对孩子兴趣的培养。孩子兴趣广泛而有所长是许多家长的心愿，因此许多家长都为儿童的充分发展提供条件，环境是孩子萌发兴趣的基地，儿童的潜能如同种子，只要有适宜的外部条件，它就会生根、发芽、长大。说不定在给孩子一支蜡笔、一架琴的瞬间就造就了一位艺术家呢！每个小孩都具备多种潜能，只是发展的程度和组合的情况不相同，如果在早期能发现其潜能的长处与不足，并适度地发展或弥补其能力，就能帮助他发展个人潜能、激发兴趣、培养能力。

自我实践

兴趣是孩子最好的老师，在孩子的成长过程中，兴趣具有十分重要的作用。家长作为孩子的第一任老师，怎样培养和发展孩子的兴趣呢？

（1）关注孩子的发问，发展孩子的兴趣和爱好。孩子的提问，是受好奇心驱使的，是兴趣、爱好的标志，也是其智力活跃的行为特征。家长应以十分认真的态度关注孩子的提问，并耐心启发、解答，保护孩子的这种求知和探索精神。

（2）父母与孩子共同活动，挖掘培养孩子的兴趣和爱好。善于教育孩子的父母应该创设与孩子共同活动的环境和机会，在共同活动中，既可以了解孩子的行为特征，又能洞察孩子的内心世界，还可以和孩子共同体验快乐，从而发现并培养孩子的兴趣和爱好。

（3）从孩子的劳动成果中挖掘孩子的兴趣和爱好。以手工劳动和绘画为例，小男孩喜欢做汽车、火车、轮船，描绘打仗的场面；而小女孩大多数喜欢画装饰图案和制作穿着各种服装、梳着花样发式的布娃娃等。从孩子的这些劳动成果中，家长就可发现孩子在这些方面的兴趣和爱好。对这些劳动成果，家长要充分肯定，让孩子体验到创造成功的快乐，保护这种兴趣爱好，加以培养和正确引导，一定能收到良好的效果。

（向　晴）

精彩链接

心理学家根据每个人大脑神经系统的性质与特点，把人的气质分为四种类型。如果我们在学习与生活中，能选择与自己的气质类型相适的工作与学习方式，就能发挥优势与特长，取得更大的成就。

1. 胆汁质型

精力旺盛，反应敏捷，乐观大方，但性急、暴躁而缺少耐性，热情忽高忽低。

2. 多血质型

适应能力强，善于交际，反应迅速而灵敏；办事效率高，但注意力不稳定，兴趣容易转移。

3. 黏液质型

踏实、稳重，兴趣持久专注，善于忍耐，但有些惰性，不够灵活，不善于转移注意力。

4. 抑郁质型

感情细腻，做事小心谨慎，善于察觉到别人观察不到的微小细节；但适应能力较差，易于疲劳，行动迟缓、羞涩、孤僻且显得不大合群。

62. 学会自我控制

问题咨询

老师：

很多老师都说我是个非常调皮捣乱的学生。我也不知道，为什么上课时自己总想和同学讲话，要么就想玩一下文具盒或者别的什么东西。其实我也想成为一个上课认真听讲、下课不再干坏事的好学生，可是我就是控制不住自己，拿自己没办法。我究竟该怎么办呢？

四年级（2）班　成成

心理分析

有一个古老而又很有启迪意义的故事：古时候，有两个孩子都很聪明，他们的父母亲就把他们送到一个有名的老师那里学习下棋。可是经过一段时间的学习之后，一个棋艺大有进步，另一个却没有丝毫进步。这是什么原因呢？原来一个孩子在听老师讲解的时候非常专心，外面的任何事情都干扰不了他；而另一个孩子心里却总想着有鸟儿会从上空飞过，于是总惦记着用箭把它射下来炖肉吃。这样他们一直学下去，那个专心的孩子能下好棋，而那个三心二意的孩子则一无所获。结果同样两个聪明的孩子，却由于自制力的强弱的不同，而出现了两种截然相反的结果。

自觉、坚持、果断、自制是构成一个人意志品质的四个基本因素。意志的自制性品质是一种能够自觉、灵活地控制自己的情绪，以控制自己产生与完成任务相反行动的良好品质。

成成来信中所反映的问题就是如何培养良好的意志品质（自制力）的问题。自制力差、不能自律的小学生为数不少。而自我控制是同学们今后健康成长与发展的重要条件。如果把人生比作一次海中航行，我们每个人就可利用自制力来灵活地控制好自己的人生之舟，保证它不偏离自己的航线，朝着理想的学习和生活目标前进。据心理学研究表明：随着年级升高，小学生抵制外部诱因干扰的能力逐渐增强，受干扰的影响逐渐减弱。

良好的自制力并不是天生的，主要靠后天的教育培养。我们都知道，自古以来很多人就用“劳其筋骨”的方法来磨炼自己的意志，培养自制力。所以我们可以选择适合孩子年龄及身体特点的一些体力劳动或者体育活动，使孩子在劳动和活动中逐渐坚强起来。比如郊区远足、爬山、慢跑、游泳等等。我们选择活动首先要使孩子明确活动的目的，孩子要明白参加活动的目的是让其在活动中磨炼意志，为以后接受更大的挑战而做准备。只有这样孩子才能在活动中克服自身内部的困难（如胆怯、懒惰）和外部的各种困难险阻。另外，有活动成功体验的孩子将更有信心坚持这些活动。家长的榜样力量也是影响培养孩子意志品质的重要因素之一。如果家长自身生活和工作上懒懒散散，做事经常虎头蛇尾，这样的家长是难以培养孩子坚强的意志品质的。

培养孩子坚强的意志品质的关键在于要坚持锻炼意志的活动。千里之行，始于足下。自制力的培养可以从孩子的每件小事做起，使孩子养成持之以恒的习惯。许多获得成功的人们，都曾用一些小事情来锻炼自己的意志。著名的排球女将周晓兰在球场上非常能吃苦，她经常忍着伤痛坚持训练与比赛。她坚强的意志正是从小事中磨炼出来的。她还在上小学时，非常喜欢看电影。因为经常去看电影，她影响了自己的学习。后来在她父亲的教育下，周晓兰给自己制订了规矩：作业不做好，就不能看电影。从那时起，她就严格遵守这条规矩。几个月过去了，她一直坚持，最终战胜了自己，养成了很强的自制力。正如著名文学家高尔基所说："哪怕对自己一点小的克制，都会使人变得强而有力。"

自我实践

活动名称：学会说"不"，培养良好的自制力。

活动程序：（1）老师对小学生说："同学们，如果你遇到下面这些情况时，你会怎么办呢？"（可用投影仪投放配套的图片，也可将图片制成卡片）

①上学路上，隔壁的小弟弟拉着我的手，不准我走，让我和他一起玩一次游戏，这时我会对自己说：……

②上课时，老师背过身在黑板上画图，窗外，几个上体育课的高年级同学正在打乒乓球，这时我会对自己说：……

③吃完晚饭之后，我正在做作业，突然听到我最喜欢的动画片的音乐从电视机里传过来，这时我会对自己说：……

④上体育课的时候，我们一起玩篮球，小强一下踩到了我的脚，我刚想发怒，这时我会悄悄地对自己说：……

⑤和妈妈一起去商店时，我看到各式各样的好吃的，很想让妈妈给我买时，我会小声对自己说：……

（2）课堂讨论。

①遇到以上这些情况我会怎么办呢？我应该对自己说什么？为什么？

②克制自己不做不该做的事时，你会有什么感觉？为什么？

③我在学习和生活中，是否克制了自己不做不该做的事呢？

④我有什么好办法来克制自己？

（3）课堂训练。每位同学举一个亲身经历的例子。例子要说明当自己有不合理的想法时，立即制止了自己，对自己的不合理的想法说“不”。例如，时间已经很晚了，不想睡觉，还想继续看喜欢的电视，这时自己对自己说“不能这样”，然后关了电视，睡觉去了。并按以下标准对自己进行评分。

评分标准：

一天共违纪 3 次以内——3 分
4 次——2 分
5 次——1 分
6 次——0 分

每天由自己打分，同桌检查，然后登记在日记本上，二周后调整评分标准，逐步提高要求。

（陈　燕）

精彩链接

什么是自控教育

美国心理学家戈尔曼曾做过一个“延迟满足”的实验。实验对象是一些四岁的幼儿。一位老师给这些孩子每人发放一块很精美的糖果。然后告诉他们，如果他们能过两分钟再吃这块糖，就可以再得到第二块糖。如果孩子等的时间越久，克制自己不吃第一块糖的时间越长，就能得到越多的糖果。结果最能克制自己欲望的孩子得到的糖果最多。戈尔曼又对这批孩子以后的学习和工作情况进行了长期的追踪调查，发现更晚吃糖的孩子的平均数学和语文成绩比早吃糖的高出许多，并且他们的意志更坚强，经得起困难和挫折，后来在事业上也取得了较大的成功。

63. 坚持锻炼好处多

问题咨询

老师：

我们班上有几位同学都叫我“胖胖”。每次听见他们这样喊我，我心里特别难过！可我就是不喜欢跑步，最怕上体育课。连公园我也不爱去，走一天，太累了。可爸爸妈妈说，不锻炼身体不仅容易生病，而且学习还会变得比其他小朋友差，也没人愿意和我玩了。这是真的吗？

三（5）班　圆圆

心理分析

人的心理是人脑的活动。心理健康发展，必须以正常健康的身体，尤其是以正常健康发展的神经系统和大脑为物质基础。

老一辈无产阶级革命家毛泽东 12 岁的时候患了一次大病。在这之后，他就经常去农田劳动，在自己家门前的池塘里游泳，通过这些活动来锻炼自己的身体。可以说，他是伴随着体育活动长大的。这些体育活动不仅为他奠定了良好身体的素质，并为他在以后复杂艰险的革命环境下保持革命乐观主义精神（健康的心理状态）打下了坚实的基础。因此毛泽东说："体者，载知识之车而寓道德之舍也。"他认为，应鼓励孩子到户外进行各种体育活动，锻炼好身体，因为自幼年开始的锻炼既可使孩子们长得很结实，又能为后来经受住生活磨炼打下坚实的基础。也就是说，坚持锻炼能促使成长中的孩子身体正常、健康地发展，为心理发展提供坚实的物质基础。健康的身体是心理发展的重要条件。

有这样一个看似神奇的男孩：他只有 8 岁，能做 1 000 个俯卧撑或仰卧起坐。他跑完 18 公里的路程只需要用 100 分钟。体能这么强的孩子是天生获得的吗？他是怎么样成长起来的呢？其实，在这个男孩 3 岁的时候，他的父亲就开始让他每天参加体育锻炼。从 3 岁到 8 岁的这几年中，男孩每天早上都要进行 1 个小时的柔韧训练；下午下课后再进行 1 个小时的中长跑。父亲为何要这样做呢？孩子的父亲说，他希望自己的孩子全面发展。也就是说，不但要孩子在学习上表现好，同时也要孩子有一个强壮的身体和坚强的意志。他认为，如果他的孩子具备了这几方面的素质，不管今后他怎么样发展，都更容易取得成功。

与之相对比，三年级的圆圆却遇到了一系列问题。圆圆可能会因为缺乏锻炼而导致身体素质的下降，而身体素质是动作技能和认知技能形成和发展的自然前提。并且由于圆圆也不愿参加集体项目的体育活动，容易造成社会适应能力差、缺乏自信心和自制力等问题。那么，坚持锻炼究竟会为孩子的健康成长带来什么好处呢？

健康的心理寓于健康的身体。心理健康是指一个人处于自我感觉良好，并与他人和社会保持和谐的状态。一个心理健康的小学生表现为具有稳定的情绪，开朗的性格，坚强的意志、自尊和自信等这些个性特征。体育锻炼是增进心理健康的重要手段，通过体育锻炼可以培养孩子勇敢顽强的意志品格，提高孩子的自信心和自制力。另外，经常锻炼可以增强孩子的社会适应能力。体育活动是一项群体活动，孩子能够在体育活动中得到与他人的交往机会。在交往中，孩子能够培养良好的合作、竞争意识及团队精神。

体育锻炼还能促进小学生多方面能力的发展。首先它能可以促进小学生想象力的发展。想象是我们的大脑对已储存在大脑中各种事物的形象进行加工、改造和重新组合形成事物的新形象的过程。小学生在体育锻炼中可以通过对其头脑中的形象进行加工的过程培养丰富的想象力。例如，小学生在学习武术时，他们要在掌握武术动作的基础上，借助储存在头脑中原有的武术动作的形象，重新进行加工，编制出新的武术动作的套路。在编制的过程中，积极的思考充分促进了小学生的想象力；而在一些需要根据活动的情况及时应变的体育活动中，如足球，篮球，羽毛球等活动中，则要求小学生能依据变化多端的运动场上的情境，采取灵活应变的战术。这些战术也是要借助于想象才能有效进行，因此长期进行体育活动会促进小学生的想象力的发展。

并且，体育锻炼能促进小学生思维能力的发展。思维是人体大脑对客观事物间接、概括的反映，是对事物本质属性和内部规律的反映。与人类其他活动一样，体育活动也需要小学生进行积极的思维活动。小学生掌握运动技能的过程，实质上是是小学生的智力和体力相互作用的过程。这个过程不仅需要小学生的抽象思维能力，而且也需要小学生的动作思维能力。有心理学家的研究表明，对于成长中的小学生来说参加各种运动可以增强体力、技能、勇敢、果断、灵敏以及聪明、机智等品质。在体育活动中，小学生能通过在体育比赛中获得胜利的成功感和满足感，以及来自同伴的对自己的肯定，更能促进他们形成和发展良好的个性。

自我实践

活动名称：我们班的体育小明星

（1）活动目的：提高小学生自主参与体育活动的热情，尊重学生个体差异性，发挥每位学生的特长，使每一位学生在自己擅长的体育活动都能够体验到成功的快乐。

（2）活动方法：

①每位同学说出自己最擅长的体育项目，然后将擅长不同项目的同学组合成体育活动小组，每组大约5至7人。

②每次体育课上，由教师设置几种不同的体育竞赛活动，每组派出一位同学参加其最擅长的项目。

③每项活动结束后，评选出跑得最快的小健将，最有耐力的小健将，力气最大的小健将等。教师可根据活动项目的性质设置荣誉称号的名称。

④获奖的同学把自己锻炼的体验和得奖的感想写成短文。

⑤将短文写在板报上，供同学们讨论。

（3）注意事项：教师应特别注意身体条件、运动技能等方面存在不足，需要得到关注和扶持的部分学生，为他们设置一些适合的体育活动项目及奖项，使他们也能在竞赛中获得成功，逐渐培养对体育锻炼的兴趣。

（陈　燕）

精彩链接

体育锻炼能预防和治疗心理疾病

据研究表明，体育活动能够有效地预防和治疗各种心理疾病。从活动的方式上来说，低强度的有氧运动是比较理想的运动，例如慢跑、散步等等。在坚持进行这些活动之后，人们能减轻某些抑郁、焦虑等心理疾病的症状。这是由于抑郁表现为一种消极情绪状态，而人们在运动中，能感受到兴奋、快乐等积极的情绪状态。并且，体育活动能为人们提供发泄各种消极情绪的机会。这就会使人们因遭受挫折而产生的消极情绪通过运动，以升华的方式转移，从而可以有效避免人们产生心理障碍。

64. 我也能做家务，为什么妈妈不让我做

问题咨询

> 老师：
>
> 您好！
>
> 我是我们班的生活委员。平时老师常常教导我们要热爱劳动，做自己力所能及的事。可是我每次主动要帮妈妈做家务，妈妈都不让我做，而是让我去看书。其实妈妈每天上班都很辛苦，我很想帮妈妈做点家务，可是妈妈为什么不让我做呢？
>
> 学生　李倩

心理分析

“要宝宝做家务，怎么可能？他才几岁呀！他不要捣蛋、越帮越忙就好了。我看还是我自己来做较省事。”很多父母总是抱着“孩子还小不懂事”的心态，不让孩子做家务，这样却让孩子失去锻炼自己、关心家庭的机会。其实，小学生做点力所能及的家务活，不仅可以培养他们独立自主的能力，在劳动中增长知识，得到锻炼，养成热爱劳动的好习惯，而且通过做家务，孩子可以体谅家长的辛苦，逐渐承担自己在家庭里、社会上的责任，增强关心父母、体贴父母的能力。再说学习和生活也是相关的，比如写一篇《洗衣服》的作文，如果你从没洗过衣服，又怎么能写出怎样去洗衣服的作文呢？

正所谓，“不以事小而不为之”、“一屋不扫何以扫天下”，让孩子学会自己做家务不但能使他们的生活充实、有趣，还可以让孩子在做家务的过程中学习做人做事的道理，何乐而不为呢？所以，在日常生活中，父母要有意识地培养孩子做家务的好习惯，要让孩子明白做家务活既是帮助别人又是帮助自己，每个家庭成员都要做家务，而且要高高兴兴地去完成。小学生可以在父母的指导下做简单的饭菜，打扫房间，拖地板，帮助妈妈买东西。许多孩子愿意洗碗碟、洗自己的衣服，其原因是能边洗边玩水；还有的孩子为了表现自己的独立，迫切想去商店买东西。不要剥夺孩子们的这些锻炼机会，大人不也是尽量选择符合自己兴趣的工作吗？另外，在明确责任时也不一定要针对孩子的性别特征，心理学研究认为，在心理发展的时期，适当的性别混合有利于儿童人格的全面培养。女孩可以干些需要体力的活：拖地，修理东西，钉钉子。男孩也可以干一些传统的女人活：缝缝补补，打扫房间，做做饭。

总之，从心理学的角度来分析，让小学生做家务好处很多。首先，可以锻炼小学生的动手能力和解决问题的能力；其次，劳动有利于增强的小学生体质，能让大脑得到充分的休息。小学生在紧张的学习之余，做一点家务，正是一种积极的休息，不但可以通过改变活动形式来调节大脑机能，而且有利增强体质促进健康；再者，做家务有利于增强小学生的责任感，作为家庭成员的一分子，应该参与到家庭活动当中去，可以体现他的主人翁意识；最后，劳动有利于开发小学生的智力。小学生学做家务，可以学到许多书本上学不到的知识。家庭是个小社会，家庭生活的内容涉及到各种知识，许多小学生的小发明、小创造、大多是在家务劳动的实践操作中受到启发而产生的。所以多做家务肯定有利于小学生的智力开发。

自我实践

孩子最喜欢游戏，从趣味的游戏中学习做家务，效果更好。如果家长能稍微动一下脑筋，尽量让做家务变得生动有趣，孩子就会很乐意做家务。父母有智慧地引导孩子学习，可让孩子在游戏中快乐学习做家务。

（1）讲故事。例如，给孩子讲蚂蚁辛勤劳动的故事，讲蚂蚁是如何忙来忙去地辛苦劳动的。蚂蚁们都有严密的分工，有的蚂蚁去寻找食物，有的蚂蚁修建它们的房屋，有的蚂蚁专门繁殖后代，有的蚂蚁是军人，保卫它们的家园。它们每天都辛苦地忙碌着，努力地完成自己的任务，从来都不偷懒。然后让孩子扮作小蚂蚁，看他怎样把房间收拾干净。游戏虽然很简单，但孩子却会乐此不疲。

（2）想象。例如，让孩子假装自己是一位清洁队员，开着一辆清洁车，清扫各种玩具和东西，然后交给收购员（即妈妈）处理，借以培养孩子做家务的兴趣。

（3）过家家。利用玩具、餐具（杯、盘、汤匙、锅）等与孩子玩过家家游戏。例如，可以对孩子说：“孩子，平常都是妈妈做饭给你吃，今天你来做妈妈，我来做孩子，炒个菜给我吃好吗?”然后让孩子自己动手做饭，家长边看边稍加指导，适当地对孩子做的饭菜进行表扬：“你做的菜真好吃”或“妈妈最喜欢吃宝宝做的饭了”，吃完后说：“现在我们一起将桌子、盘子、碗收干净好吗？”

（陈　栩）

精彩链接

勤劳的小老鼠

从前，有一只不爱劳动的小老鼠，他白天睡觉，晚上跑出来找点别人吃剩的东西吃，每天无所事事，不劳而获，所以大伙都叫他“懒惰的小老鼠”。

有一天傍晚，小老鼠在门口玩，一只乌龟背着一袋东西，吃力地走到了小老鼠跟前，乌龟放下袋子，说：“小老鼠，麻烦你了，亲戚送我一袋花生，我家离这里还要走好久，我实在背不动了，我想先寄放在你家里，过一段时间再来取，好吗？”

“行！行！”小老鼠爽快地答应着，和乌龟一起把花生抬进了屋。

乌龟走了以后。小老鼠看着香喷喷的花生，口水都要留出来了。“不能馋，这是别人的东西，不能吃！”小老鼠对自己说。可是口水一点也不听话，反而流得更多更快了。“唉，我就吃一点吧，吃几粒花生乌龟不会发现的。”于是小老鼠打开袋子，吃了几粒花生。

第二天，小老鼠看着花生，口水又流出来。虽然小老鼠极力克制自己，可是一点也不顶用，口水仍越流越多。“唉，我就再吃几粒吧。”小老鼠又打开袋子，吃了几粒花生。日子一天天地过去，每天小老鼠都忍不往要吃几粒花生。终于有一天，花生只剩小半袋了，这下小老鼠慌了：“怎么办啊，乌龟马上要来取花生了，只剩这么一点，乌龟肯定会骂我的。”小老鼠急得吃不香睡不着，想呀想，终于想到一个好办法：如果我把剩下的花生种下，就可以收获很多的花生，就可以把我吃掉的花生还给他了。

于是，小老鼠在屋后开垦了一块地，播下了花生种子。小老鼠每天都要去照料花生，给它浇水，捉虫。花生种子很快就发芽、长苗、结果……成熟啦！小老鼠收回花生，把乌龟的袋子装得满满的，还剩下好多。“真香啊！”小老鼠吃着自己种出的花生，好不开心，他想：“劳动真快乐，以后我还要种花生、种玉米、种土豆……”

就这样，不爱劳动的小老鼠变得爱劳动了。大家也不再叫他“懒惰的小老鼠”，而是亲切地改叫“勤劳的小老鼠”了。

65. 饮食坏习惯有损健康

问题咨询

老师：

您好！

我今年10岁，可是体重已经130多斤了，班上的同学都喊我小胖墩，大家都不喜欢和我玩，还经常欺负我。平时我喜欢吃甜食和零食，还喜欢吃肯德基和麦当劳。老师，你能帮助我成为体重正常的学生吗？

学生　于涛

心理分析

于涛小朋友你先不要着急，其实像你这种问题是普遍存在的，现在不是有一个“小胖墩夏令营”吗？里面全是一些身体过胖的小学生，他们经过一个暑假的训练，体重大都能恢复正常。但是你知道你为什么这么胖吗？你必须知道你体重超标的原因，才能有效地去改变自己的饮食坏习惯，控制自己的体重，这样才不会成为别人眼里的小胖墩。从你的来信分析，你的肥胖主要是早餐随便吃、喜欢吃甜食、洋快餐吃得过多、饮食无度引起的。只要你以后能做到科学安排饮食，养成良好的饮食习惯，你的体重会慢慢的恢复正常的。

研究发现，儿童的脑力发展决定于食物。脑功能的优劣 80% 以上取决于营养。脂肪、维生素 A、维生素 C、维生素 B、维生素 E、钙、蛋白质、糖等营养物质对脑的健全发育起到了重要作用。蛋白质是脑组织发育代谢的重要物质基础，在记忆、语言、思维、运动、神经传导等方面都有重要作用。铁元素是构成人体血红蛋白的主要物质之一，缺乏铁元素会影响大脑中营养素及氧的供应。充足的维生素 C 可使大脑功能灵活、敏锐，智商提高。这些物质人体不能自行合成，必须通过食物摄入。因此，要想孩子最聪明，必须长期合理地摄取这些营养物质。

一些不良的饮食习惯对孩子摄取这些营养造成了影响，也间接损害了孩子的智力，家长必须引以为戒，不要让孩子养成这些坏习惯。有的家长轻视孩子的早餐，有时候孩子早上起得晚，为了不迟到，孩子经常不吃早餐或者匆匆忙忙吃早餐，这些都会严重影响孩子的智力发育和身体健康。不吃早餐的儿童，在回忆和运用新知识方面，明显赶不上吃早餐的孩子，他们的口头表达能力和短时记忆力也不及后者，而且这些孩子还表现出昏昏欲睡、注意力不集中的现象。有的孩子饮食无度，看到喜欢吃的东西往往不加限制，经常饱食容易造成消化功能紊乱，使大脑皮质的语言、记忆、思维等中枢神经智能活动处于抑制状态。还有的孩子极度挑食，只喜欢吃肉类食物，不愿吃蔬菜，导致体内缺乏粗纤维，使得其大便在肠道中的停留时间延长，人体就会吸收其中过多的有毒物质，将造成中枢神经中毒，孩子将出现记忆力下降、注意力分散、思维迟钝等症状，影响智力发育。不吃早餐、饮食无度、挑食偏食等饮食坏习惯都不利于小学生的生长发育。

像于涛这种喜欢吃甜食的小学生很多，如果父母对孩子这种不良的行为不加制止的话，后果是很严重的。因为吃甜食过多会影响儿童对蛋白质、脂肪、维生素的正常吸收，导致机体营养不良，从而影响大脑发育。同时，高糖食物还会使脑神经负担过重，影响人的情绪和行为，导致儿童多动症。此外，由于肥胖儿童的体重超标，身体活动不便，这些肥胖儿童不愿意参与体育活动，缺乏锻炼，长久下来，使大脑得不到信息的刺激，影响智力发育；而缺乏活动，又会使孩子肥胖加剧，如此恶性循环，造成“肥胖儿童智力整体上比非肥胖儿童低”的严酷事实，这些都应该引起家长的重视。

自我实践

科学的饮食安排不仅有利于孩子的智力发育，还有利于培养孩子良好的饮食习惯。小学生能量的推荐摄入量为 1 600 ~ 2 400Kcal（千卡）/天，这是一个大致范围，每个小学生的活动量可有所不同，男女生之间也不一样。在一般情况下，同龄的男生所需能量略高于女生。家长可以根据如下的饮食安排，给孩子科学安排饮食：

1. 谷类食物

即平常人们所说的主食，如米饭、馒头、面条、窝窝头、烧饼、玉米、红薯等，这类食物主要为人体提供碳水化合物、蛋白质和 B 族维生素。小学生每天应吃 300 克至 400 克，即 6 ~ 8 两，具体吃几两，请根据孩子的活动量而定。

2. 新鲜蔬菜和水果

此类食物主要提供维生素 C、胡萝卜素、膳食纤维和矿物质。小学生每天应吃新鲜蔬菜250克左右，水果75克左右。其中绿色蔬菜如菠菜、油菜、空心菜、油麦菜等不应少于150克。还需注意的是，不能以水果代替蔬菜。

3．动物性食物

即平常人们所说的鸡、鸭、鱼、虾、肉、蛋和奶，此类食物主要为人体提供蛋白质、脂肪、矿物质、维生素A和B族维生素。小学生每天至少应喝300毫升牛奶，以获得足够的钙；每天可吃1~2个鸡蛋和其他动物性食物100~150克，以获得充足的优质蛋白质、卵磷脂、维生素A、维生素B_2和铁。

4．大豆及其制品

煮黄豆、豆腐、豆腐脑、豆干、豆浆等。此类食物主要为人体提供蛋白质、脂肪、矿物质、膳食纤维和B族维生素，小学生每天可吃50~75克。

5．纯热能食物

指平常人们所说的食用油和糖（白糖、红糖），此类食物仅为人体提供能量，每天应吃最少。其中，食用油15克，糖10克。

除上述五类食物外，小学生每天食盐量应不超过6克为宜，以预防高血压的发生。

（陈　栩）

精彩链接

警惕饮食坏习惯

健康专家指出，目前一些学生日常生活中存在如下许多饮食坏习惯，给健康带来了负面影响，应引起家长和学生的重视，警惕饮食坏习惯。

（1）不吃早餐，不喝牛奶，身体营养不良。

（2）电视佐餐，食不知味。

（3）偏食肉和蔬菜，身体很“受伤”。

（4）零食当正餐，上课昏沉沉。
（5）暴饮暴食，肠胃受害。
（6）光顾街边小摊，不知不觉染病。
（7）饮料当水喝，喝得鼻血淌。
（8）烧烤好吃，代价太大。

66. 坚持记日记

问题咨询

> 老师：
>
> 您好！
>
> 我们老师要求我们每天写日记，花这么多时间写日记值吗？日记有什么好处呢？我该怎样才能写好日记？
>
> 四（6）班　盈盈

心理分析

同学们，你们在作文时是不是常常感到没什么可写的呢？当你有什么烦恼没人倾诉的时候，你怎么办呢？这时，你可以找你贴心而又忠实的“朋友”——日记。

日记，是一种把自己一天的所见所闻所思所感以及自己的言行简明地记录下来的文字形式。写日记是一种很好的习惯，日记是生活的记录，可以伴随着写日记人的身心成长。

写日记的好处很多，它首先是维护心理健康与促进心灵成长的有利方式。生活中的喜怒哀乐都可以集中在小小的日记本上。记录下每天生活学习中的积极事情，是对于自己生活的激励和奖励，会让你在记录中感到愉快，同时激起对于自身的认同，使你形成积极乐观的心态。把生活中不愉快的事情记下来，是对一位忠心“朋友”的情感宣泄，让你丢下沉重的心理包袱轻轻松松地继续人生之路。写日记的过程就是自我成长的过程，你的优点和缺点，长处和短处，在你的笔端让你看得清清楚楚。

对我们小同学来说，记日记还可以训练自己的观察能力、分析综合能力，培养思考的习惯。因为要把白天看到的东西写出来，观察事物就会更自觉、更认真、更细致；通过对生活中事物的记述和分析，就事论理，认识就有升华，思想就会提高；在日记中记下生活中值得赞扬和学习的美的东西，记下应受到批评和鞭挞的不良的甚至丑恶的东西，对提高你鉴别是非能力、追求真善美是十分有益的。

文采生动的日记可以锻炼写作能力，提高文字表达的能力，帮助积累素材。每一篇日记其实就是一篇习作，或写人，或记事，或抒情，或论理，中心突出，立意新颖，语言活泼，文字简练，又紧密贴近生活。日积月累，写作能力定会大有长进。正如一位特级老师所说的：“一年写下来，笔下渐生巧；三年写下来，作文不打稿；六年写下来，文名冠高考。”

此外，记日记还可以锻炼坚持不懈、持之以恒的毅力。记日记既然有这么多的作用与好处，我们就开始记日记吧。

自我实践

那么，怎样才能写好日记呢？要写好日记，应注意以下几个方面：

1. 要了解日记格式

日记的格式是，一般要在第一行写明某年、某月、某日和星期几，也可写出当天的天气情况。然后另起一行，再写日记的正文。有的还可在正文前加上标题，点明日记的主旨。篇幅可长可短（当然应该是有话则长，无话则短）。因为是写给自己看的，所以形式可不拘一格，可以自由自在、随随便便地写。如果是命题日记，格式上与写作文一样，即先写题目，再写时间、地点、天气，最后写内容。

2. 要由少到多，逐步提高

日记可写的内容很多，要有选择，要把一天中做过的或看到的、听到的、想到的值得写的内容记下来。比如，读了一本好书，参加了一次有意义的活动，看到了周围的一些变化，遇到了难忘的人或事，这些内容都可以写进日记里。开始写日记的时候，不要贪多，只要用一段话把一件事、一个想法写清楚就可以了。

3. 建设自己心理健康的积极日记

一般的说法是，记日记作为一种宣泄方式，对心理健康起到了一种促进作用。但最近的一项研究表明，习惯性写日记对健康没有好处。其实，日记对健康的影响不在日记本身，而是你记录下来的是什么样的内容以及你对记录下来的内容所采取的态度和处理方式。多记录下积极的、快乐的生活镜头有利于保持良好的心态，增进身心健康；反之，则易让自己沉浸在一个负面和消极的想法之中。但生活中难免会遇到不幸的事情，这时你应该跳出自己的思维模式，从一个全新的角度来认识给你带来不快乐的人和事，并记录下自己的心得体会，作适当的调整，使自己保持一种平和的心态，使自己的心灵得到成长。

4. 根据本人特点记录形式多样的日记

小学低年级同学写日记，由于识字不多，不会写的字可以用拼音来代替。对不喜欢写常规日记的小同学来说，可以用“给大灰狼写封信”这种类似的游戏来引起写作兴趣，喜欢画画的同学，写写插图日记也是很好的方式。

5. 要持之以恒，坚持到底

不少同学刚开始写日记很有兴趣，但时间一长就感到麻烦，特别是作业多、学习负担重时，往往就要打退堂鼓。因此，必须有一种持之以恒的毅力，坚持下来养成习惯以后，就不会有厌倦的感觉了。

（赖日生）

精彩链接

用电脑记日记

现在，有很多小朋友都会用电脑。那你想过没有，你还可以在你的电脑上记日记呢？有一种多功能电脑日记本软件——My Personal Diary 就能够满足你的需求，在电脑上记日记了。你可以把生活中的片断记载下来储存成电脑文件，以后可以随时回味。此外，你还可以把图片、声音或其他文件插入到日记文件中去，多有趣呀！日记还可以加密呢，这样，就不怕别人偷看你的日记了。试着写写吧！

67. 我怎样来控制自己的脾气

问题咨询

老师：

您好！

我今年读小学五年级，是家里的独生女，家庭条件优越，成长也是一帆风顺。其他方面我还是觉得很好很开心，可是有一点经常使我苦恼，就是在与人相处时，我常常为一些小事情发脾气。我父母不知道如何对待我，我的同学和朋友在和我交往的时候也很小心，他们不愿意与我过分接近。我已经意识到这样不好，可是自己又觉得不好改变。有什么好办法能让我摆脱爱发脾气的坏毛病吗？

小芳

心理分析

小芳同学爱发脾气的行为，涉及到情绪控制问题。情绪是人们对客观事物的主观态度和体验，人们的情绪很容易受到外界事物的影响，年幼的孩子尤其如此。

心理学研究表明，情绪具有明显的两极性，同学们可能都有过类似的体验，在受到老师表扬时往往感到精神振奋，情绪高涨，干劲十足；在受到挫折时，则容易垂头丧气，情绪低落，无精打采。

在我们周围，有许多的事物、事情会引起我们的情绪反应，所以一般人所具有的“喜怒哀乐”的表现，都是属于正常情绪的范围。但是正常的情绪反应都是有原因和适度的。如果经常无缘无故地或者没完没了地乱发脾气，那就是不良的情绪反应了。

生活中的不良情绪反应一般有三种。第一种是妄自尊大型。这种情绪反应的人总是以自己为中心，不管什么时候都要得到最好的对待，他觉得自己的条件应该是最好的，在学校同学们都应该听他的，别人得到的、享有的他也必须通通享有。这种人必须让他认识到他的要求是不合情理的。

第二种是受创伤型。这种类型的人与第一类人完全不同。研究发现，这种类型的人由于早年受过严重创伤而对生活失去了希望，他为了避免更大的失望，就期待着发生最坏的情况，以此来作为防备。于是，他预料学校考试自己肯定过不了，自己总是老师批评的对象，什么好事都不会发生在自己身上，相反，一有不好的事总有自己的份。对于这类人，恶劣的情绪比他所面临的实际困难更为可怕，因为这类人在生活中没有希望，对生活总是抱着玩世不恭的态度。

第三种类型是默许型。这种人想讨好每一个人。他去参加一个活动时想着：“我怎样才能在活动中赢得所有人的好感呢?”他时时刻刻揣测着别人对他的要求，结果，他反而不知道自己想要什么、需要什么了。他总是失望，因为他不能满足每个人的要求。

从来信可以看出，小芳同学身上出现了第一种不良情绪反应。因为她的家庭条件优越，成长中也没有什么挫折，又是独生子女，全家人围着一个孩子转，她不可避免地会认为自己理当高高在上，谁都不得违背自己的意愿；否则她就会不高兴，发小脾气，引起消极和不健康的情绪。因此，小芳同学的这种情况与家庭教育有很大的关系，为消除她的这种不良情绪，家长在教育方面应注意适当的方式方法。同时，小芳同学喜欢发小脾气，可能还与她年纪尚小，感情发展还不成熟，对情绪的自我控制能力还很差有关，但随着她身心的成长，随着自我控制能力的加强，她的这种毛病是有可能逐渐减少的。因此，小芳也没必要为此感到太过焦虑。

当然，我们还是有必要来加强对自己的不良情绪进行自我控制。毕竟，情绪是人的心理活动的重要方面，许多心理不适应的问题可归结为情绪问题。小学时期的情绪体验、情绪行为的健康发展和良好情绪品质的形成，是塑造完美个性的重要机制。那么我们应如何调节自己的不良情绪呢？

（1）回避。对于容易引起你的不良情绪反应的刺激，你可以采取回避的方法。俗话说，“眼不见心不烦”就是一种回避刺激的方法。不良刺激不在面前自然就不会有消极的情绪反应了。

（2）转移。在对人处世时，应该讲究策略。在不良情绪要发作时，你可以避开当前的刺激，去做或想些其他的事情，如听听音乐，看看电视，或者绘图写字，从而转移自己的注意力。注意力不在上面，也就不会有不好的反应了。

（3）学会宽容。要容纳不同意见，不计较个人得失。对打击、挫折要表现出自己的容忍力，要心胸宽广，而不是斤斤计较。当然，这都需要在现实生活中不断加强自己的控制力。

（4）倾诉。当你遇到麻烦时，可能会产生许多不良的情绪。这时，你可以找一个你信赖的人，倾诉你心中的烦恼；如果你实在没有理想的人倾诉，你也可以采用写日记、写信等方式进行自我宣泄。不良情绪得到发泄，心情也会好起来，更利于问题的解决。

自我实践

（1）当我们感到情绪不好时，请把令你烦恼的事写出来，然后自己回答3个问题：

①我为什么为这些事烦恼？

②这些事对我有什么用，有什么影响？

③烦恼发生的根源是什么？

最后，将自己的烦恼整理成文字，使自己对烦恼的认识由感性上升到理性，从而正确地对待和处理自己的烦恼。在生活中会有许多不愉快的事情发生，都会影响我们的情绪，关键是要学会调节自己的情绪。

（2）为自己设计一个“快乐的小天使”。小天使没有一点烦恼和忧虑，生活得非常快乐；并且，小天使非常善解人意，它能了解我们的烦恼，倾听我们的诉说。有烦恼的时候你就可以向小天使讲，它会帮助你解决困难的。

（冷荣兰）

精彩链接

皇帝长了驴耳朵

韩国有个民间故事，叫做“皇帝长了驴耳朵”。说是有一个皇帝长了一对驴耳朵，这个秘密只有理发师知道，皇帝命令理发师发誓不准泄露秘密，否则就处死他，理发师答应了。日子久了，理发师把这秘密压在心中很难受，几乎要发狂。然而，他又不敢对外人说出这秘密。如果说了既违背自己的诺言，又将招来杀身之祸。后来，他终于想出了一个两全之策：在家里的空地上挖了一个大洞，每天对着大洞狂吼几句：“皇帝长了一对驴耳朵！皇帝长了一对驴耳朵！”于是，他发泄了，心理也平衡了。

68. 你看电视成瘾了吗

问题咨询

老师：

您好！

我的孩子今年9岁，读小学二年级，成绩还算可以。但是，他太迷恋电视了，总是坐在电视机前，不爱和小朋友们玩，不愿学习也不愿写作业，也很少有什么其他的活动。请问，我该怎样管教他？

一位焦虑的家长

心理分析

童年时代对任何事物都充满好奇，也爱模仿，这是儿童的天性使然。“电视机”这样一个体积不大的发明，能够将五彩缤纷、丰富多彩的生活呈现在孩子们面前，给他们带来了观察社会、了解社会的机会，这是许多孩子都无法拒绝的一种诱惑。

为什么电视会如此吸引他们呢？这是因为电视节目很有意思。在这些节目中，不仅有五颜六色的各种色彩，还有快速的动作、各种各样的声音。所有这些都会刺激孩子们本能的好奇心。同时，年幼的我们还缺乏自控能力，所以就更容易对电视“成瘾”。再有，我们经常感到放学回家后就像被关进笼子里的小鸟，没有同伴也没有学习以外的其他事情可做，于是就只有看电视了。

但更进一步看，只想看电视而不想写作业的心理是因为我们没有明确的学习目标，缺乏强有力的学习动机和兴趣。爱学习的小朋友在看电视时经常会把从电视中得出的问题与自己的学习联系起来，如在电视上看到一个介绍小朋友养信鸽的故事，他就会产生这样的疑问：信鸽为什么能送信？它会不会迷路？它靠什么辨别和记住方向？带着这样的问题，他会去查找各种资料，通过各种途径以求得答案。而学习愿望不强烈的小朋友是不会产生这样的疑问的。

同学们爱看电视，从电视节目中吸取各种知识，可你们知不知道，长时间看电视会产生怎样的后果？如果我们整天埋头于电视节目，那么读书对我们来说就显得非常沉闷、没有意思，从而就会对读书形成一种排斥感。同时，经常生活在电视节目这种非现实的空间里，会使得我们很难学会处理好现实生活中与同学、伙伴之间的人际关系。整天埋头于电视节目，会逐渐封闭我们的心灵，使我们更多地生活在幻想的世界里，常常把和别人的接触和交往看成是一种不得已而为之的义务，从而会导致许多社交能力方面的问题和障碍。如有的同学由于用在看电视上的时间过多，还可能患上“电视孤独症”。整日与电视为伍，不关心周围的事物，对其他玩具不感兴趣，也不喜欢接触小伙伴，不看电视就会焦躁不安；看电视时讨厌别人打扰，还时常模仿电视中人物的动作和语言，似乎自己就是电视剧中的人。

如果你真有决心要摆脱电视的诱惑，那可以照着下面的方法去做，记住要持之以恒。

1．培养学习的兴趣

如果觉得对学习没有兴趣的话，那你可以试着课前预习。预习要掌握方法，不能只把书看完了事，那样还是不能提起我们的学习兴趣。你也可以试着通过便利的电脑网络或其他途径查找一些参考资料，变被动学习为主动学习，这样上课时就不会觉得无话可说，参与不进去了。

2．养成按时学习的习惯

“明日复明日，明日何其多。我生待明日，万事成蹉跎。”一定要养成定时学习、专心学习、及时完成作业的好习惯。

3．创设良好的学习环境

我们最好请求父母的配合。当我们看书、做作业时，要有一个安静的环境，不要在我们周围出现分散注意力的刺激，如电视节目、会客聊天等。当我们不能很好地控制自己离开电视机时，也要请求父母进行监督。

4．丰富课余生活

我们可以多借一些古今中外的名家读物，以及对学习、思想有益的课外读物看，还可以和父母或同伴一起游戏、散步、逛公园，丰富自己的精神生活，开阔自己的思想。

5．采用循序渐进的方法

譬如，正确完成作业的时间可以从 10 分钟、一刻钟起，逐步增加。还可以从自己感兴趣的事情入手，逐步过渡到其他应该做的事。

自我实践

时间管理

请你认识记录你一周中参加的各种活动所占用的时间，包括睡觉，花在各项工作、学习、家庭、朋友身上的时间，以及参加各种活动、兴趣爱好、身体锻炼、休闲活动所占去的时间。一周结束后根据每项活动所投入时间的多少，按照百分比分配在下面这张时间馅饼图中。完成时间馅饼图的绘制后，请思考以下问题：你是否将自己的时间分配得合理？如果不合理，能不能进行改变？

接下来，对你时间馅饼图中的各项活动进行分类，把馅饼图中的每项活动列入下面这张表中。如果你时间馅饼图中的大部分活动都集中在“紧急但不重要的事情”和“不紧急也不重要的事情”这两块上，那么你可能会令自己的目标变得遥遥无期，因此要对自己的时间安排进行适当的调整。要使自己的活动安排尽量往“不紧急但重要的事情”靠。

时间馅饼图

时间表

紧急且重要的事情	不紧急但重要的事情
紧急但不重要的事情	不紧急也不重要的事情

（钟丽凤）

精彩链接

美国一些幼儿园奖励少看电视的儿童

据美联社报道，为了不让孩子们总待在电视机前，纽约州库珀斯敦的16所幼儿园开展了一次少看电视的活动。电视机上被贴了“不看电视”的标语，孩子们会因不看电视而受到奖励。通过这项活动，孩子们看电视的时间减少了近1/4。幼儿园鼓励孩子们参加看电视以外的有趣活动，包括读书等。

如果孩子一整天都没有看电视，他们就会收到小礼物；幼儿园还开会表扬那些没有看电视的孩子。

在此次活动之前，43名2岁到5岁的儿童每周大约看14个小时的电视和影碟——这是美国儿科学院规定的上限，该院专家建议儿童每天看电视不应超过两个小时。在这项活动开展之后，孩子们看电视的时间缩短为每周不到11个小时。

库珀斯敦的巴西特保健研究所的芭芭拉·丹尼森博士对这项活动进行了调查。她说，这些活动在年龄大些的孩子中间同样奏效，此次活动的重要意义在于，它告诉人们，孩子在看电视尚未成瘾之前，是可以从幼年开始改掉这种习惯的。

第四部分

走过风雨

69. 爷爷突然离去了

问题咨询

一个月前，芳芳最敬爱的爷爷因为高血压突然去世了。这对她的打击实在是太大了。小时候因为爸爸妈妈忙于工作又外出进修，没时间照顾自己，她一直和爷爷奶奶住在一起，直到上小学才回到爸妈身边，她无法忘记爷爷的音容笑貌和对自己无微不至的关爱，可以说爷爷是她生命里的第一个启蒙老师。现在再也见不到爷爷了，芳芳整天以泪洗面，唉声叹气，默不作声，吃不下，睡不着，整天无精打采，连上课都走神，成绩也突然下降。芳芳是因为爷爷的去世而感到十分哀伤、痛苦。

心理分析

西藏生死书的作者索甲仁波切清楚地指出："接近死亡，可以带来真正的觉醒和生命观的改变。"接近死亡的一种形式就是亲人面对生死无常的时候。

接近死亡、观想死亡是宗教修行最重要的法门之一。佛陀临终时说："在一切足迹中，大象的足迹最为尊贵；在一切正念禅中，念死最为尊贵。"（西藏生死书，43 页）耶稣也邀请人们醒寤祈祷，不要像糊涂人一样，只顾着累积世上的财富，却忘记上帝有可能就在今夜索回我们的灵魂。西藏高僧甚至邀请人历历在目地观想自己的死亡，作为一种有系统的止观法门："观想死亡时的感受、痛苦、悲惨、无助、亲友的忧伤，了悟自己一生中已做或未做的事情。"想象："身体平躺在最后一张床上，口中呻吟着最后的几句话，心里想着最后的往事回忆，这场戏何时会发生在你身上呢？"（西藏生死书，39 页）

接近死亡是修行者在日常生活中不可忽略的功课，原因无他，人很容易遗忘生死而醉生梦死。

对于任何人，亲人好友突然离去的哀伤都像一片没有糖衣的苦药，对于芳芳这么小的小朋友来说，这副苦药更难吞咽下去，因为她没有办法寻找解脱哀伤痛苦的知识和经验。

哀伤是一种不良的情绪状态，是一个人的内心世界与外部突发事件不协调的反应，表现为自我封闭、消沉，长期下去，会造成心理问题，影响小朋友的健康成长。

自我实践

那么小朋友们如何摆脱这种可怕的哀伤，让自己开心、快乐起来呢？首先，作为小朋友们的父母，应多了解自己的孩子，多给些时间、空间和耐心，给小朋友们有力的支持。

（1）让孩子多休息。小朋友在哀伤时，会感到身体虚弱，筋疲力尽，做起事来力不从心，因此，爸爸妈妈要多关心孩子，多给孩子休息的机会。

（2）懂得让孩子理解死亡的全部含义，并耐心等待，让孩子慢慢适应，接受这个事实，摆脱这种不好的心境。

（3）给孩子更多的安慰、呵护，更多的交流，以弥补亲朋好友的突然离去给孩子带来的失落感。

对于小朋友自己而言，也要做出一定的调整和适应，排除哀愁，快乐起来。

（1）化哀伤为力量，努力学习，好好成长，不辜负爷爷生前对自己的期望与教诲。

（2）把对爷爷的怀念化为文字，写在日记本或作文本里，或把爷爷的照片夹在日记本里或相框里，思念爷爷时就看看日记，看看他的相片。

（3）参加体育锻炼。剧烈的运动会让人兴奋，在兴奋的体验中，人会变得精神振奋，如睡前可以和爸爸妈妈跳跳绳、踢毽子，累了就去洗个澡，就会睡得很香。

（4）增加与伙伴的交往。愉快的伙伴交往对人也会有特别的影响。玩得开心时，哀伤就会减轻；反之，不愿与人交往，就找不到新的快乐与满足，越陷越深，不能自拔，如请同学到自己家来玩或到同学家玩。

（5）投入到大自然中去。投入到美丽辽阔的自然界，人也会心旷神怡。如和爸爸妈妈一起去旅游、郊游等。

（张美兰）

精彩链接

快乐性格形成的秘诀

心理学家认为，快乐既是一种心情，也是一种性格。快乐的心情有起有伏，快乐的性格却较稳定。具有快乐性格的人，哪怕有不如意的事，也能乐观面对未来。研究证明，快乐的性格是可以培养的。为人父母者只要在以下几个方面留意，就可能培养出有快乐性格的孩子。

1．保持家庭的美满和谐

快乐的性格可能有一部分来自遗传，但主要是来自父母所创造的环境。在快乐家庭成长起来的孩子，长大后一定比一般人快乐一些。

2．给孩子提供决策的权力

这有助于他们建立自信心。对于年龄小的孩子，可让他们进行一些简单的选择，比如玩什么玩具、穿什么衣服或吃什么菜等。

3．密切同孩子之间的感情

在快乐性格的培养中，友谊起着重要的作用。父母虽不能操纵孩子的社会生活，但可通过加深同孩子的感情来密切彼此之间的关系。此外，还要让孩子经常与其他小朋友一起玩耍，让他在愉快的外部环境中接受熏陶。

4. 培养孩子的广泛兴趣

快乐的人生活往往是丰富多彩的。培养各种不同的兴趣对孩子尤其重要。如果父母能帮助孩子参与一些他感兴趣的活动，孩子们可能更加快乐。

5. 限制孩子的物质占有欲

心理学家说，他们发现拿走孩子的大部分玩具后，孩子反而变得更会动心思去玩，因而也更快乐。不要使孩子误以为快乐就是拥有比别人更多的东西。

6. 教孩子调整心理状态

父母应使孩子明白，有的人之所以一生快乐，并不是因为他们一帆风顺，秘诀在于他们拥有适应力很强的心理，这使他们能很快从逆境中振作起来。在孩子遇到挫折时，父母可为其指出其中的一线光明，并教孩子注意调整心理状态，到其能从快乐的事物中找寻慰藉为止，如听音乐、读书、骑自行车或同朋友谈论某个问题等。

70. 爱撒谎的孩子

问题咨询

星星离家出走好几天了，爸爸妈妈急得像热锅上的蚂蚁，四处寻找。直到派出所民警打来电话，他们才明白星星已经走到了危险的边沿。当星星说出了许多事情的真相时，爸爸妈妈非常震惊。“我最开始是个很诚实、很听话的孩子，爸爸妈妈也管得特别严。有一次，几个好朋友约我去玩游戏，没想到越玩越上瘾，结果被妈妈发现了，她使劲用凳子砸我，痛得我在地上打滚，当时我又气又恨。后来又有一次忍不住和同学去玩，很晚才回来，生怕妈妈又打我，于是撒谎说在路上遇到需要急救的老人，要护送他上医院，结果妈妈不仅没有批评我，还夸奖了我。从此，每次遇到什么害怕的事就想方设法撒谎，尽量不让别人知道，特别不让爸爸妈妈知道。这次是因为实在没钱了，偷了别人200元钱去玩游戏，结果就被抓住了。”

心理分析

当然小朋友的谎言有时是善意的，合理的，如用来安慰和鼓励别人或表示自我谦虚的谎言，这叫善意的谎言；还有的小朋友偶尔撒一两次谎，意识到不对之后马上纠正，这也不会产生什么坏的影响；但如果一直撒谎甚至采用欺骗的方式对待家长、老师、同学，那后果就不可想象了。像星星这样的小朋友撒谎的主要根源在于：

1. 为了满足自己的某种需要

正常的途径得不到满足，就采用欺骗的手段得到。一旦家长、老师没有识破，就自鸣得意，得寸进尺，下一次又重演，导致了一些不良的行为习惯。

2. 为了逃避惩罚

每个小朋友都会犯错误。如星星的妈妈对小孩的错误缺乏必要的理解和宽容，没弄清原因就又打又骂，使得孩子心理和身体都承受不了。为了不受皮肉之苦，孩子就用说谎、作假来掩盖，如很多小朋友躲在校门口抄同学作业，躲在家门口涂改卷面分数，或模仿爸爸妈妈笔迹在作业本、试卷上签名写评语。

3. 父母不良行为的影响

爸爸妈妈带小孩乘车，为了不买票，谎称孩子身高未达到；别人来借东西，家里有的硬说没有，慢慢地小朋友们受家长的影响，也学会了撒谎。

学会做个诚实的孩子，培养良好的道德品质，也为了帮助像星星那样的小朋友矫治撒谎的恶习，小朋友们一定要和家长密切配合，全力以赴。就家长而言，应注意以下几方面：

（1）追踪孩子说谎的原因。特别是父母管教很严厉的家庭，孩子更容易撒谎。面对接受严厉的惩罚和撒谎两难选择，孩子会因恐惧而冒险撒谎。因此，家长要多和孩子沟通，多给予信任、表扬和奖励，注重孩子诚实品质的培养。

（2）不放纵说谎行为。一旦怀疑孩子撒谎，就要马上核实，让孩子明白只有说实话才对，那么孩子说谎的机会就会越来越少。

（3）创设民主和谐的家庭气氛。父母平等地对待孩子，孩子才敢说真话，才会信任父母，才会慢慢消除说谎的外在因素。

（4）父母不说谎，起到榜样、示范作用。即使出于社交或某种需要而说谎，也不能被孩子看破或干脆跟孩子解释清楚。让孩子懂得说话算数、诚实守信是做人的道理。

对于小朋友自己而言，要积极向上，尊重、信任大人和身边的同学朋友，尽量做到诚实守信。

（1）碰到为难的事跟家长老师解释清楚，不要让他们产生误解，而给自己造成压力。

（2）要敢于承担责任，自己做错了事自己承担责任，并勇于改正。

（3）多向品德优秀的同学学习，多阅读名人故事、寓言故事等，如有关列宁的“诚实的孩子”的故事。

（4）积累有关的警句格言，不断教育自己，鞭策自己，提醒自己，如“谎言难论事实”、“事实胜于雄辩”等。

自我实践

如何矫正孩子的不诚实行为

对于如何矫正孩子的不诚实行为，我们可以作如下操作。

（1）与孩子一起商定并明确诚实的各种表现，并用纸写下来。这些行为表现要越具体越好。如“及时准确汇报学习成绩”要写成“知道学习成绩后两天之内要把各科成绩的分数告诉父母”。如“零用钱的用处要诚实汇报”要写成“在父母需要的时候，零用钱的用处要能拿出使用清单，不能相差一分钱”。

（2）把写下来的所有的诚实要求按实际行动的难度排一个序，要与孩子一起商定。

（3）要把做到或没有做到的每一项诚实行为的强化措施写下来。如孩子做到了“知道学习成绩后两天之内要把各科成绩的分数告诉父母”之后，父母则表扬而不批评，无论考得如何。相应地，还要问孩子需要父母给予什么帮助。如果没有做到，扣发零用钱，要受到批评，还要罚做课外练习等。

（4）孩子在实行诚实行为时，父母相应的义务也要写出来。如孩子在诚实汇报了自己的学习成绩之后，父母因孩子的学习成绩不佳而批评了孩子，父母就犯规了。父母也要受到孩子的惩罚。如一定要拿出双休日半天的时间陪小孩子逛公园等。

精彩链接

强化理论

强化理论是美国行为主义心理学家斯金纳提出的一种观点。他根据“操作条件反射”的实验与原理，认为人或动物为了达到某种目的会采取一定的行为作用于环境。当这种行为的后果对他有利时，这种行为就会在以后重复出现；不利时，这种行为就会减弱或消失。人们可以用这种正强化或负强化的办法来影响行为的后果，从而修正其行为，这就是强化理论，也叫做行为修正理论。

强化理论是以强化原则为基础的关于理解和修正人的行为的一种学说。所谓强化，从其最基本的形式来讲，指的是对一种行为的肯定或否定的后果（报酬或惩罚），它至少在一定程度上会决定这种行为在今后是否会重复发生。“守株待兔”的寓言故事就是强化理论的体现。因此，根据强化理论，对于撒谎的孩子，不要总是盯着孩子的撒谎行为不放；相反，要努力去发现并奖励孩子不撒谎的时候或事情，同时要刻意去淡化甚至忽视孩子的撒谎行为。慢慢地孩子不撒谎的行为就会越来越多，撒谎的行为就会越来越少，直至最后消失。

在强化一种复杂行为时，分阶段设立目标，并对目标予以明确规定和表述。只有目标明确而具体时才能进行衡量和采取适当的强化措施。同时还要将目标进行分解，分成许多小目标。完成每个小目标都要及时给予强化，这样不仅有利于目标的实现，而且通过不断的激励可以增强信心。如果目标一次定得太高，会使人感到不易达到或者说能够达到的希望很小，这就很难充分调动。

71. 我改不了咬指甲的坏毛病

问题咨询

老师：

您好！

我是五年级的学生了，心理很烦乱，老改不了一些坏毛病，例如咬指甲。对，我经常咬，想改也改不了。为此我会睡不着，躲在被子里哭，我该怎么办？希望你能回信给我，尽快……

五（2）班　李玉萍

心理分析

咬指甲是一种不良嗜好，心理学家认为，这是儿童期一种发病率较高的行为障碍。据调查资料表明，7 岁前的儿童，“经常”和“几乎整天”咬指甲的高达 30%。

众所周知，婴儿在饥饿、寂寞无聊、焦虑不安、身体有疼痛或其他不舒服时，常会不自觉地吸吮手指，这样可以减轻焦虑、转移注意力等。孩子如果偶然出现这些行为或持续时间不长，不应视为病态。随着孩子年龄的增长，身心的成熟，与外界接触的增多，咬指甲的行为会在不知不觉中消失。

年龄大的孩子咬指甲的行为常发生在他们聚精会神地看电视、听故事、找东西、做作业、想问题或孤独时。心理学家认为，咬指甲一般发生在情绪紧张或抑郁的时候，常伴有睡眠障碍、磨牙齿、吮手指头等症状。这样的孩子从咬指甲中常常可获得一些心理安慰，从而缓解焦虑紧张，或者获得一些快感，于是逐渐形成了顽固性习惯。有的人咬指甲是孩提时代对父母咬指甲行为的模仿。

导致有些小孩子常咬指甲的原因比较复杂，常见的主要有如下几种：

（1）家庭不和，关系紧张，导致孩子幼小的心灵受到创伤，感觉特别压抑。因长期找不到排解的办法，只好自己孤独一人咬指甲。

（2）小朋友承担的压力过大。家长的期望值过高，给孩子不适当甚至过分增加各种压力，孩子无法减轻心理负担，便只有靠咬指甲来分散精力、减少压力。

（3）家长工作太忙，没有更多的时间与自己的孩子交流，小朋友得不到家庭温暖或家长喜爱，经常生活在孤寂狭小的天地里，只有靠咬指甲来打发寂寞的时光。

（4）家长缺少对孩子卫生和健康状况的关心和呵护，比如指甲长了不替他修剪，孩子只好以牙代剪，日久天长，便成了一种挥之难去的习惯。

（5）当然还有些小朋友在想问题时也会习惯地咬笔头或咬指甲，久而久之就形成了一种坏习惯，好像不咬，手就没地方放似的。

由于对儿童咬指甲的治疗和矫正并不是一朝一夕就能见效的，矫治的过程需要较长的时间，因此，首先父母不但要有信心和耐心，还要教会患儿增强信心和自制力，改掉坏行病。采取父母监督和孩子自我监督相结合的方法，鼓励和惩罚机制相结合，巩固治疗的效果，只要能坚持治疗一段时间，就能达到戒除儿童咬指甲的不良行为。

自我实践

测试你的自制力有多强

下列各题中，每题有5个备选答案，根据你的实际情况，选择一个最适合你的答案：A. 很符合自己的情况；B. 比较符合自己的情况；C. 介于符合与不符合之间；D. 不大符合自己的情况；E. 很不符合自己的情况。

测试题

（1）我很喜欢长跑、远足、爬山等体育运动，但并不是因为我的身体条件适合这些项目，而是因为这些运动能够锻炼我的体质和毅力。

（2）我给自己定的计划，常常因为主观原因不能如期完成。

（3）一般来说，我每天都按时起床，不睡懒觉。

（4）我的作息时间没有什么规律性，经常随自己的情绪和兴致而变换。

（5）我信奉“凡事不干则已，干则必成”的信条，并身体力行。

（6）我认为做事情不必太认真，做得成就做，做不成便罢。

（7）我做一件事情的积极性，主要取决于这件事情的重要性，即该不该做；而不在于对这件事情的兴趣，即想不想做。

（8）有时我躺在床上，下决心第二天要干一件重要事情，但到第二天这种劲头又消失了。

（9）在学习和玩耍发生冲突的时候，即使这种玩耍很有吸引力，我也会马上决定去学习。

（10）我常因读一本引人入胜的书或看一出精彩的电视节目而忘记时间。

（11）我下决心办成的事情（如练长跑），不论遇到什么困难（如腰酸腿疼），都会坚持下去。

（12）我在学习和工作中遇到了困难，首先想到的就是问问别人有什么办法。

（13）我能长时间做一件事情，即使它枯燥无味。

（14）我的兴趣多变，做事时常常是这山望着那山高。

（15）我决定做一件事时，说干就干，决不拖延或者落空。

（16）我办事喜欢挑容易的先做，难做的能拖则拖，实在不能拖时，就赶紧匆匆做完，所以别人不大放心让我干难度大的工作。

（17）对于别人的意见，我从不盲从，总喜欢分析、鉴别一下。

（18）凡是比我能干的人，我不大怀疑他们的看法。

（19）我喜欢遇事自己拿主意，当然也不排斥听取别人的建议。

（20）生活中遇到复杂情况时，我常常举棋不定，拿不定主意。

（21）我不怕做我从来没有做过的事情，也不怕一个人独立负责重要的工作，我认为这是对自己很好的锻炼。

（22）我生来胆怯，没有十二分把握的事情，我从来不敢去做。

（23）我和同学、朋友、家人相处时，很有克制能力，从不无缘无故发脾气。

（24）在和别人争吵时，我有时虽明知自己不对，却忍不住要说一些过头的话，甚至骂对方几句。

（25）我希望做一个坚强的、有毅力的人，因为我深信“有志者事竟成”。

（26）我相信机遇，很多事实证明，机遇的作用有时大大超过个人的努力。

1. 测评标准

单数题号：A 记 5 分，B 记 4 分，C 记 3 分，D 记 2 分，E 记 1 分。

双数题号：A 记 1 分，B 记 2 分，C 记 3 分，D 记 4 分，E 记 5 分，各题得分相加，统计总分。

2. 测评分析：

111 分以上：自制力很强；91 ~ 110 分：自制力比较强；71 ~ 90 分：自制力一般；51 ~ 70 分：自制力比较弱；50 分以下：自制力很薄弱。

（张美兰）

精彩链接

孩子咬指甲行为的矫正

由于咬指甲行为大部分源于小孩内心的紧张，因此，要矫正这种行为，首先要给孩子一个宽松的家庭人际关系环境。有些家长缺乏耐心，态度粗暴，讥讽、嘲笑孩子，甚至打骂、恐吓孩子；还有些家长用纱布把孩子的手包上，以此来阻止孩子的这一行为。这些不良的矫治方法，往往会加重孩子的心理负担，效果适得其反。要矫正这种行为，可以试一下以下操作：

(1) 与孩子交谈一次，对他的这种行为首先要表示理解，并告诉他，这不是什么见不得人的行为，也并不是他一个人是这样，但这是一种不卫生的行为。绝对不能指责。问他内心是不是有什么紧张的。还要告诉他这种行为是不卫生的。在“咬指甲”是一种不好的行为的观念上要取得一致。

(2) 问他喜欢玩什么。有空时，家长可陪孩子出去玩，让孩子保持轻松愉快的心情。

(3) 与孩子商定，当孩子想咬指甲时，父母在身边，一定要向父母报告。孩子向父母报告了这种行为时，父母不可以指责。当孩子想咬指甲时，家长应尽量用其他活动吸引孩子的注意力，让孩子在不知不觉中终止这一行为。如把一件孩子喜欢的玩具放到他手中，或边讲故事边把孩子的手从嘴里移开。或让孩子做自己喜欢做的事，比如电脑、拼图、绘画、奏乐器等。当父母不在身边时，小孩子自己也要学会用转移的方法来转移注意力。孩子每做一次这样的努力，父母都要给予鼓励或奖励。久而久之，效果就明显了。

另外，不要过分限制孩子动手的行为。有些家长注重家庭摆设得整齐，孩子在家里，这也不让摸，那也不让碰；出门在外则过分强调卫生和安全，对孩子的各种动手行为进行限制。这样会束缚孩子的手，压制孩子好奇探究的天性，使孩子感到生活单调，容易产生紧张、抑郁、孤独、沮丧等不良情绪。让孩子的手参与到各类活动中，邀请同龄的小朋友和孩子一起做手工、做游戏、玩玩具，去户外滑冰、踢球、骑车，让孩子心情愉悦，没时间将手放进嘴里。应定期给孩子修剪指甲，防治指甲感染和表皮损伤。

72. “丑小鸭”的烦恼

问题咨询

老师：

您好！

我是个10岁的女孩，长得不好看，成绩也不太好，老师、同学好像都不喜欢我，每次搞集体活动，比如“六一”排节目总没有我的份。我就像一个被人遗忘的多余者，我自卑极了，都说童年无忧无虑，我的童年却一点也不快乐，燕子姐姐，你能帮帮我吗？

四（3）班 周洁

心理分析

就像这位女孩一样，处在这种年龄的同学，自我意识逐渐增强，越来越关心自己的高矮、胖瘦、相貌、肤色等，还特别爱照镜子，不少同学还收集明星的照片，进行形象比较和分析，因为“爱美之心，人皆有之”，大家都希望自己长得像“白雪公主”一样漂亮可爱，特别是女孩子。

另一方面在现实生活中，人们往往也觉得一个漂亮的小孩比一个丑的更讨人喜欢，也就会给予她更多的爱，但是“丑小鸭”们同样也有被爱的渴望和被尊重的需要，却只因为容貌丑而得不到关爱，所以就会感到挫折、痛苦和自卑。

这里先介绍一则寓言故事吧。

有位园丁，一天早晨，当他到花园里去的时候，发现所有的花草树木都萎谢了，园中充满了衰败景象，毫无生气。他非常诧异，就问花园门口的一棵橡树：你们究竟出了什么事？后来他得知，橡树因为自怨没有松树那样高大挺拔，所以就生出厌世之心，不想活了；松树又恨自己不能像葡萄藤那样结果子而沮丧；葡萄藤也很伤心，因为它终日匍匐在地，不能直立，又不能像桃树那样绽开美丽的花朵；牵牛花也苦恼着，因为它自叹没有紫丁香那样芬芳。其余的树木也都有垂头丧气的理由，都埋怨自己不如别人。这时，有一棵小草却长得青葱可爱。于是园丁问它：“你为什么没有沮丧？”小草回答道：“我没有一丝灰心，一毫失望。我在园中虽然算不上重要，但是我知道你需要一株橡树、一棵松树，或者葡萄藤、桃树，或者牵牛花、紫丁香，你才去栽种它们；我知道你也需要我这颗小小的草，我就心满意足地去吸收阳光雨露，使自己天天成长。”

这个富有哲理性的故事告诉我们：世界上没有十全十美的事物，也没有完全一样的东西。那么，人也一样。成绩不够好的人，也许卡拉 OK 唱得很棒；不够聪明的人，也许心地善良；你也许数学不好，可是能写出很好的文章；你貌不出众，可你人缘很好。只要仔细观察身边的人，你就会发现，再优秀的人，总有他的缺点和瑕疵；再差的人，也总有他的优点和独特之处。这就是“尺有所短，寸有所长”的道理。明白了这个道理，你就会在思想上豁然开朗，从而悦纳自己，接受现实，避开弱点，最大限度地发挥自己的长处。这样，你也许将来会成为歌唱家、文学家、社会活动家或慈善事业家。

追求完美，是人的向上天性；可是不完美却是人生的真实和生活的真实，如果总以幻想中的“完美”来要求自己，那就永远走不出自卑的泥沼。而自卑，又像一堵看不见的篱笆墙，把自己隔离和封闭起来。因为自卑，他们有了退缩乃至失败的借口。自卑消磨了少男少女们的青春热情和朝气，也扼杀了他们的进取精神，使他们成为同龄人中的落伍者。

相反，自信却是医治自卑的良药。它使人乐观、向上，增添无穷的力量；它更使人在与异性交往时热情爽朗、落落大方。一位著名影星说过：“充满自信的丑超过缺乏自信的美。”自信让自己看到自身的闪光点，看到未来的希望。

有这么一个学生长相平平，自己悲观失望，自卑感非常强。为了改变这个学生，老师和其他同学约好，每天有一个人送给她一束花，并不断赞美她。此后，班里每天有一个学生送给她一束花，并赞美这个女生如何如何美。时间一长，这个女生真的相信自己很美，自卑感荡然无存，面部也不断露出微笑。她真的变成了人见人爱的姑娘。

自我实践

抬头挺胸

许多心理学家将懒散的姿势、缓慢的步伐跟对自己、对工作以及对别人的不愉快的感受联系在一起。但是心理学家也告诉我们，借着改变姿势与速度，可以改变心理状态。你若仔细观察就会发现，身体的动作是心灵活动的结果。那些遭受打击、被排斥的人，走路都拖拖拉拉，完全没有自信心。

普通人有“普通人”走路的模样，做出“我并不怎么以自己为荣”的表白。另一种人则表现出超凡的信心，走起路来比一般人快，像跑。他们的步伐告诉整个世界：“我要到一个重要的地方，去做很重要的事情，更重要的是，我会在 15 分钟内成功。”使用这种“走快 25%”的技术，抬头挺胸，走快一点，你就会感到自信心在滋长。

一个人有信心、有力量便昂首挺胸；没有信心、没有力量就无精打采，垂头丧气。学会自然地昂首挺胸，就会逐步树立信心，提高信心。

请学生朋友自己每天在从学校到家里的路上开始训练。每天告诉自己：“我能很快到家，我会很快到家，抬头挺胸是告诉别人，我很自信，我很有力量！”

（张美兰）

精彩链接

让丑小鸭变成白天鹅

1. 给老师家长的建议

(1) 多给予这些小朋友表扬、鼓励，让他们看到除了自己的容貌外，还有很多的优点和可爱之处。

(2) 不应该排斥、歧视甚至贬低他们，让他们觉得自己一无是处。

(3) 尽量创造机会让他们尝试，发挥自己的聪明才智，对学习、生活充满信心。

2. 给小朋友的建议

小朋友们自己还要扭转观念，加强对美和丑的认识与理解，驱除各种烦恼。

（1）不要过分在乎自己的容貌，小朋友们之间互相交往，更看重的是修养、品德、学识、才华，是否有共同兴趣爱好等，外貌的好坏是不重要的。

（2）要正视现实，坦然面对。一个人的美丑是天生的，是难以改变的事实，有些小朋友为此感到很自卑、敏感、多疑，特别在乎别人对其容貌产生的反应。如脸色、眼神、语气等，特别忌讳“胖”、“黑”等言辞。你越忌讳别人就越好奇，越怕被人嘲笑就越易被人伤害，还不如大大方方，坦然面对。

（3）克服不良的心理暗示。生活中很多人相貌平平，如果你消极自卑、弓肩缩背、低头愁眉，反而给别人的印象不好；反过来，你若聪明、伶俐、活泼大方，自然给人可爱的感觉。

（4）扬长避短，充分发挥自己的潜能。长得漂亮的女孩往往因为美丽而自我骄傲、自我陶醉，缺乏奋斗力；不漂亮的女孩则发挥自己的聪明才智，如学习优秀、心地善良、兴趣广泛，反而会赢得别人的赞美、认可和喜爱。

（5）提醒爸爸妈妈及老师们不要总是以貌取人，要采取欣赏教育的方式。以坦然的心态影响自己，正确认识自己，因为健康的心态有助于使丑小鸭变成美丽的白天鹅。

73. 如何纠正口吃

问题咨询

这段时间，我觉得特别烦，原来我是个聪明可爱、能说会道的孩子，可自从妈妈迷上了打麻将之后，爸爸妈妈经常吵架，我总是被夹在中间受气。现在的我变得沉默寡言，整天无精打采。有时说句话，就结结巴巴，口吃得厉害。爸爸妈妈每天都批评我，越大越没用，小时候说话挺好的，长这么大了还结巴。可是我在学校里，和同学们一起玩得开心的时候，就好多了，口吃没有在家里那么厉害，我自己也觉得很奇怪怎么会这样。其实有时我有很多话憋在心里，就是怕自己一开口会结巴，会被人笑话，我怎么才能变得和以前一样呢？我很喜欢以前的我，开心快乐，想说就说，想做就做。

四年级　多多

心理分析

从多多的日记中，我们可以看出，多多就是因为在家里得不到父母的关爱，还经常夹在父母的吵闹中受气，从而形成了忧愁、不愿说话、偶尔说说话就口吃的习惯。口吃是指正常的言语节奏发生障碍。

导致小朋友口吃的原因有很多种：有人认为与心理因素有关，如突然的精神刺激，就像前面提到的多多；有人认为是一些小朋友的父母过分矫正孩子的发音或小朋友模仿他人的口吃；有人认为与素质有关，如大脑西半球对言语器官的控制发生冲突；还有人认为是由于有的小朋友具有犹豫不决、经常反复的性格倾向等。其直接原因是发音器官的痉挛，表现为重复第一个字、词或句子，或中途某个音难发而中断，致使无法表述完整的意思，当使劲说出时伴有挤眉弄眼、歪嘴、嘴唇颤动、头部晃动等动作。

一般患有口吃的小朋友总会感觉很难为情，很痛苦，并因此而羞怯、自卑、孤僻，情绪不稳定时还会影响睡眠，或睡梦中突然惊醒。小朋友们一旦有了口吃现象，先要去看一下医生，如果是生理的原理，就让医生进行治疗。如果是心理的原因为主，要想矫治它也不能操之过急，需要时间，需要家长有足够的耐心，要持之以恒。可通过以下方法来帮助矫正：

（1）家长们应为孩子创造轻松、愉快的精神环境。家长应尽量表现出对孩子的喜爱、关心，让孩子和自己开心地交谈；并争取每天抽出一定时间和孩子聊一些轻松愉快的话题。不管孩子说得怎样，家长都要耐心听，不要打断他，让他充分放松地来表达自己的心愿和感受。家长应尽量多地给孩子以鼓励和欣赏。

（2）小朋友说话时不要着急，要想好了再说。做到胸有成竹，有备而来。

（3）可用边呼气边数数的方法，养成缓慢呼气的习惯，或跟随适合自己的音乐旋律，有节奏地数数。因为当气流自如地流经喉头，呼气均匀时，你讲话速度也因此加快。

（4）一旦遇到口吃时，干脆先停下来，克制自己。

（5）尽量控制语言速度，和家长交流谈话时，要放慢速度，细声细语，这样就可以减轻产生“口吃”的心理压力。

（6）多参加各种活动是解决口吃的一个突破口，小朋友在各种活动中会强化自己的言语能力。同时，还应进行朗读训练、背诵训练，交谈训练，才能有效地矫治。

当然，如果有必要的话，小朋友应该和家长一起去见见医生，向专家进行咨询和治疗。

自我实践

朗读和背诵训练

（1）请家长或老师找一段易读的句子。低年级的小朋友可以给他 50～100 字的句子。高年级的则可以是 150～200 字的句子。根据个人的能力，字数还可以增加。

（2）先让小孩读 10～15 篇。在读的过程中要求他尽量不要重复，想重复时自己停下来一会儿，再接着读下去。跟他说不要急，要慢慢来，多给他鼓励，不能指责和羞辱。

（3）等他读到了可以把这段文字背下来的时候，就让他背诵5～15篇。在背诵的过程中要求他尽量不要重复，想重复时自己停下来一会儿，然后再接着背诵下去。要求他不能急，要慢慢来，多给他鼓励，不能指责和羞辱他。

（4）一段文字过关以后，给予一定的奖励，帮助他树立信心。

精彩链接

如何锻炼孩子的自制力

首先，可以通过与其他人的合作来锻炼自我控制的能力。比如，有个孩子在上五年级时，家长给的零花钱是有限的，但他经常买零食吃，月初给的钱两三天就花完，以后的日子就只有馋的份儿了。于是，他就请好朋友帮忙替自己拿零花钱，每天给一定的数目。这样，就很好地锻炼了自己的自制力。

其次，可以用循序渐进的方法来增强孩子自控的能力。比如，你可以让孩子在第一周时每天学习半个小时玩10分钟，如果这很容易做到，第二周每天学习40分钟玩15分钟，这也做得很好时，就可以每天学习40分钟玩10分钟。再次，锻炼自己的意志力。积极的心理暗示可以用来形成过人的意志力。比如，当坚持不下去时，告诉自己："我一定行，只要坚持!""太棒了，我又完成了一道题！还有三道题，我就大获全胜了!"等等。

最后，家长可以采取适当的奖励来鼓励已形成的自制能力。当孩子有了好的变化时，如果得不到及时的关注和奖励，这种行为可能会退缩，回到原来的状态。我们可以采取以内在奖励为主，外在的物质奖励为辅的手段来对孩子进行奖励。内在的奖励，比如用真诚的赞赏的语气对孩子说："你真的长大了，如果你坚持下来的话，你一定会成功的!"

尤其是那些平时很少跟孩子交流的家长，家长的关注会让孩子更加坚定上进的信心。比如，当孩子通过一段时间的努力行为有了很大的提高，并有了实质性的成绩，你可以对他进行适当的物质奖励。像全家一起去动物园啊，或者他很早就想要的一本书一个玩具等。而不要说："你今天要是能连续学习一个小时我就给你买件新衣服!"那样做，会使孩子的自制力形成的过程带有表演性质，不利于孩子真正发展。

74. 了解性，了解自己

问题咨询

二年级小朋友浩浩跟妈妈去上街，他同班的女同学向他打招呼，没想到浩浩把头扭过去，理都不理，他妈妈很奇怪，责怪儿子不讲礼貌。没想到浩浩振振有词地说："男女生不能对视的，上街不能跟女生讲话，要不就是勾引女生！"浩浩的话对吗？

心理分析

很明显，这位小朋友缺乏正常的男女同学交往的意识。其实，现在很多三四年级的小学生开始公开或私下里谈论"丰胸"、"老婆"等成人话题，但仅仅是简单地模仿电影、电视里的台词或模仿现实生活中的所见所闻，并没有真正理解这些词的意义、内涵，这说明当今小朋友们非常有必要了解性健康知识，才能更好地了解自己，爱护自己，更健康更正常地进行人际交往，特别是男女生交往。

和爸爸妈妈那一代人相比，现在的小朋友的性意识觉醒更早，因此，对两性更具有神秘感，这也是很正常的。以下几方面可以说明这个问题：

（1）和以前同龄孩子相比，如今的小朋友个子高了许多，生理、心理成熟得更早，懂事更多更早。

（2）当今的电影电视、报纸杂志过多地涉及到男女两性间的行为及性暴力现象，这些都潜移默化地影响着少年儿童，过早地催熟着少年朋友们的性意识。

（3）家庭、学校没有很好地引导教育孩子，甚至避而不谈，使得看起来简单、合理的问题变得尴尬、神秘、可怕起来，小朋友们对此有的好奇，有的厌恶，有的根本一无所知。

一方面，孩子们的性意识提前启蒙；另一方面，有关的性教育又严重滞后，于是，孩子们对生理健康及性健康知识似懂非懂，对自己的生理发展变化及两性知识不了解，反而造成如下一系列问题：

（1）在年幼时期，孩子们由于缺乏对自身生理及其变化的了解，不懂得合理保护自己。

（2）会影响孩子们长大后的人际交往及其婚恋观念。

（3）有些学生出现学习、思考能力下降，注意力难以集中，甚至厌学、厌恶和别人交往，特别是异性交往。

自我实践

及时对小朋友进行健康的性知识教育，加强小朋友们的自我了解与自我保护意识，这是家庭与学校教育的重要职责。具体来说，可以从以下方面入手：

（1）从幼儿园起，特别是从 6 岁开始，家长、老师就要进行相关的性知识教育，如我从哪里来？爸爸为什么长胡须？

（2）尽量不让孩子看那些不利于孩子身心健康的电影、电视及报纸、杂志等，避免带来负面影响。

（3）碰到问题应及时给孩子合理的解释。如有位小朋友在自己的日记中写道："我妈妈病了，得的是人工流产病。"这时老师或家长就应对孩子做出适当的解释"什么叫人工流产"。

（4）小学生遇到类似的问题应多向老师和家长求教，不要胡猜乱想，人云亦云，甚至盲目模仿。

（5）多阅读有关的书籍或观看知识片，了解性健康知识，进一步了解自己的心理、生理发展变化与特点，更好地保护自己。

（张美兰）

精彩链接

儿童期常见的几个性心理问题

儿童期是向青春期过渡的时期。弗洛伊德认为，这一时期是性心理发展的"潜伏期"。此时期儿童性别意识强，同时对异性的好奇心开始增强，很想自己探索性的秘密。由于这种性心理的存在，相应地出现了一些性心理问题，这些问题可能对一个人整个性心理的发展过程产生影响，严重的可导致成年后性心理变态。

1. 儿童手淫

儿童期手淫是生长发育过程中的正常现象，大部分成年人在儿童期都有过手淫，这无须惊讶，它对身体也无大伤害。然而，对待手淫的态度和处理方式对于儿童心理上所产生的影响，却远远大于手淫本身所带来的影响。态度正确，处理方式得当，可使儿童性心理健康得到发展。一旦失之偏颇，儿童性心理就可能会走上偏常发展的道路，影响整个心理健康的发展。

例如，早年儿童的过分手淫起着强化性欲的作用，使得性欲亢进。而社会对此行为的唯一处理就是禁止，这种无意识的性本能自发要求与社会意识制约之间产生的矛盾，如果这种矛盾得不到正确疏导，将造成各种心理障碍，产生多疑、紧张、焦虑、恐惧、抑郁和自罪自责等。

另外，儿童缺乏正确的性知识，受传统性意识的影响，手淫可能使他们自身有不洁感，使他们的自我形象和自尊心严重受损，引起羞辱、自卑、沮丧、离群和孤僻。甚至甘愿堕落，成为性犯罪者。

2. 性身份和性角色的认同障碍

一般说来，儿童期的认知水平已发展到一定程度，具有性的自我识别能力，能够意识到自己的性角色，接受性角色的要求。但有些父母不管孩子的真实性别是什么，硬要按照自己的性别愿望打扮孩子，结果影响了儿童的性别行为和对自己性别的心理选择，引起性角色认同障碍。久而久之，造成性角色的混乱与性心理的倒错。因此，我们对儿童性角色的要求和教育一定要符合儿童自身的性身份，不能按照自己的愿望培养儿童的性角色。

3. 不适当的性接触

儿童期具有幼稚好奇、善于模仿、丰富的想象力和强烈的求知欲的天性。他们对性器官和性交往的认识既新奇又浮浅和朦胧，他们学着大人的样子亲吻、爱抚，但却不懂得其中的含义。这种不适当的性接触和性体验本身并无多大危害，但如果不被正确引导，或被大人打骂、惩罚，就有可能导致他们长成后的性变态，严重影响性心理的正常发展。

4. 儿童与父母不恰当亲近关系引起的性心理障碍

父母与儿童之间应该有一定的亲近行为，如抚摩、亲吻、搂抱等。这样的行为保持在一定的限度内，对儿童的性心理向健康方面发展是有益的，过少与过分的亲近都会有损于儿童身心健康发展。

再如过分的亲近使得儿童长大以后，一旦缺少一点爱，就会表现出胆小怕事、焦虑、感到失去安全感，并试图以孩子气式的方式缓解这种恐惧。儿童期摆脱不了对父母的性吸引，成长以后就会产生心理障碍。弗洛伊德认为成年期的神经症往往是由于儿童期与父母关系不正常形成的症结而引起的。因此，父母应正确引导孩子并使其摆正这种关系。

75. 子女一定要听父母的话吗

问题咨询

老师：

您好！

这次写信，我想对您说的事十分令我伤心。大人们常在一起说，女孩子上了初中，成绩就会下降，那是因为女孩子上了初中，心思全放在吃喝穿上了，特别是穿，有好多女孩上小学时成绩一直名列前茅，可一升了初中，全部一落千丈。妈妈经常这样说，因为再过不久，我就小学毕业了。可我偏偏是个倔强的女孩，总不愿意听妈妈的摆布，妈妈规定我每天穿的衣服，每次我拒绝妈妈时，她便会冷漠地说："哼，还保证上初中不会挑穿，这不，小学还没毕业就挑三拣四。我看呀，你将来没有希望了！"每次我听到这话，心就一阵又一阵地紧张，真想大哭一场。虽然我想哭，但我从不在妈妈面前哭，我不会让妈妈看不起我。其实，我也知道，妈妈的所作所为全部都是为了我，但教育的方法有多种，为什么偏偏要用激将法呀？

一位心灵受到伤害的女孩　杨媛

心理分析

在网上有一则调查：

你认为做子女的一定要听父母的话吗？3 586 位网民的回答如下：

A. 不，我自己有自己的看法。

B. 是，因为有他们才有你。

C. 不一定，看情况吧。

D. 我从小就没有受到父母的关心。

从网民的回答可以看出，认为不一定要听父母话的人数最多，其次是认为自己有自己的看法。回答一定听从的人数不多。

其实，对于一位小学即将毕业的学生来说，他们逐渐长大、成熟，具有较独立的自我意识、较鲜明的个性特点和较强的思维能力，能分辨出是非好坏。所以有自己的看法，不一定听从父母的安排也是正常的。如果小学生朋友有某一个想法，与父母的意见不一致，或者你干脆就认为父母的想法是不合理的。这时，你也不能完全凭自己的想法去做，你要向老师、同学、朋友或其他长辈咨询。如果大多数人不赞成你的想法，那你就得按照父母的意见去做；如果大多数人赞成你的想法，那你可以与父母协商，在取得基本一致的情况下，按自己的想法去做，不能一意孤行，或与父母过分地不一致。虽然你们有了初步的辨别是非的能力，但是因为经验不够，所以一定要多向父母和其他长辈征求意见。

在有的父母眼里，自己的孩子经常把大人话当耳边风，根本不愿理睬，自尊心和反抗性很强，特别是小学高年级的学生朋友，主要原因有：

（1）大人讲话太啰唆。特别是高年级学生，有一定的独立性和主见，大人总因为一点小事或自己的成见唠唠叨叨，孩子只好闭上耳朵不听，进行自我防卫。

（2）逃避冲突。孩子认为自己的做法、想法是正确的，但又为了不想和父母发生冲突，只好口服心不服，暗地里生闷气，越想越气，因而形成逆反心理。

（3）反抗性与叛逆感是检验父母的权威与孩子自主权范围的一种方法。小孩反抗是面对大人的权威、命令的一种本能的抵制，也是自我意识的体现。大人应用询问商量的口气、选择性的语调和孩子说话，给孩子思考的空间，这样孩子自己可以做出判断和决定，实行母子平等、父子平等。

要建立良好的亲子沟通，使得父母的想法能给孩子以指导，又使得孩子的合理想法不被压制，让孩子既独立又不迷失方向，父母应做到如下几点：

（1）多听孩子说话。父母没有意识到自己平时对孩子的要求常常置之不理。孩子的要求，对大人可能微不足道，可对自己却很重要，因此父母孩子间要多交流。

（2）对孩子的要求应符合实际。要求过高孩子做不到，反而会有挫败感；要求过低达不到预期效果，反而显得啰唆多余。

（3）通过各种方式教导孩子。要晓之以理、动之以情，适当地用激将法，但对于那些感情较脆弱、易受伤害的孩子少用。

（4）当孩子肯听话时要多表扬、关心和注意，不要一味地批评、责骂，伤害孩子的自尊心。

此外，孩子自己也要多和父母沟通，说说自己的心里话，包括自己的所做所想，对父母的意见、评价等；多和老师同学交流，找出自己的不足，吸取别人和父母相处的经验，多设身处地地为父母着想，父母的一言一行都是出于对孩子的关爱，他们的初衷不是为了伤害孩子。总之，孩子也应该多角度思考，让自己的心态平和而不是一味地反抗，怨恨父母；否则，就会误入歧途。

自我实践

亲子辩论

父母与子女在某些问题上的看法有分歧是必然的。不能让看法的分歧导致关系的分裂。在现实生活中有一部分父母与子女就因为看法的不同，没有沟通，最终导致了关系的分裂。在此，我们设计了一个亲子沟通的操作。您可以试一试。

（1）找一个大家都很高兴的时间。比如双休节假日、生日等。

（2）找一个让大家都很放松的地方。没有外人听见，能相对保密。如自己家里、茶座里等。

（3）父母和子女预先相互承诺：绝不指责，对方没有说完绝不插嘴。备好纸和笔。

（4）先让子女说出自己与父母不同的看法或者不满，并说出理由，拿出证据。有多少说多少，畅所欲言，父母要把小孩说的话记下来，中途不许插嘴。

（5）父母说出自己有某些想法或做法的理由。一一辩解，中途子女不能插嘴，子女要注意把父母说的一些关键性的话记录下来。

（6）自由辩论时间。相互提出自己的看法，可以打断对方。

（7）最后记录达成一致的观点或做法有哪些，还有哪些没有达成一致。

（8）找个大家都喜欢的方式庆贺一下辩论的成功。

（张美兰）

精彩链接

慎用激将法

所谓激将法，就是利用学生自尊心和逆反心理积极的一面，从相反的角度以“刺激”的方式对学生寄予良好的期望，以激起其“不服气”情绪，使其产生一种奋发进取的“内驱力”，将自己的潜能充分发挥出来，从而收到不同寻常的教育效果。要充分发挥这种教育方法在思想工作中的效能，就必须做到如下三方面。

1. 了解孩子近期的能即度，确定适宜的期望目标

激将法所暗含的期望必须略高于孩子的实际水平，但又是近期经过努力所能达到的。如果不考虑孩子实现这一期望的可能性，期望过高、过远，孩子感到“可望而不可即”；相反还可能会使其丧失“羞耻心”，增加自卑感，甚至会使其产生消极退缩或对抗情绪，导致逆向反应。

2. 考虑孩子心理的承受度，采取恰当的“刺激”方式

每个孩子承受外界环境的刺激或压力的心理都有一定的限度。在此限度内，教育者给予刺激、压力的强度和“内驱力”成正比，即人们常说的“越激越奋发，压力变动力”；如果超过了这一限度，就会导致与教育者期望相反的反应或“内驱力”的降低，即人们所说的“越激越糟糕，压得瘫了腰”。同时，每个孩子的心理承受度是不一样的。因此，大人运用激将法必须考虑孩子的个性和心理承受度的差异。

3. 把握教育情境的变化度，选择最佳的“激将”时机

教育情境的可变性决定了教师不能“守株待兔”，运用激将法必

须把握教育方法，配合穿插使用。例如，在孩子遭受挫折之时，运用激将法显然是不合适的，应给予更多的安慰和鼓励，而在其得意忘形或麻木不仁之际，运用激将法则可以起到震动、唤醒的教育作用。

76. 父母为什么总是不信任我

问题咨询

父母总是不信任我，我做什么事情都要追问，甚至每次有同学打电话与我谈话后父母都要问得很清楚。我该怎么办?

五（2）班　小玲

心理分析

随着少年自我意识的增长和独立性的加强，他们的活动越来越超过了父母所能控制的范围，但是父母认为他们根本没有辨别是非的能力。这时，做父母的往往不是基于目前发生的事，而是基于将来可能发生的情况来反应。会猜想什么事可能会发生，因此疑惧、不安，会问个不停，并指责孩子并未犯的过错，以致他们有压迫感，并且觉得不被信任。父母的恐慌，导致子女们觉得父母总是不信任他们。毋庸置疑，父母这种不信任背后那颗颗拳拳之心，包含了多少对子女的关爱。但是，家长朋友们是否想过，他们的不信任对自己的孩子会造成多大的伤害呢？

我们知道，在小学阶段少年儿童的自我意识逐渐发展，但他们的自我意识更多的是通过别人——特别是自己亲近的长辈的评价而获得的，这时父母对他们的信任、对他们形成正确的自我意识，从而树立自尊和自信，形成积极进取的精神具有重要的作用。英国历史上第一位女首相玛格丽特·撒切尔夫人的故事，对我们也许会有一定的启发。撒切尔夫人是一位默默无闻的小杂货商的女儿，但是在父亲的信任和谆谆教诲下，不断进取，最终当选为英国首相，并被人称为“世界第一女人”。

反之，父母的不信任对孩子可能造成严重的后果，特别是对后进的孩子。他们本来就缺乏别人的赞赏和认同，如果这时连父母都不信任他们，那他们更容易走向极端。“老师和同学不喜欢我、不信任我，而父母也不相信我，对我不是骂就是打。我干脆一条道走到黑：你们不是都认定我是坏孩子吗？那我就做一个真正的坏孩子。我经常在课堂上故意捣乱，故意惹老师生气。逃课成了家常便饭，并有过三次离家出走的经历。”这是一个后进生的心声，从中我们可以看出，当时他多么需要父母的信任。

有一位学生的话，说得可能过于极端，但也值得家长朋友深思。他说：“父母对我们的极端的不放心，说到底，是大人们对自己的不信任，对自己人生的不满，对社会的不满，或是总把自己看成一个失败者。这才推及我们身上，生怕我们重蹈他们的覆辙，生怕我们在社会上有个什么闪失。”

另外，教育专家指出，父母的信任可防止孩子说谎。孩子有时说谎是因为他们担心受到斥责，或是由于怕羞，不想辜负父母对他们的期望。遇到这种情况时，如果父母不顾一切地逼迫孩子坦白，孩子就会编更多的谎话来自圆其说。教育家认为，说谎的最终原因是出于不信任。因此，父母应向孩子说明并以自己的行动表明：如果孩子做错了什么事，他们会给孩子提供必要帮助的，这种方法能杜绝说谎的发生。父母应原谅自己的孩子并帮助他摆脱困境，即使孩子伤了父母的心或惹父母生气时也应如此。

如果你的父母对你不信任，你该怎么办呢？很显然，与父母对着干，或更加把自己封锁起来，这些都不是解决问题的办法。

首先你应该体谅父母的心情，虽然父母对你渐渐长大，需要更多的自由空间的认识还不够，但关爱你的心却是不容置疑的。同时，在做什么事时我们尽可能征求父母的意见和指导。尽管我们感到自己长大了、成熟了，已经有足够的能力自己做主。但是事实上，还有许多事情是我们这个年龄无法把握的。承认这一点，并不意味着你缺乏主见。相反，真正独立的人并不刚愎自用，而是善于听取不同的意见。

你不妨在家人聊天时问问父母，他们像你这么大的时候，他们有些什么想法和愿望？他们的父母容许他们做什么，不容许他们做什么？他们是如何争取更多的自由的……父母在回忆自己少年往事的时候，一般会很自豪且在不知不觉中放下家长的架子与你敞开心扉。这时，他们更容易理解你目前的经历和感受，认真考虑你独立的要求，甚至向你做出妥协和让步。

父母对你不放心，不相信你是因为他们还不知道，在这段时间里，你比以前成熟了许多。所以你最好平时多找时间与父母谈心，让他们及时了解你的成长和进步。这样，你的要求就不会使父母感到意外了。

更多的时候，我们需要用自己的行动，而不是用口舌向父母证明自己的成熟，以使父母对自己放心。仔细想想，父母对我们不放心难道就没有道理吗？如果你平时做事总是马马虎虎、丢三落四、虎头蛇尾，在家里很少承担责任，父母有什么理由相信你有独立自主的能力呢？

多给父母一些信任你的理由，不妨从日常生活中的小事做起。在家里主动分担一些家务，保证做得又快又好；尽可能多地照顾好自己的饮食起居，减轻父母的负担……如果父母发现，每一次你都能很好地完成他们交给你的任务，那么，他们不但愿意多给你一些自己作决定的机会，而且还会对你的能力大加赞赏。只有你用自己的行动证明你有责任心，你有独立能力，你才会赢得父母对你的信任。

而家长，应充分认识到您对子女的信任所产生的积极影响，积极寻找机会表达或显示对子女的信任。例如，让他们处理一些钱；在一定范围内，让他们自由支配时间；并在和他们约法三章之前，先征询他们的意见。

自我实践

人际信任游戏

父母与子女之间要建立信任，可以做以下游戏。

戴眼罩行走，两人一组。父母当中的任何一个人与自己的孩子组成二人组。先由孩子戴上眼罩。

第一阶段：

一个人戴眼罩行走，另一人手牵手，可以提示；选一段有难度的路线，比如有阶梯或坑洼。行走约 10 分钟，要保证安全。

第二阶段：

一人戴眼罩行走，另一人在其左右，但不能有身体接触，也不能使用语言提示；路线要求同上，但具体的地点不一样。

第三阶段：

一人戴眼罩行走，另一人与你保持一定距离，不能使用语言提示。

游戏说明：

（1）引导行为、提示的连续性、一致性，保持沟通，是信任建立的根本保障。

（2）手把手教—引导—建立信任—授权，同时不断给予指导。

（赖日生）

精彩链接

聪明父母的七种忌语

1．严厉苛刻类——“你不该这样做”

专家们警告说，父母不要总是板着面孔教训孩子“应该怎么样”，即便是建设性的批评，如果提出的时机不对，也会伤害孩子的自尊心。最好避免当场说出改进意见，可以在事情过后心平气和地和孩子一同探讨解决办法。

2．冷嘲热讽类——“这就是你的头发”或“你的头发怎么乱得像鸡窝”

在孩子眼中，父母就是自己的一面镜子，反映着自己在这个世界中的形象和存在价值。孩子有时不理解大人所开玩笑的真正含义，往往产生误解，萌生一种不安定的感觉，而且长久无法摆脱。

3．一概否定类——“你不是开玩笑吧”

当孩子表达出来的感觉一而再再而三地被大人否定时，他们就会接受到这样的反馈信息：自己的感觉不对头。于是他们开始掩盖自己的喜怒哀乐。

4．夸大其词类——“这是我所见过的最最漂亮的画”

听惯父母赞扬的孩子，步入纷繁复杂的大千世界易遭受大的挫折。另一方面，因为父母的溢美之言用得太多太泛，孩子成熟后，就不会再相信别人对自己的称赞。

5．人身攻击类——“嘿，你神经病啊”

绝大多数儿童很看重父母对自己的评价。如果被称做“失败者”，那么他们也就信以为真了。

6．威胁、恫吓类——“当心，不要自找苦吃”

父母应尽量用允诺来代替威胁。虚张声势的恫吓与虚情假意的赞扬如出一辙，只会减少孩子对父母的信任。

7．漠不关心类——“等一会”

家长常常会遇到这种情况，放学后来接孩子，一整天没看见妈妈的孩子往往急于表现自己才学的手工活：“瞧，妈妈，这是我今天做的。”而此时的母亲压根儿不想听孩子细说，一门心思让孩子抓紧时间回家以避开交通高峰期，往往会心不在焉地应付一句：“等一会儿，回家再看。”她也许不知道自己这句话对孩子意味着“你和你的事不值得我花时间”。

77．家长应该尊重孩子吗

问题咨询

> 我爸妈总是私自查看我的日记、信件，我提出异议，但他们总是这样，总是。难道父母就可以不尊重我们吗？
>
> 五（4）班　朱琳

心理分析

由于传统观念的影响，家长往往容易把孩子当成自己的“私有财产”，以长者自居。传统的教育，只要求孩子尊重大人，孩子服从大人、听大人的话就是好孩子；大人却很少想到要尊重孩子、听孩子的话。在他们眼里，孩子是弱小的，是依附的，是不能和大人平等的。

同时，父母原有的观念和少年儿童不断成长的独立意识之间的矛盾更加重了这种情况。随着孩子的成长，他们开始产生强烈的独立意识，认为自己已经长大，反对父母的关心和照顾。身体的迅速成长使青少年获得了力量和勇气，但还不能正确评估自己的力量。在父母眼里，你还是“孩子”，还处于被保护的阶段——他们根本没来得及接受你已长大的现实，这种突如其来的变化与父母已有的观念之间的碰撞，造成孩子容易感受到父母在一些场合对自己不尊重。

每个人都渴望得到别人的尊重，孩子也一样。家长应意识到，孩子从出生起就是一个独立的个体，有自己独立的意愿和个性。父母对孩子的尊重可使他们形成自尊心，孩子健全的个性是在自信和自尊的条件下形成的。有不少家长，孩子一旦做错了事就横加训斥；要孩子做事总是用命令的口吻，给孩子的心理上留下自卑的阴影，这对孩子的成长是极为不利的。如今的孩子是21世纪的主人，如果自幼只知道像小绵羊那样地服从别人，而不懂得人与人之间该如何相互尊重，这对他们的人格建构是一大缺陷。一个孩子得到大人的尊重，长大后他才能懂得该如何去尊重他人。

像朱琳同学的父母一样，许多做父母的不尊重孩子的隐私权，总是千方百计地去侦察，如翻抽屉看日记、拆信件，甚至打骂训斥。虽说其中包含着父母对子女的关心，殊不知这种做法会伤害孩子的自尊心，给孩子造成一种沉重的精神压力，甚至产生敌意和反抗，采取全方位的信息封锁和防备措施，导致父母与孩子关系的恶化，反而不利于父母以后对子女的教育。

世界首富比尔·盖茨从著名的哈佛大学半途辍学时，他母亲没有强迫他返校。很显然，他母亲当时不是计算机专家，看不到儿子在计算机方面的天赋，也没有预见到儿子会成为世界首富，但是她充分地尊重孩子自己的选择。试想，如果当年他母亲没有尊重他的选择，现在的比尔·盖茨是什么样也难说。当然，我们并不是说对孩子的选择无条件地接受，毕竟比尔的辍学是在他上大学之后，但是在这么重大的问题上母亲能尊重他的选择，肯定也不是一朝一夕的事情，而是从小就尊重孩子的决定，使孩子从小就养成了独立的精神，能够自我判断、自我选择。

所以，尊重与培养孩子的独立性，应该从小开始，从小事开始。

自我实践

父母如何尊重孩子

尊重孩子，首先应该从小开始，并贯穿在日常生活中，使他们意识到自己是家庭的一个成员，每一个成员之间是平等的。在言语行动上处处讲求与孩子的平等相处，尊重孩子的个人想法。

其次，必须把孩子作为一个有思想、有看法、有需求、有情感的独立的"人"来看待，要正视他的存在，理解他的愿望，看到他的努力，赞赏他的"成就"，并鼓励他敢于维护自己的合法权利。久而久之，孩子就会为了维护自己的人格尊严，不去做有损于自己尊严的事。

再次，要杜绝宠爱、迁就孩子。在这里，必须要将宠爱与迁就跟尊重孩子区别开来。在某些时候要极力制止孩子的错误行为，而不是听之任之。当然，不能用命令的口吻，而是选择与孩子商讨、建议、签订合同等方式。

最后一点也是最重要的一点——多多鼓励孩子，鼓励孩子是对孩子最大的尊重。许多家长在教育孩子上一直存在这么一个误区，那就是不肯给予孩子半点鼓励，一旦孩子出现什么过错，不是挖苦，就是讽刺。这样，孩子不仅没有得到应有的尊重；相反，其自尊心也受到了严重伤害。

而对孩子来说，切记不要因此而嫉恨自己的父母。天下哪个爸爸妈妈不为自己的儿女操心？他们偷看你的日记，一定是想更加深入地了解你，虽然他们关心的方式不对。这时你千万不要与父母发脾气，和父母对着干。你可以在爸爸妈妈心情好的时候好好和他们谈一谈，让他们知道，你已经慢慢长大，应该有自己的隐私，应该学会自己做出选择，让他们尊重你；当然，有可能把你的问题提出来，征求爸爸妈妈的意见。通过这样改善你和父母的沟通，慢慢地，父母才会放心你的行动，避免做出伤害你自尊心的事。

（赖日生）

精彩链接

与空椅子的"对话"

下面是一段心理咨询师贝尔斯对来访者与空椅子之间的情绪表达的咨询对话。来寻求帮助的来访者是一位年轻女性 Marykay，表现出对自己母亲的强烈不满情绪。但一开始，贝尔斯不是让她独自叙说自己对母亲的怨恨与不满，而是让她通过想象自己的母亲也坐在咨询室的一张空椅子上，并且告诉她来访者可以把自己的怨恨和不满，在此时此刻直接向空椅子中的“母亲”表达出来。以下是该个案治疗过程中的一段“对话”：

来访者：这怎么行呢？空椅子中什么也没有，这能有什么用呢？面对空椅子能表达什么怨恨呢？

贝尔斯：想象你母亲就坐在椅子上，现在你自己可以把同样的话告诉你母亲。

来访者：（叹气，对着空椅子）你（想象中的妈妈）知道吗？你使我感到难受，使我感到不自在……不管你明白不明白。我知道我说出这些会使你担心害怕的，我知道，如果……我也知道你喜欢我……我知道你在害怕，但是我为什么要做你害怕的牺牲品呢？为什么要表现我是你需要的牺牲品呢？

贝尔斯：试一下你母亲会如何感受与反应。你已经表现了你的情绪，注意到这种表现就是你开始在改变你自己。

来访者：（作为母亲）我从来都没有那个意思，所有的……我从来都根本没有那个意思。我想我只是不能允许失去你。我想……我为你感到骄傲，我真的为你感到骄傲，Marykay。（声音中止了）

贝尔斯：再说一次。

来访者：你知道，我真的为你感到骄傲。我经常给我的同事们看你的照片（M的眼泪夺眶而出）。我感到对不起她（仍在哭，把脸埋在手里）。

贝尔斯：你能想象去接近并拥抱她吗？

来访者：（表现出了母亲的热情）不！不，我不能！我不能！我不能想象……我不能想象……任何人……我甚至不能……我甚至不能拥抱我爸爸，当我与他分别的时候（仍在哭）。（转变为母亲）你不能……你只是不能恰当地表达你的感情。

贝尔斯：（柔和地）你现在已经在表达你的感情。（她还在抽泣）

过这里来，Marykay。

来访者：(转入大哭）呜……请（谢谢）……请……呜，我只是爱你……（然后她推开“母亲”，又把脸埋在双手里哭了。)

贝尔斯：好了，好了！

来访者：我可以停下来。我不得不停下来，因为你经常不关心你自己。(她垂下头，然后坐直又把手推开。）噢，你真的不知道应该关心你自己。(她把手放在脸上，挥去眼泪)。你有手帕吗？

贝尔斯：你知道吗？我忘了准备一些东西。（我知道作为心理医生，其重要的工具除了治疗技巧外还要有纸巾)。我忘了准备纸巾(他们都笑了)。

78. 孩子为什么会离家出走

问题咨询

> 我的孩子今年读六年级，有一天跟他父亲争吵，竟嚷着要离家出走，让我们既生气又担心。现在为什么这么多孩子动不动就离家出走，我们应该怎样防止孩子离家出走？
>
> 一位母亲

心理分析

孩子离家出走的现象越来越多，特别集中在小学高年级学生和中学生当中。出现这种情况，既有孩子青春发育期的心理变化的原因，也有家庭和社会影响方面的原因。

随着生活水平的提高，孩子的青春期有提前到来的趋势，生理的变化激发心理行为。少年儿童与父母的关系，开始从心理上依附发展为独立意向强烈。他们迫切要求得到别人的尊重、信任和友谊，成人感和独立意识增强，注重认识自己和塑造自己。心理变化在行动上表现为对父母的反抗。一句责怪的话，一个厌恶的表情以及他们自己萌生的某些念头，都可以使他们离家出走。

家庭的影响是孩子出走的一个重要原因。其具体包括如下几个方面：

（1）家长缺乏与子女沟通。现在的孩子信息量超载，但多数家长很难与孩子平等交谈，对孩子的见解、内心冲突和对世事的探索不感兴趣。久而久之，孩子们曾向家长打开过的心灵之门关闭了，他们决定自己去闯一闯。

（2）不正常家庭的巨大刺激。有的家庭或由于父母离异，或由于父母感情不和经常吵闹，孩子在家里缺乏温暖。

（3）家庭教育的失败。有的家庭或过于强调学业成绩，或一味信奉棍棒教育，给孩子的身心造成了创伤。有些家长对孩子或百依百顺，放任骄纵；或者以绝对权威自居，稍不合意，非打即骂，从而加深了孩子的逆反心理。这种溺爱与痛恨共同作用的结果，最终酿成了孩子离家出走的苦酒。

（4）学校缺乏吸引力。现在学校使用的教材量大、难度大，学生学业负担重，不少学生有厌学情绪。学校德育讲大道理的多，学生容易产生逆反心理。新的读书无用论又开始抬头。学生厌学或学习不好，怕考不出好成绩遭家长责骂、同学老师歧视，一些学生想退学，家长又不准，他们便“三十六计走为上策”。

（5）文学作品和新闻舆论的负面影响。20 世纪 80 年代末的电影《少林寺》使多少孩子为学功夫而离家出走，涌向佛家圣地。如今的“大款热”，使一些孩子认为读书无多大用处，小小年纪就想挣钱的事。一些孩子从电视上看到“外面的世界很精彩”，好奇心驱使他们想出去看看，家长不同意，他们便自己偷偷地跑出去了。甚至媒体上报道的离家出走的事件也成为青少年模仿的对象。此外，还有哥们姐们义气导致集体出走。

自我实践

怎样预防孩子出走

（1）用适当的方式，让孩子了解生活的艰苦和外部世界的真实面目。

（2）每个孩子都是具有独立人格的、值得尊重的个体，因此，为人父母者不要把孩子看做是自己的私有财产而随意摆布、塑造他的发展方向，而要与他们建立亲密的平等的朋友关系，既不放任娇惯，也不简单粗暴。

（3）父母要关心孩子的思想和生活，随时了解他们的心理变化，以便于有的放矢地进行诱导；发现孩子的问题后，要用平等的方式与之讨论，启发他们自觉地接收正确的，摒弃错误的，切忌不分青红皂白、一味训斥。

（4）父母要放下架子，有勇气向孩子请教。如果在对待孩子问题上有不公正的地方，也要有勇气承认自己的过失，从而缩短与孩子的心理距离。

（5）培养孩子的自信心、责任心、动手能力和解决问题的能力。让孩子从 5 岁开始学做力所能及的家务，为父母分担家庭的担子，让孩子有机会发展责任心和责任能力，遇到什么困难，就不会一走了之了。

（6）对出走后归来的孩子要给予更多的关心和温暖，绝对不能歧视和看死他们，更不能冷嘲热讽。孩子平静下来以后，要和孩子作“心对心”的交谈，了解孩子离家出走的各个细节。告诉孩子离家出走的错误的地方，以及他的出走给家庭、学校以及关心他的人所带来的负面影响。

（赖日生）

精彩链接

教育应注意心理断乳期

小学高年级和刚念初中的孩子的显著的特点是“变”。生理上在变，孩子开始发育了；心理上也在变，家长会发现，不知从什么时候起，孩子不听话了，你往东，他偏往西。这种现象，心理学上称之为“逆反心理”；这个时期，心理学上称之为“心理断乳期”。心理断乳期实质上是青少年随着身心的成长发育，逐渐从依赖父母的心理状态中独立出来，自己判断、解决自己所面临的新问题，这是一个人的社会化进程，是一个人从幼稚到成熟的转折时期。

著名心理学家艾里克森（Erikson，E. H. 1902—1994）认为，青春期的核心问题是青少年的同一性问题，主要表现为生理我、社会我和心理我的相生、相融、相励的关系。若三个我“打架”，便会造成自我的“同一性危机”，严重的还会导致人格分裂。艾里克森曾经说过：“在人类的生活中，有一个自然的迁移时期：青春期。恰似空中飞人一般，年轻人在剧烈的运动中间，必须撒手童年安全的一头，伸手去紧紧抓住成年期的一头。”自我同一性其实就是连接儿童期和成年期的绳索，如果青少年能获得自我同一性这根绳索，那么，将顺利度过充满危机的青春期；否则，就会陷入自我的迷宫。

因此，家长要看到孩子在成长，要尊重孩子的自尊心，要与他们建立一种亲密的平等的朋友关系。

79. 爸爸对我的要求太严格了

问题咨询

爸爸对我的要求太严格了，考试一定要考多少分他才满意，怕我交上坏朋友，还禁止我和其他小朋友一起玩，我该怎么办？

四（1）班　小伟

心理分析

在父亲的严格要求背后，反映的是父亲对子女的高期望。父母对子女的严格要求、高期望原因是多方面的，既有传统因素的作用，也有社会和自身方面因素的影响。

受传统思想的影响，“子不教，父之过”、“棍棒之下出孝子”这些传统教育观念总萦绕在很多现代父母的心头，所以，对孩子严加管教也被认为是天经地义的事。

在现实生活中，许多父母为了孩子的将来着想，认为不论是学习，还是生活，对孩子严格要求，才能让他适应这个社会，将来才不至于被社会淘汰。社会竞争是残酷的，必须让孩子从小接受锻炼，这样他们才会适应良好，不然后果不堪设想。

还有不少父母，或是自身因各种原因没能实现的理想，希望能从孩子身上得到补偿，或是不能从实际出发正确地认识和评价孩子，致使对自己的孩子产生了过严的要求、过高的期望。

无疑，父母的严格要求在孩子成长的过程中所起的作用是十分巨大的。从发展心理学的观点来看，儿童少年期是自我意识萌芽与快速发展的重要时期。由于这时孩子的自我反省能力还比较弱，他们对自己的认识主要是通过对他人的认识，特别是对他们的生活产生重大影响的父母和师长的态度而获得的。换句话说，父母、师长对孩子的态度将极大地影响孩子自我意识的确立。同时对于年幼的孩子来说，活动的动力更多的是一种外部的、附属的内驱力。为满足父母、师长的期望，以便获得他们的赞赏，是这一时期孩子进行一些学习活动的重要动力。心理学的研究也表明，在一定程度上，父母对孩子的要求、期望越高，孩子的智商和学习成绩就越好。

但是，这并不意味着父母的要求越严格，期望就越高越好。对子女过严格的要求不仅不能对孩子的成长产生积极的效果，反而会影响孩子的健康成长，甚至导致心理方面的疾病。

过高的要求、期望首先影响到教育者的心态与行为。突出的表现是，父母对孩子的行为选择作过多的约束，与孩子日益发展的自我意识的冲突越来越明显，从而不利于孩子人格的成长。在儿童时期，儿童的自我意识不断发展，其独立性的要求越来越强，常常会要求自己独立地做一些事情。但由于教育者们过严格的要求、过高的期望，往往会过多地限制其活动，导致孩子向两极化发展：①产生不满和敌对的情绪，表现出反抗行为，形成任性、执拗等不良性格；②独立性被扼杀，形成依赖性强、懒惰、怯懦、自卑等不良性格。同时，父母的要求太严格、期望值过高，还容易对孩子的偶然失误产生过于强烈的失望情绪，并在行为中表现出来，这将不可避免地会影响孩子的学习与生活。同时，这种失望情绪也将无疑会对孩子的自我评价产生重大的影响，不利于孩子积极的自我概念的建立。

自我实践

对孩子怎样才算“严”

对孩子严格要求，这是家庭教育的一条重要原则。家长必须做到如下几点：

（1）严而有理。父母对子女提出的要求要合乎情理，切忌滥用家长权威。

（2）严而有方。教育子女要讲究方式方法，切忌简单、粗暴和打骂。

（3）严而有度。要根据孩子年龄特点、心理特征和个性差异把握尺度，切忌随心所欲或脱离实际。

（4）严而有格。提出的要求要明确、具体，让孩子明白应该做什么，怎样做，也就是讲究方法、经验、规律，切忌老生常谈，空洞说教。

（5）严而有序。父母对子女的要求，要由低到高，由少到多，由易到难，由近到远，循序渐进，逐步强化，切忌急转弯，走捷径。

（6）严而有恒。做到自始至终，坚持不懈，切忌时紧时松，忽冷忽热，更不能朝令夕改。

（赖日生）

精彩链接

父母管教太严孩子易患洁癖

土耳其国立哈契泰帕大学医学院心理病学教授巴津指出，在孩童时代受到家长的严厉管制，无法适时表达个人喜怒哀乐情绪的人，很容易形成洁癖。

洁癖是指不停地整理和清洁生活环境的习惯。形成这种习惯的孩子，往往希望通过不停地清理垃圾、清洗衣物等手段，发泄内心对某事物或某人的愤怒。

这些孩子没有足够的自由空间，而且处处受到父母的长期挟制，例如，控制生活时间、过度左右思想和行为等，造成孩子们的心情压抑。再加上他们找不到可以倾诉的朋友，最终变得沮丧和失落。为了把埋藏在心里的苦楚发泄出来，他们便选择了不停地整理房间等做法。如果成长过程中一直保持这一习惯，那就形成了洁癖。

巴津说，孩子一旦患上了洁癖，当面对挫折时，就不会向包括父母在内的任何人寻求帮助，而是一个人承受压力。无奈之下，他们只有在家里不停地忙碌，或胡乱洗衣服，或对屋里的东西擦了又擦，以此作为表达心中烦恼的方式。

有的孩子甚至在累得不行时也不会停止整理房间。这种情况是自我折磨的表现，家长尤其需要注意。巴津指出，可以从很多方面确定一个人是否患有洁癖，例如过分聚精会神地打扫卫生，反复清洗同一件物品，干活毫无规律而乱干一通等。

80. 父母离婚了怎么办

问题咨询

> 我爸妈不久前离婚了，我跟妈妈一起生活，时间长了，我总觉得家里少了点什么。妈妈每天上班很忙，顾不上我。我有时会想爸爸，可妈妈不让我去看爸爸，说爸爸不好。特别是听到有些同学说“你爸爸不要你了”的时候，我就更难受。爸妈为什么要离婚呢？我是否一辈子都会生活在这种阴影中，永远快乐不起来？
>
> 不快乐的男孩

心理分析

父母离婚了，对每一个孩子来说都是一个很大的打击，但如果这已成为事实了，我们只有勇敢地去面对它。首先我们要坚信爸妈是因为相爱才结婚的，我们是他们爱的结晶。可是，当爸妈的爱情消失了，他们就有可能离婚。

爸妈离婚后，不管我们跟爸爸还是跟妈妈，我们的生活都会发生变化，有人把这叫做“单亲家庭”。不管别人怎么看，但有一点必须明白的是，在“单亲家庭”里，我们就是家里的小大人了，我们要替爸爸或妈妈分担一些痛苦，多帮家里做些力所能及的家务事，让爸爸或妈妈回家后有一个好心情。你想，妈妈已受了离婚的打击，如果你再整天愁眉苦脸的，妈妈肯定更难受了。

至于同学们说的那些话，我们大可不必放在心上，他们也许是开玩笑，并无恶意。而且，我们和父母的亲情关系并不会因为他们离婚而改变，爸爸还是我们的爸爸，妈妈也还是我们的妈妈，我们可以随时去看望他们，他们也依然会为我们的学习和生活操心。有的时候，爸爸或妈妈会因为一时怨恨而说对方不好，不让我们去找他们，这个时候，我们也不要同他们争论，可我们心里要明白，爸妈是爱我们的。

另外，爸妈离婚后，可能会重新结婚。我们要尊重他们的选择，同时，接受并适应这种变化。

真的，别不开心，生活有时并不按我们的意志转移，但这也锻炼了我们的承受力，让我们面对突然的变化而变得更加坦然和坚强，这未尝不是好事，你说呢？我真希望你能重新快乐起来。

自我实践

训练一：

你可以在班会上把自己的烦恼公开，不要害怕同学会说闲话，我相信你把情况如实告诉大家，大家是能理解你的。然后你可以请老师和同学帮忙，征集他们处理这种事情的办法。有了集体的力量和温暖，我相信你会很快从这种家庭的阴影中走出来，重新投入到快乐的学习和生活中来。

训练二：

我们可以把生活安排得简单和快乐，虽然有时生活不是如我们想象中那样发展，但这并不是生活本身的错误，而是我们自己出了问题。一时被不能接受的事情蒙住了双眼，而变得颓废不安。其实，当生活突然出现了某种不和谐的音符，我们要及时调整自己的心态，正确并坦然面对一切，也许你会有意想不到的收获。

培养快乐生活的能力，你可以试着做到以下几点：

（1）永远保持一颗热爱生活的心，只有你对生活充满了热情，不管她突然变得多么灰暗，你都不会被打倒，并能从一时的黑暗中看到光亮的一面。

（2）乐观地看待生活中的每一件事。如果你整天愁眉苦脸，只看到生活中的阴影，那你永远也发现不了生活中的美。

（3）生活在现在，而不是生活在过去或将来。不要为失去的哭泣，也不要整天做明天的白日梦。紧紧把握今天，充实地生活，你就能从生活中体验到无限的乐趣。

（4）做自己喜欢做的事。做你喜欢做的事，就能有效地转移自己的注意力，也能够让你体会到生活中的乐趣，让你更热爱生活。

（5）寻找休闲时间，培养业余爱好。为自己创造一个自由的生活空间，在这个空间里，你可以阅读、集邮、绘画、旅游、运动、音乐、与朋友聊天、欣赏大自然或艺术品等。

（向　晴）

精彩链接

欣赏生活

一个叫塞尔玛的年轻女人，陪伴丈夫驻扎在一个沙漠的陆军基地时，丈夫奉命到沙漠里演习。她一个人留在陆军的小铁皮房子里，不仅炎热难熬，而且没有人可以聊天。她太难过了，就写信给父母说要回家，她父亲的回信只有两行字，但是这两行字彻底改变了她的生活：两个人从牢房的铁窗望出去，一个人看到了泥土，一个人看到了星星。

她开始和当地人交朋友，人们对她非常热情。她对当地的纺织品和陶器也感兴趣，并开始研究让人入迷的仙人掌和沙漠中的各种植物，原先的痛苦变成了一生中最有意义的冒险，她为自己的新发现兴奋不已。两年后，塞尔玛的《快乐的城堡》出版了，她终于看到了“星星”。

读完故事后请思考：

(1) 假如你生活在故事中的环境里，你认为自己会出现什么情况？你会像女主人公后来那样，完全融入一个不熟悉的环境中，并越来越热爱这种生活吗？

(2) 在平凡的生活中，你也能经常看到“星星”而不是“泥土”吗？

81. 女儿不喜欢我怎么办

问题咨询

有一件事特别让我伤心：我每天起早贪黑地照顾女儿，给她做饭，给她洗衣服，督促她学习；可她不但不领情，反而跟姥姥说：“我不喜欢妈妈！”怎么是会是这样一种结果？我该怎样做？

一位六年级学生的家长

心理分析

起早贪黑地给孩子服务这么多年，却换来这么一句话，刚一听，的确挺让人伤心。但更主要的还是要找一找原因，分析一下孩子为什么不喜欢自己。

有一项针对我国家庭教育现状抽样的调查，其结果发人深省：54.5%的学生在“最不喜欢的人”一栏中填的竟是“家长”。我们觉得这些孩子绝不是全盘否定“家长”，而只是不喜欢家长的某些教育方法。这些年来，也经常有学生向我们诉苦，说家长如何唠叨，如何埋怨。归纳起来，学生不喜欢家长采用的教育方法主要有以下几点。

1. 命令式

中国古代“君君臣臣，父父子子”、“君为臣纲，父为子纲”的传统思想观念深入人心。为人臣者、为人子者只有服从的义务，没有提出异议的权利，一代一代就这么影响承袭下来。这些命令、指令有时是对的，但有相当多的并不符合下一代的实际。尤其是孩子一天天长大，他有一种自立意识，面对家长的命令，尤其不喜欢。

2. 唠叨

家长对孩子的教育不是对症下药，总是翻来覆去的那几句话。孩子学习不勤奋，或者只是觉得他不勤奋了，就说，得努力学习呀！努力学习呀！不学习将来没前途……这些话也许已经重复过几千遍了。不少学生都说："我最怕爸爸妈妈唠叨。"

3. 埋怨、指责

孩子犯错误了，孩子考试成绩不理想了，一些家长听到后，第一反应就是气不打一处来，把孩子叫过来埋怨一通、指责一通、训斥一通。许许多多孩子犯了错误都很害怕，考试失误后都很内疚。他们渴望父母帮助他们改正错误，或帮助他们找到走出误区的方法，可得到的偏偏不是想得到的，想得到的又偏偏得不到。

4. 打、骂、体罚

一个女孩向我告状，考试成绩不好，回家就要跪搓衣板。从小到现在，父母都是采用这种方式，因为他们想不出更好的方法。还有一位16岁的学生说，考试成绩不好，回家就要挨打，爸爸一边打他，他自己也一边掉泪。

5. 爱得过分，爱得过细

有的家长，面对自己已经10多岁的孩子，还像对待两三岁的孩子那样。尽管付出的是实实在在的、真心实意的爱，还是不能使小孩满意。甚至反倒使小孩更不喜欢自己。一位学生说："真受不了母亲那腻乎乎的爱，每天穿什么衣服都给我规定出来。还要给我梳头。我不让，她就站在一边指导，唠叨着该怎么梳。天天这样，我感觉很不自在。"

我们觉得您对女儿的爱就属于第二种和第五种类型。唠叨得多，爱得过分，爱得过细，孩子当然不喜欢您了。她不是不喜欢您这个人，而是不喜欢您的这些教育方法。您一旦改变了教育方法，孩子会非常惊喜，非常高兴，会更深地爱您，更全面地喜欢您。

自我实践

怎样才能让孩子喜欢自己呢？我们建议您从以下四点入手。

1. 变命令式的教育为民主型商量

您可以和孩子处于平等的地位，处于朋友的地位，一起商量，这样商量的方式，很容易使你们母女形成共识，她也会在商量的气氛中感觉自己正在长大，觉得自己有了自主能力，同时也一定会更喜欢您这位民主型的母亲。

2. 寻找新话题

那些已经唠叨了上千次的话题，尽可能避开。非说不可的话，也尽可能换个说法，如："华罗庚当年，陈景润当年，周恩来小时候，华盛顿小时候……"您这样说，孩子喜欢听，会觉得您在激励她，暗示她成为大有作为的人。她还会为您知识面宽广而感到自豪。

3. 帮助孩子找到战胜困难的办法，制定提高成绩的措施

当孩子遇到挫折或考试失误时，我们要帮助他们找到战胜困难的办法，制定提高成绩的措施，这是孩子最需要的。如果想不出办法、措施，那就给孩子一些鼓励和安慰吧！这样孩子会树立起信心，会觉得母亲理解自己，会觉得母亲给予自己精神上的支持比生活上的关心更可贵。

4. 去掉多余的爱

凡是她能做、时间又允许的事，您就让她自己做吧！在做的过程中她增长了能力，您还可以引导她给家里做一些事情，承担一些责任。这使她感觉自己坚强了、长大了；还会使她增强责任感，更深地体会到家长的甘苦辛劳，她会在更深层次喜欢您。

（向　晴）

精彩链接

1. 后光效应

在一般人际交往中，矛盾着的双方相持不下，由第三者出面或借用第三者的话来说服对方的效应即“后光效应”。后光效应多用于教育心理学中。常见的是幼儿受父母娇宠后，听不进父母的话，此时，由幼儿的教师出面劝说，马上就会起作用，这就是后光效应的作用。

后光效应的作用是消极的，重要的是提高施教者自身在子女、学生心目中的地位，提高权威性和信任度。

2. 格言选读

（1）即使是普通的孩子，只要教育得法，也会成为不平凡的人。

——爱尔维修

（2）家庭作为一个自然的集体形式之所以有不可摧毁的力量，这是因为它的必要先决条件，即父亲的平等的爱在家庭中得到了真正的实现。

——弗洛伊德

（3）母亲的教育决定子女未来的前途。

——拿破仑

82. 孩子对着干怎么办

问题咨询

> 我的小孩今年读小学六年级，成绩不太好，在家里和学校都喜欢对着干。学校不让穿拖鞋上学，他偏要穿；上课不许讲话，他偏偏要交头接耳，说个没完，搅得大家都上不好课。为此，老师和家长都头疼不已，不知该如何管教。
>
> 一位六年级学生的家长

心理分析

小学生逆反心理产生的原因有以下几个因素。

1．父母的管教方式不当

家庭是孩子成长的基本环境，它是人生中最先进行教化的地方。家庭中不同的教育方式会培养孩子不同的心理品质和个性。大多数情况下，孩子并不表现为叛逆，但有时因为讲错一句话或做错一件事，以及在生活、学习等方面较一般孩子差，家长便感到不满意，大声训斥、责打，教育方式简单粗暴，孩子受到刺激，这些都会在孩子的心理造成一种无形的压力。这种压力不断积蓄、沉淀，久而久之，他们就会对这种说教产生抵触、不满，进而产生逆反心理。

2．学校教育方法不当

学校是学生成长的主要环境，学校的教育方法不当，也是造成学生逆反心理的主要因素。部分教师的教育指导思想偏离，存在着应付差事的想法，不认真钻研教材教法，使得课堂上死气沉沉，呆板乏味，学习意志较差的学生就会产生反感情绪。部分教师过分追求分数的高低，急功近利，对一点小错揪着不放，不尊重学生，不顾及他们的心理感受，从法官的角度去审视每一个“不入眼的学生”，或体罚，或当众侮辱，或白眼相加，这样，严重背离教育原则。

3．不良群体的影响

同龄或年龄相近的学生较易组成群体，他们有共同的心理感受和体验，有相近的爱好，以寻求心理平衡。特别是中高年级的学生很容易受到怂恿，做一些不该做的事。在学校敢于与老师顶嘴，在家勇于反抗父母定下的规矩，则被同学们称赞与吹捧，受到坏朋友的认可，使学生产生错觉。

4．发育成长的过渡阶段

随着年龄的增长，学生的独立意识、个性意识、成人意识渐趋强烈。正是这些意识的形成，使他们认为自己已经长大成人，理应自己管理自己、决定自己；而对老师的教育，家长的指教，有意无意地回避、反感，甚至背离。教师诲人不倦的施教，家长苦口婆心的相劝，早已被强烈的独立意识驱散了。

由此可见，小学生逆反心理的产生有其客观因素和主观因素，作为家长和教师如果对此视而不见、充耳不闻，势必会造成严重的后果。

同时，逆反心理并非一无是处，它虽有妨碍孩子身心发展的一面，但也有很多正面效应。逆反心理包含有许多积极心理品质。

逆反心理在某种程度上能防止其他一些不良心理品质的形成。逆反心理强的孩子，在不顺心的情况下，在愤懑、压抑、不满的时候，敢于发泄，他们不会让不愉快的事情长期滞留心中；他们不会让有碍自己身心健康的负情绪长期得不到释放；他们不会有畏缩心理、压抑心理；他们也不会懦弱、保守、逆来顺受。他们以这种形式保持心理平衡，有时也能起到维持身心健康的作用。

逆反心理也是孩子走向成熟的心理动力之一。虽然这次是父母“不幸”成为他们的靶子，但想到这是帮助自己孩子成人的必经之路，父母受点委屈也就不必叫冤了。再说，对于孩子的心理发展来说，以父母为靶子总比以社会或他人为靶子稳妥吧。

自我实践

孩子逆反心理的矫正

对于孩子和父母来说，逆反心理会严重影响父母与孩子的感情交流。做家长的只有通过亲密的心理交流和正确疏导，才能彻底矫正其逆反心理。下面是专家们的一些有益的建议。

（1）由孩子的强烈好奇心和求知欲望所引起，家长越是不想让孩子知道的事情和得到的东西，他们就越想知道和得到，这时家长要学会与孩子在情感上交流、谈心，交换彼此的想法，对孩子说话要真诚、恳切。孩子一旦和家长发生抵触，做家长的千万不能采取高压政策，这样只会导致孩子的逆反心理逐渐升级，有的甚至出现说谎、逃学等不良行为。

（2）孩子独立意识强，故意要显示自己的能耐，加上情绪不稳定，所以显示出对抗上的逆反心理。家长要针对孩子自尊心强的特点，尊重他们的自决权，即使出了些差错也不要过多责怪。父母应成为孩子的朋友，相互信任，共同享受快乐，但这种友谊不应包括地位的“平等”。你仍应是一名船长，你可以听取船员的意见，但最终决定航向的仍是你。

（3）把握重要问题。不要对孩子的每个细枝末节都指手画脚，这只能使孩子们更反感。你儿子留了披肩发或是你女儿用了一种新的化妆品，你最好还是把这当做一种无害的时髦而予以接受。一位家长说：“我总是问自己，这对我12岁的女儿要紧吗？如果不要紧，我便让她自己决定。”

（余仙平）

精彩链接

潘多拉效应

宙斯派女神潘多拉传递魔盒，并不准她打开盒子，潘多拉好奇，竟不顾一切地将魔盒打开了。结果装在里面的诸如偷盗、谎言、奸诈等罪恶都跑到了人间。对这种不说明理由而只是一味禁止的事物，人们尤其感到好奇，以致违禁而行。这种社会心理现象谓之为潘多拉效应。

潘多拉效应的心理实质是好奇心理与逆反心理在起作用。

有人做过这样的实验：茶盘中放着5个口朝下扣着的不透明茶杯，孩子根本对它们毫无兴趣。在其中一个杯子下，放一枚硬币，重新扣上，临走时告诉孩子：“杯子下放了东西，你千万不要动，否则我回来对你不客气！”然后佯装出去，在外面设法窥视。结果，越是向孩子强调得厉害，孩子等你出去后越要打开看。这不就是潘多拉效应在起作用吗？

83. 孩子任性怎么办

问题咨询

> 我的儿子是三代单传的“独苗苗”，今年 12 岁。由于全家人的宠爱，他在家里想要什么就要什么。一旦没有得到，他就会摔东西、大喊大叫，有时还骂人、咬人，我真不明白他怎么会变成这个样子。请问，我该怎样来对付他？
>
> 一位六年级学生的家长

心理分析

现在绝大多数小学生是独生子女，他们从小受家长的宠爱和细心呵护，从未受过什么委屈，更没吃过什么苦，许多孩子甚至不知道世间还有痛苦和悲伤，还有很多不尽如人意的事。他们为达到某种目的特别任性，有时哭闹不止，把家长搞得筋疲力尽仍不罢休。为此，家长只得退让，或者听之任之；而有的人却把这种任性，归咎于独生子女太娇惯。这都是错误的。

孩子任性的原因主要有以下三方面。

1. 家长的教养方式不当

孩子任性时家长的态度如何，家长是否注意到孩子日常行为规范的养成等，这是关系到孩子是否任性的重要原因。随着生活条件的改善和独生子女比例的增加，不少孩子成为家庭的中心，孩子想怎么着就怎么着，缺乏行为规范和自我约束意识。还有的家长对孩子在知识方面要求严格，而在个性品质、行为习惯、社会适应性等方面没有要求，孩子想干什么就干什么。这样的教养方式必然会造成幼儿的消极创造性行为。

2. 同伴交往机会缺乏

随着人们居住条件的改善，出现了不少“高楼儿童”，这些孩子很少有机会与其他孩子一起玩。同伴的缺乏，导致幼儿的玩伴由成人来替代。由于亲子交往不是一种平等的交往，往往是成人造就孩子。在这种不平等的交往情景里，如不是有意识地对孩子进行教育培养，孩子就会缺少互助、合作的意识，缺乏谦让、自制的行为。

3. 孩子心理需求的表现

美国儿童心理学家威廉·科克的研究表明，幼儿随着生理发育成熟，开始逐渐接触更多的事物。他们对这些事物的正确与否，不可能像成人那样进行瞻前顾后的分析后再做出处置决断；而仅凭着自己的情绪与兴趣来参与，尽管这些事物往往是对他不宜、不利，或者是有害的。

实际上，这种情绪和兴趣，就是孩子很想接触更多新事物的心理需求。比如，10 岁的明明偶见表姐有个新玩具，在表姐离开后便开始作难母亲，非得立即有个同样的玩具不可。但此时已夜深人静，母亲不可能为他去买。于是，明明哭闹了一整夜。看起来是明明任性，无理取闹。可母亲没有从心理角度去了解，明明为啥非得立即要那玩具，更多的是去责怪他“要别人的玩具，或者性子太急”。

其实孩子仅仅是觉得那玩具有个闪亮的灯好玩，那灯为什么会闪亮而已。这就是一种好奇的心理需求。当这种心理需求得不到安抚时，他就与母亲作对，无奈中只得以哭来抗议。不达到目的，绝不罢休。如果母亲重视这种心理，采取表扬明明为弄清那玩具为何闪亮是爱动脑筋和非常聪明的表现，再摆出今晚不可能得到这玩具的道理，并承诺明天将与他共同研究玩具闪亮的方法，可能孩子的情绪会好得多。至少，他心理上感到母亲对他在“闪亮”问题上的认可。

处于独立性萌芽期的儿童，一切事物都想亲力而为，都想弄个透彻，这原本是好事。但是，这种“亲力而为”的心理，往往会在不合情理中表现出来。家长对此，一不可包办代替，二不可断然拒绝。否则，孩子的任性就会越来越严重。这种任性，实质上是与家长对抗的逆反心理，其根源又在于家长没有重视他们的心理需求。

自我实践

如何锻炼孩子的自制力

幼儿任性，从心理学上讲是个性偏执，意志薄弱和缺乏自制力的表现。孩子自制力的形成有一个过程，那就是从“他制”到“自制”。那么，怎样帮助孩子锻炼自制力呢?

首先，可以通过与家长、老师、朋友、同学等的合作来锻炼自我控制的能力。这也就是上面所说的“他制”。比如，有个孩子在上五年级时，家长给的零花钱是有限的，但他经常买零食吃，月初给的钱两三天就花完，以后的日子就只有馋的份儿了。于是，他就请好朋友帮忙替自己拿零花钱，每天给一定的数目。这样，就很好地锻炼了自己的自制力。

其次，可以用循序渐进的方法来增强孩子自控的能力。如果你给孩子规定从明天开始就要好好学习，他们达不到目标时往往会产生挫折感和无能感，丧失改变自己的信心。所以，自制力的形成不要期望一蹴而就。比如，你可以让孩子在第一周时每天学习半个小时玩 10 分钟，如果这很容易做到，在第二周每天学习 40 分钟玩 15 分钟，这也做得很好时，就可以每天学习 40 分钟玩 10 分钟。当行为变成一种习惯时，自制力也就自然而然地形成了。

最后，家长可以采取适当的奖励来鼓励孩子已形成的自制能力。当孩子有了好的变化时，如果得不到及时的关注和奖励，这种行为可能会退缩，回到原来的状态。我们可以采取以内在奖励为主，外在物质奖励为辅的手段来对孩子进行奖励。内在的奖励，比如用真诚的赞赏的语气对孩子说："你真的长大了，如果你坚持下去的话，你一定会成功的!"

尤其是那些平时很少跟孩子交流的家长，家长的关注会让孩子更加坚定上进的信心。外在的物质奖励不要过于频繁，而且最好用于结果而不是过程。比如，当孩子通过一段时间的努力，行为上有了很大的提高，并有了实质性的成绩时，你可以对他进行适当的物质奖励。比如全家一起去动物园啊，或者给他很早就想要的一本书一个玩具等。

孩子自制力的形成都有一个过程，不管是家长还是孩子都不要急于求成，另外，在孩子自制力的形成过程中可能会有反复的现象，遇到这种情况，家长应该坐下来和孩子一起分析原因和对策，而不是简单粗暴地进行批评。

（余仙平）

精彩链接

家庭教育如何纠正儿童任性

儿童任性的主要原因是家庭教育不当所致。实际上，孩子刚开始撒野时只是一个尝试行为，多次迁就他，就养成了他任性、不听话的坏习惯。纠正儿童任性的坏习惯，首先要从家庭教育做起。下面是比较好的做法。

1. 多让孩子了解一些生活的真实情况

家长总是担心孩子受苦受难，担心孩子遭受挫折。尽管自己面临着许多生活的曲折和坎坷，尽管有许多不快乐和情绪不稳定，但总是竭力在孩子面前保持平稳。一来错误地认为这有利于树立家长形象，二来美其名曰保护孩子幼小的心灵，不过早地承受生活重担，其实这是错误的。我们应该让孩子了解并承担一些家长的喜怒哀乐。

2. 学会与人分享

这里有两层意思，既要教孩子学会分享，还要家长学会分享，而家长学会分享更易被忽视。舐犊之情使为人父、为人母们都宁肯亏了自己也不愿怠慢自己的孩子，好吃的、好玩的、好用的尽数都往孩子面前堆。一边担心着孩子会发展为不关心别人的冷血儿，一边又在做着阻止孩子学会分享的蠢事。在很多家庭里经常会发生这样一幕：孩子诚心诚意请家长分享，家长却坚决推辞，哪怕只是象征性的分享，也不肯接受，谢绝孩子的一份好心。久而久之，孩子也就没有了谦让与分享，心中只有“我”、“我要”、“我想”，而且是“理所当然”。

3. 不要让孩子养成衣来伸手、饭来张口的坏习惯

只有勤快的孩子才会懂事，才会知道关心体贴别人。勤快是培养

出来的，所以家长要树立这种观念，并付诸行动；要循序渐进地教会孩子做一些力所能及的事，大胆放手地让孩子做一些力所能及的事。

84. 怎么解释女孩月经来潮

问题咨询

我女儿今年读小学六年级，就已经来潮了，我不知道该怎样对她讲，总觉得难以启齿。我应该说些什么呢？

一位六年级学生的家长

心理分析

近年来，我国少年儿童的性成熟提前，在小学五六年级已有30%左右的女孩月经初潮。对于初潮少女自身而言，面临月经初次来临，心理上会出现紧张、害怕、羞涩、好奇等复杂的情绪体验，身体方面会呈现腹胀、腹痛、腰酸、乏力、嗜睡、疲劳、颜面浮肿等不适，再加上学习紧张的压力，她们的抵抗力和适应力都会有不同程度的减退。所以，对初潮少女加强身心保健和健康辅导非常重要。“初潮”教育尤应抓好以下三点：

1. “潮”前未雨绸缪

由于近年少女群“初潮”期不断前移，因此早期对其进行“初潮”教育甚为重要。当发现少女有乳房增大、身体圆润等性成熟象征时，就要对她们介绍一些生理知识。要讲这是体内雌激素加快分泌，体内子宫也正在发育成熟，是为今后做母亲做好准备。因此，到了一定时候，就会出现阴道出血的“初潮”现象。有了这种未雨绸缪的“潮”前教育，虽然年龄尚小的女孩未必能完全弄清“初潮”是怎么回事，但至少可以知道“初潮”并不可怕，对“初潮”来临有一定的心理准备。

2. “潮”时临阵不乱

对少女“潮”前多次的“初潮”教育，使她们知道“初潮”来临是早晚的事。但是，她们毕竟还小，对于阴道突然出血仍有恐惧感。所以，只要少女告诉家长“初潮”来临后，家长就应该从心理上安抚她们。让她们知道这种出血是子宫内膜剥脱造成的，不是外伤或疾病，不要害怕，也不必为之羞耻。同时，还要教育她们使用卫生巾，以及讲述“初潮”期的卫生知识，如不要做剧烈运动，不要用冷水，不要吃辛辣煎烤食物等。使之养成经期卫生的良好习惯。

3. “潮”后继续观察

并不是“初潮”顺利结束，家长的“初潮”教育也就结束。因为，很多少女，特别是“初潮”时年龄太小的少女，在“初潮”时的生理和心理不适，并没因“初潮”结束而完全消除。此时，家长的继续关心和照顾，可以缓解或消除其不适心理；家长对其不适生理，特别是“初潮”腹痛，以及以后的经期、经量等情况，还应注意观察，必要时可寻医治疗。这样，大致在“初潮”后的3～5个经期，少女对月经就会习以为常。这时，“初潮”教育才告完成。

母亲们在女儿初来潮时，应传授给她们基本的性知识，包括性病、艾滋病、怀孕与避孕等常识，因为少女月经来潮意味着生殖细胞发育成熟，若发生性行为很可能导致怀孕等后果，目前社会较开放，少女若没充分的性知识，很容易出乱子。女性们在青春期也应养成正确的保健之道，在成长期间多摄取健康饮食、多做运动，以避免体形过于肥胖，这不但对于发育和成长有好处，也终身受用。

自我实践

家长应向初潮少女讲授有关青春期生理、性心理知识，使她们懂得月经初潮是身体发育的必然，是青春期的主要标志，没有必要忧心忡忡。同时，要让她们对月经初潮时并发的腰酸、嗜睡、疲劳、乏力等不适做好充分的心理准备，避免惊慌失措，加重心理负担。

（1）初潮时应避免参与剧烈体育运动，如长距离骑车和跑步等，以免过度疲劳导致抵抗力下降，诱发感冒等疾病。

（2）经期应经常清洗外阴，避免手淫，因为在此阶段机体抵抗力下降，如果不注意清洁卫生，则极易引起细菌感染和发烧。据统计，初潮少女外阴瘙痒症的发病率为6.9%左右，其主要诱发因素就与经期外阴不清洁和手淫有关。

（3）加强自我防护，使用优质卫生巾，千万不可为了贪便宜，而使用劣质产品，更不能用消毒不严格的普通卫生纸和草纸来代替。

（4）注意休息，保证充足的睡眠时间，食用营养丰富、易于消化吸收的饭菜，这对增强体质、恢复精力大有裨益。

（5）避免接触冷水，注意保暖，最好不参加游泳等。

（余仙平）

精彩链接

漫谈少女初潮时间

少女们以及她们的家长都非常关心初潮的时间，希望初潮时间是正常的。初潮有早有晚，人们一般认为它和遗传有很大关系。如母亲初潮早，女儿也会偏早；母亲初潮晚，女儿也可能偏晚。但这并不是绝对的，它还会受其他因素影响。初潮的年龄城市女孩早于农村女孩。究其原因，一般认为生活水平较高、营养和健康状况良好的人群，女孩子不仅体格生长较快，而且月经初潮时间也会提前。初潮的早晚，还同气候有关系。一般热带地区气温高，女孩的初潮年龄就早；而寒冷地区的女孩初潮年龄则晚。

总之，初潮的早晚受许多因素影响，因此个体差异可能很大。早至9岁晚到18～19岁，月经来潮如果没有其他异常情况，都算正常范围。如果七八岁就来月经，或22岁还没有来月经，并伴有其他症状，就应该去医院就医，查清原因，及早治疗。

85. 如何与孩子沟通

问题咨询

> 我这次在班级里被评为三好学生，你说我多高兴啊！昨天放学回家我把这件事告诉了我爸，可我爸说了一句话，没把我气死！“那有什么用！学习好才是真的。”当时我心里别提多难受了，噎得慌！堵得慌……总之，我特失望。我当时对我爸就有一种恨：以后我再也不跟你说任何事了，你太不理解我了！为什么家长只关心我的学习？
>
> 一个六年级的学生

心理分析

望子成龙，盼女成凤，这是千百年来无数父母的憧憬和追求。家长们，把孩子的未来看做自己生存的目的，把孩子的成功当做自己圆满的标志。在现实的社会大背景下，家长只知道拼命地跟孩子要分数，殊不知，重成“才”，轻成“人”，难以培养出真正适应未来社会的人才。又由于家长盼子成才心太重，因此难免意太切，行太急，孩子们每进步一寸，父母就用一尺的标准去缩小他，否定他；孩子们每退后一步，父母便用十倍的失望来放大他，伤害他。家长确实是“为了孩子好”，但孩子对“好”无奈、反感、拒绝甚至敌视。因为一方面，家长给他们施加的学业压力太大，给他们背负的未来厚望太重；另一方面，家长又太不能理解孩子，不能站在孩子的角度，替他们着想。

其实孩子任何一方面的进步都需要鼓励，任何一方面的表现都渴求赞扬，孩子在高兴时所表现出来的努力是大人都比不过的。可是这些处于成长中的孩子，脆弱的孩子，具有可塑性的孩子，所需要的积极力量和精神支持，在家长那里却总是那么吝啬。父母对孩子的伤害常常是不自觉、不自知的。也许不是打骂，却留下比打骂更深的烙印。心理学家认为，这种伤害，年龄越小烙印越深。

根据一些专家的研究，从来没有依恋感的孩子长大后可能成为只顾自己而对别人毫无感情的人，也可能成为缺乏安全感或对人过分猜疑的人，还可能成为具有破坏性和攻击性的人。他们指出，一个人的人格核心或基本结构，是在人生的最初几年里大体上定型的。对于儿童来说，父母的态度和行为应具有前后一贯性，这样，他们才能有把握地预测未来。儿童经常是基于昨天什么行为被允许或得到赞美，而推断今天的什么行为也会得到允许或赞美。如果儿童的行为，并不取决于父母的一贯态度，而取决于父母的心情、父母的身体状况，甚至取决于父母打麻将的输赢，那么，儿童便会感到这个世界完全无法预料，当然也就没有安全感，是将来患心理疾病的重要根源。

有些成人感到这个世界是友好的，他们心胸开阔，与人相处一般不存在什么戒心，也乐意对别人投入感情。有些人则相反，他们感到这个世界是敌视他们的，经常提心吊胆，与人交往不敢敞开胸怀，怕上当受骗。这两种截然不同的处世态度，往往根植于童年时代。一般地说，父母是否善于和孩子沟通，是决定性的因素。

每当孩子跟父母说话时，家长尽可能要放下手头上的工作，全神贯注地听孩子说话，这能让孩子觉得父母很在意听他说话，孩子感到受到了尊重和鼓励，也很愿意说出自己心里的感受。

自我实践

如何与孩子说话

（1）和孩子讲话要比较慢、口齿清楚、声调温和亲切，要根据孩子的年龄，让他理解自己的意思。

（2）不要说让孩子妒忌的话，也不要用比较的语气刺激孩子，如你看人家多聪明，一学就会，你怎么这么笨。这都会引起孩子的妒忌心。

（3）不要恐吓孩子。恐吓会引起胆怯，随着年龄的增长，孩子知道恐吓的话是假的，他也不怕了。这将影响父母在孩子心目中的威信。

（4）家长要多用积极、鼓励性的语言，少用消极、禁止性的语言。如水倒翻在地上，一般家长会说：不要去踩，你看弄得一塌糊涂了。而有经验的家长会说：水倒在地上，让我们拿拖布把它擦干吧！孩子会很高兴地去做。

（5）委托比命令好。同样叫孩子去做一件事，讲去把畚箕拿来和帮妈妈把畚箕拿来两句话，在家长听起来差不多，但孩子的感受却有很大的不同。孩子不喜欢命令，喜欢受人委托，他觉得自己是大人了，家长叫他做事，他有一种被信任的满足，会非常兴奋地抢着去做。

（余仙平）

精彩链接

怎样和孩子沟通

想和家里的那个“不稳定因素”搞好关系？没问题。其实，沟通的渠道是用时间和你的耐心、爱心、细心泡出来的。

1. 大人小孩拼眼力

拼图玩具虽然简单，但在国外一直很流行。下至四五岁的孩子，上至六七十岁的老人都对它很感兴趣。

因为拼图有大有小，有难有易，种类非常多，各年龄段的人都能找到适合自己的那种。最带劲的是，这种看似耗费时间的游戏，不仅磨炼人的意志、培养人的耐性和缜密的观察分析能力，还能让你在拿起最后一小片时产生极大的成就感。

然后，把你们共同的作品贴在硬纸上，装进镜框，挂在墙上。告诉你，它肯定比你送的任何一件礼物都管用。因为，那上面每一条弯弯曲曲的缝隙里都有你对孩子的爱。你说，做这样一件事比你一本正经地跟孩子谈心简单还是难？

2. 父子对弈

现在已为人父母的同志们，你们还记得吗？小时候就盼着周末。一群小家伙什么事情都干得出来。我们就为逮邻居的波斯猫，疯狂地追过六条街、四个胡同，最后将猫活捉，剃了个阴阳头。类似的恶作剧实在太多，父母不得不将“严惩”改为“利诱”政策。

爸爸开始教我下象棋。“挂饷”的那种，一局五毛，当时那可是十根小豆冰棍的价钱呢！开始的时候很少赢，但当我花3毛钱买了本《飞象局棋谱》并加以潜心研究后，爸爸很快就成了“臭棋篓子”，最多的一个周末我赢了7块钱。

现在想起来，老爸当年对我的安抚政策的确比别人家大人棍棒相加、孩子哭天抢地高明许多。而且用在我儿子身上，估计也还能奏效。

3. 小房间大变脸

物质条件的改善，使孩子从一出生就拥有了属于自己的房间，但从地板的材质到墙面的颜色，甚至家具，都是由家长一手包办的，孩子未必喜欢。家长是否想过孩子也有这方面的兴趣？

家长不妨听听他们的意见，让他们亲手参与，孩子一定会乐疯的。当你们共同享受成就与亲情的喜悦时，在家的日子就再也不闷了。

4. 满足爱好看闲书

课本和辅导材料以外的书，平日里都被家长归在“闲书”的行列。但有益的“闲书”是培养孩子爱好、激发孩子学习兴趣最好的途径之一。我的一位同事至今保留着小时候的摘抄本——记录大量从“闲书”上找到的精彩词句、章节，写日记或写作文时有意用上，得到老师的频频夸奖。今天她写稿子能妙笔生花，当年的“闲书”功不可没。而当年我的一些男同学从初中时就酷爱“兵器”、“航模”一类的杂志，弄得我在数学和物理成绩上总是处于下风，他们日后也都成了理工科的高才生。

5. 楼下的放风运动

窗外是大好的景色，天天憋在屋子里也不是个事儿。拿起羽毛球拍，跟孩子到楼下的空地上活动活动筋骨，也是在家休闲的一个法子。你们都挥舞着球拍，两人离得挺远不说，路过的人也近身不得，该不会比待在家里危险到哪儿去吧。所以，只要不去凑热闹，在住处附近跳跳绳、打打球、踢踢毽子，一家三口来一次记分赛，也能让你们的关系亲近不少。

86. 孩子爱发脾气怎么办

问题咨询

一向懂事、听话的女儿近来不知怎么回事，一碰上不称心的事就会火冒三丈，常在家里无缘无故地发脾气。说是青春期吧，她还不到 10 岁。这孩子在学校是老师的好帮手，和同学们相处得也不错，可在家里却反常，老是顶嘴、与父母对着干。我不知如何是好。

一位三年级学生的家长

心理分析

情绪是人类最复杂的心理过程之一，它是人们对客观世界的一种特殊反映形式，是人对客观事物是否符合或满足自己的需要而产生的一种体验。需要是情绪产生的基础和源泉。如需要得到满足就会产生肯定性质的体验，如喜悦、满意、振奋等积极的情绪；相反，需要得不到满足，就产生否定性质的体验，如失望、悲伤、恐慌、激愤、痛苦等消极的情绪。但是由于客观现实是复杂的，需要得到满足时也可能产生消极的情绪；反之，当需要得不到满足，也可能产生积极的情绪时，这就取决于人的观点、信仰与世界观。

当每个人受到伤害或攻击，或者愿望不能满足时，产生愤怒的情绪是一种正常的本能反应。问题在于怎样处理这种消极情绪。发脾气是孩子（也是一些成人）处理问题的方式。显然，这种方式不是社会生活所赞赏与适用的。发脾气并不都属于不良情绪，适度合理地宣泄，反而有益于身心。

孩子慢慢长大，她心里想的东西越来越多，成长中的烦恼不可避免，如在学校受了委屈，学习负担过重，成绩突然考砸了，老师交办的任务没有很好地完成等。心理上受了刺激，无法在日常生活中平衡过来，孩子的自我控制能力又有限，在学校没有让她表达不快乐情绪的场所，找不到合适的朋友倾听。所以，孩子只能用发脾气这种方式，在家里宣泄自己的负性情绪，这是因为她觉得家里很安全，父母不会和她计较。这是好事，有利于孩子情绪的康复，父母应充分地理解和体谅。孩子虽小，却同样是个有血有肉有思想的人，同样也有物质和精神上的需要，并由此产生许多愿望，这些愿望也许就是他们生活的全部。然而，孩子的能力却非常有限，还不能够帮助他们实现每一个愿望，这一点是他们不愿意正视，也最不愿接受的。在这种时候孩子就会体会到无助无望的感觉，感到沮丧、烦躁不安、紧张焦虑，这种沮丧的心情足以压倒孩子的自信心，使他的注意力完全被这种情结所左右，于是开始发脾气。

可见，发脾气是孩子与生俱来的自我保护机制在起作用，孩子清楚知道父母爱他们，所以他们才敢跟父母耍性子。只要父母认真地加以关注，静心地倾听他们的怒气，他们就能够充分释放出内心的紧张、不安和沮丧，摆脱孤立无助的惶恐，继而恢复自信心。而且，孩子发脾气的起因和过程，对孩子来说都是一个很大的触动，能使孩子从中学会同情、理解别人。做父母的都有这样的体会，孩子发脾气之后会逐渐静下来恢复合作精神，更容易接受父母的建议。所以我们不应认为孩子发脾气是麻烦，而应当看到发脾气是他们心理康复的必然过程，也是心理发育成熟过程中的正常反应。

自我实践

1. 角色表演

以下是几个不良情绪反应导致不良后果的情境，请家长与孩子根据其中的情境需要进行角色扮演，然后讨论分析，如何来帮助角色中的人进行情绪调节。

情境一：

两个同学在一起玩足球，不一会儿，因为该谁拣球的问题，两人争吵起来，各不相让。随后，一个同学赌气把足球踢到场外；另一个同学很生气，上前去踢了对方一脚。于是，两人由吵到打了起来，结果都受到了老师的批评。

情境二：

一个同学的钢笔丢了，他顺手拿了一个好朋友的圆珠笔来写字。不料，一不小心，这支圆珠笔也给搞坏了。那位朋友有些生气，埋怨对方不爱惜别人的东西。这位同学感到委屈，说："我又不是有意的，你干吗这么小气？真是小气鬼。"听到别人骂自己是"小气鬼"，那位同学更生气，于是，两人激烈争吵起来，最后两位朋友不欢而散。

2. 让孩子回忆一周或半个月来的情绪状况，并将其归类

如将不安、烦乱、忧郁归成一类，为焦虑情绪；将紧张、心慌、畏惧等归为恐惧一类；将无奈、灰心等归为消沉一类；将不满、恼火等归成愤怒一类，等等。然后，在每一类情绪的下边注明它占据了你最近一周（或半个月）里的多少时间，切出一个情绪"蛋糕"。

（余仙平）

精彩链接

孩子发脾气，家长怎么办

（1）最大限度地接受“暴风雨”，避免被孩子的言行所激怒，不要针锋相对地予以回击或以“武力镇压”。如果实在无法接受就平和地对孩子说：“我知道你心里难受，我很愿意帮你，可现在这个样子，我实在没办法帮你了。”孩子从这些话中至少可以明白一点父母理解他们内心的烦恼不快，很愿意帮助他们，不会因为他们发脾气就嫌弃或厌恶他们，仅仅是苦于无计可施。

（2）倾听就能够带给孩子安全感。在孩子“顶嘴”后，父母一定要有耐心地倾听孩子“顶嘴”的理由，并让孩子把想说的话都说出来。让孩子感受到父母是他们最信得过、最能依靠的人，可以这样安慰他：“爸爸妈妈知道你很委屈，想哭就哭出来吧”，然后，说说这是怎么回事儿。孩子听了这些话，会放松下来，接下来可能会放声大哭。这就足够了。

（3）找找孩子发脾气的原因。是否是物质要求没有得到满足，还是孩子心中的想法、困惑、不满和委屈没有得到及时的抚慰。对正当的需求应尽量满足，不能满足时应耐心解释，帮助孩子提高自控能力。

（4）帮助孩子表达愤怒的情绪。可以鼓励孩子进行一些活动来发泄怒气。比如，到室外去跑步，在纸上画画涂涂，捶打枕头、沙袋之类柔软的物品，引导他们使用一些合理的宣泄方法，让他的情绪得到释放。

（5）改变认知，使情绪理性化。由于许多孩子一直是在顺境中成长的，期望值高，依赖心理也很强，面对困难和挫折，没有思想准备。一旦不如意，急躁情绪油然而生。因此，家长应让孩子知道，人生道路上的困难和挫折是难免的，着急、焦虑无济于事，关键在于怎样应对。通过讲道理，让孩子的情绪纳入理性轨道。等孩子平静后，父母可要像对待朋友一样，针对孩子的那些想法和念头，提出反思，如是这样的吗？为什么会这样？教会孩子“自我质疑”，促使孩子冷静思考，理清思绪。

87. 难道女孩比男孩笨吗

问题咨询

老师：

您好！

我今年四年级，学习成绩很好。可是爸爸总是说女孩子学习好没有用，以后一定会被男孩赶上的。老师，这是真的吗？如果这是真的，那我现在的努力不都是白费力气吗？

四年级　晓月

心理分析

认为男孩比女孩聪明，这是一种普遍的观点，因为人们常常会举出一些例子来说明这个问题。如脑力劳动者男性多，世界上有成就的人大多是男性。虽然小学时女孩的学习成绩优于男孩，但在大学中，男孩的学习成绩一般比女孩强，这都是一些很明显的例子。

不仅如此，一些高中女生也会对自己的学习能力提出质疑。一位女生就曾到咨询室咨询，她上小学和初中的时候，各门功课都很拔尖，不仅是文科，也包括理科。但是，上了高中之后，尽管她的数学、物理成绩在女生里依然名列第一，但与男生比起来，似乎连前五名都排不上。看着那些远不如她用功、学得轻松自如的男生，她感到非常困惑并由此提出了一个问题：女孩子是不是越学越笨了？

女孩是越学越笨吗？情况并非如此。智力是个综合性很强的复杂概念，我们难以用少数学科的成绩来衡量。但是，在与自然科学有关的课程中，就平均水平而论，女孩不如男孩的确是事实。事实说明，两性间在智力水平上并不存在绝对差异，但在智力类型上还是存在一定差异的。

这些差异主要表现在男女大脑总体结构和功能方面。有些父母会感到，自己家的男孩子不如邻居家同龄的女孩子说话早、说话清晰和内容丰富。家里有女孩的父母也会发现，自己的孩子小时就善解人意，懂得父母的喜怒哀乐各种情绪。在幼儿园里，女孩常会因伶牙俐齿而博得老师的偏爱。女作家的文笔清新、感情丰富，在某种程度上，具有一种优势。这些直觉的例子都说明，女孩的语言能力比男孩强些。

心理学研究表明，女孩比男孩更具语言能力。女孩辨认面部表情、手势和语调的能力也胜于男孩。在三至五岁的孩子中，女孩多交谈，男孩子多出怪声。研究发现，男性语言能力由脑的左半部控制，而女性脑两半球都控制语言，因此在语言能力上，女子胜过男子。

另一方面，男孩比女孩喜爱独立运动，男孩的空间辨别能力要比女孩强。人们从经验中可知，当男女生一起外出、散步或旅游时，总是由男子辨认路途。美国心理学家霍托与理查德·梅认为，这是因为男女的感知觉能力不同的缘故。女孩的嗅觉、触觉比较敏感，对声音的辨别和定位也不错；相比之下，男孩在视觉辨别方位方面稍强一些。

也有一些看法认为，男女智力结构差异的根源在于后天有差异的社会教化与智力训练。社会对男孩和女孩的培养及期望是不同的，他们从幼年起就被要求学习和采取不同的活动类型。例如，在大多数家庭中，男孩被带到室外参加活动的机会要多一些，他们也就喜欢做跌爬滚摸、活动量大的游戏；女孩则较多地留在家里玩耍。加上孩子善于模仿同性成人的行为。于是，通过这些不同类型的活动，男孩的空间识别能力增强了，女孩越来越擅长于语言表达。

值得提出的是，成人们更喜欢用数理方面的能力来判断男女孩子的智力，却没有从这个角度来训练和培养女孩子。因此，这样的智力评判对于女孩子是很不公平的。当然，家长很难做到不带任何性别差异地训练男女儿童，不仅是由于存在着传统观念的影响，也是由于存在着很多具体的生理因素和社会因素。但是，只要我们能够意识到这个问题，就能够避免对男女孩子的智力水平进行盲目、片面的评价，从而想出各种切合实际的办法，尽可能地减小性别差异对男女孩子智力发展的不良影响。对于男生来说，应该有意地在口头语言及文字语言的表达方面多下些工夫；而对于女生来说，则应当多参加一些动手操作的活动，并有意地培养自己的求异思维与反向思维能力。

综上所述，我们可以发现男女在智力类型上存在差异是公认的，承认这种差异，可以使我们依据男女智力因素的不同，取其所长，避其所短，量才用人，使男女在职业分工方面能各尽其智、各显其能，这也正是心理学家研究这个问题向往的前景。

自我实践

1. 语言能力训练（针对男孩）

（1）阅读课外书籍，并把阅读的内容讲给家长听。

要求复述得全面而准确，即要把书本上讲述的主要内容都复述出来，并且内容要和书本一致。

（2）看图编故事。

要求根据《读者》杂志的漫画专栏中的一些漫画，发挥想象，为漫画配上精彩的故事。要求故事内容和漫画的意思相吻合。

2. 求异思维和动手能力训练（针对女孩）

（1）几个小伙伴之间，或者和父母比赛，看谁能在五分钟的时间内说出下列用品更多的用途。

A. 砖头　　B. 饮料瓶　　C. 一张白纸　　D. 毛衣

（2）参加航模小组，尽量独立完成一些模型的组装。

（陈四光）

精彩链接

李华梅：中国第一个到南极考察的女科学家

李华梅，1936 年生，四川资中人，中学毕业后考入长春地质学院。她除了学好本职专业课程外，还喜欢打排球和长跑，曾是学院女排主力队员和优秀运动员。1956 年她从长春地质学院毕业后，一直从事构造学、古地磁学及稀有元素矿床地质化学的研究工作，现为中国科学院贵阳地球化学研究所副研究员，古地磁学实验室负责人，是我国自己培养出来的女地质科学家。

李华梅曾参加过由张文佑教授主编的《中国大地构造纲要》的

工作。1978 年她参加华北平原第四纪地质研究获中国科学院重大成果奖，1979 年参加黄土堆积演化、第四纪年代学研究获中国科学院二等奖。此外，她还在国内外发表很有影响的重要论文 30 余篇。李华梅曾出席贵州省劳模代表大会，被评为贵州省和全国“三八红旗手”。

1983 年 12 月 4 日到 1984 年 1 月 4 日，作为中国著名地质学家的李华梅，受中国南极考察委员会和中国科学院的派遣，应新西兰政府的邀请，赴新西兰南极斯科特站工作了 32 天。李华梅成为中国第一个到南极考察的中年女科学家，在南极的大陆上踏出了第一个中国妇女的脚印。

在南极考察期间，李华梅还曾在冰冷刺骨的花达湖中游泳一次，并摄影留念，成为一件值得纪念的事。为此，她还获得了范达站游泳俱乐部授予的纪念章。在南极范达站的纪念册上，还保留着当年用英文书写的“中国第一位妇女——李华梅”。

作为一个瘦小的中年妇女李华梅，在南极度过了连续 32 个白昼，除了牙龈发过一次炎外，连一次感冒没有患过，这是什么原因呢？李华梅很有风趣地说：“全靠吃身体老本了。”

李华梅完成南极考察归国后，用半年时间就完成了一部 45 万字的研究专著——《南极横断山和罗斯岛地区地质地球化学》，这是她对我国地质学的一大贡献。

88. 妈妈偷看我的日记该怎么办

问题咨询

老师：

您好！

我是小学六年级的学生，最近我有一件事很苦恼，就是我发现妈妈偷看了我的日记。我知道妈妈关心我，但是我已经长大了，我也有自己的小秘密。我再也不敢写日记了，我再也不相信我的妈妈了。老师，你说我该怎么办？

学生　王丽

心理分析

活泼漂亮的六年级女孩小华有几个谈得来的好朋友，但她还是愿意把心事写在日记本上。前几天，有一个很帅的高年级男生给她写纸条，希望和她成为好朋友。她内心紧张，不敢和父母说，就把苦恼记在日记本上。一天吃晚饭时，小华觉得气氛不对，妈妈一言不发，爸爸也很严肃，最后爸爸开口问："你是不是交男朋友了？"小华连忙否认，妈妈却说："你不说，我们也知道了。"小华意识了到什么，生气地说："你们偷看我的日记了！"妈妈却说："我们也是为你好呀！"小华丢下饭碗跑到自己房间，伤心地哭了起来。几天之后，小华买了一本带锁的日记本，才把自己的苦闷、心中的秘密写在上面。即使是这样，一个月后，平日里温和的妈妈严肃地说："出于对你负责，我和你爸决定每天检查你的日记。"从此以后，小华每天开始记两本日记，一本给自己，另一本写给父母。

据了解，学生中流行着这样一句话：防火防盗防父母。有的学生每看完短信都赶紧删除，有的在自己的日记本上加锁，有的还特意准备两本日记，一本写点无聊的东西，然后放在抽屉里专门让父母偷看，另一本则写下自己的真心话，收藏在隐蔽的地方。还有的就像王丽一样，再也不敢写日记了，也就再没有宣泄思绪、倾诉苦恼、调节心情的地方了。

心理学专家指出，孩子把真正的日记藏起来，也就是隐藏了真正的自我，孩子从小就学会做"两面人"，无疑为今后的心理健康留下了留下后遗症，不利于完整、独立人格的培养。为何小小年纪就如此费尽心机？一些孩子说，每个人都有自己不想让别人知道的秘密，写日记是记载自己的心情故事，而父母没有必要知道。社会舆论一直呼吁要尊重未成年人的"隐私"，但为何挡不住父母的"好奇心"呢？一位家长诉苦：现在的孩子身心发育普遍早熟，外界的干扰和诱惑又很多，父母若不随时关注孩子在想什么，没准真会出点什么乱子来。许多家长称，偷看孩子日记也实属无奈。

其实孩子也和大人一样，有独立的人格，有自尊心，需要别人的尊重。孩子有没有自尊心对孩子的健康成长十分必要。有了自尊心，孩子才能知荣辱、辨是非、知耻而后勇。有了自尊心，孩子才可能自爱、自立、自强、自信，才可能奋发向上、勇为人先。倘若孩子没有了自尊心，就会自卑、胆怯、不求上进，长大后也很难有所作为。

对于孩子的“私密”，心理学家一贯主张尊重。孩子的信，不要去看；孩子的电话，不要偷听；孩子的日记，不要去碰。孩子总有一天要走向独立，而拥有个人秘密并能恰当处置是走向独立的要素。对个人来说，秘密往往与责任紧密相连，并且要独立承担责任。从这个意义上讲，没有秘密的小孩是永远长不大的。既了解孩子又尊重孩子，这是家长应当做到的，而且要做得恰到好处。有远见的父母和老师应当允许孩子有自己的秘密。尊重他们的秘密，给他们一个自由的成长空间。能享有秘密的孩子，最终才有自己独立的人生 。让花蕾自然绽放吧，不要时不时扒开花骨朵看看，园丁的责任就是松土、施肥、锄草、浇水，让阳光照耀花朵。

自我实践

心理小测试

（1）由于你想帮助妈妈分担一些家务活，不小心失手打破了妈妈心爱的花瓶，妈妈不问缘由就狠狠地责骂了你一顿，你会

A. 争吵

B. 心里委屈

C. 解释并认为错

（2）你看电视时，想看动画片，可是爸爸不让看，你会

A. 心里生气

B. 顺从

C. 说出自己的理由

（3）你某次成绩未达到妈妈规定的标准，妈妈不停地唠叨，责怪你学习退步了，你会

A. 心里烦，勉强听

B. 开玩笑，不在乎

C. 说出自己的想法

（4）你没有告诉父母，就与同学一块儿出去玩，而且很晚才回来，为此，父母训斥你一顿，你觉得

A. 不服气，听不进父母批评

B. 怨恨父母

C. 很愧疚，父母批评得对

（5）你的生日到了，你想大肆宴请亲朋好友，然而父母认为小学生不该铺张浪费，没有答应你的要求，你会

A. 赌气，不理睬父母

B. 怨恨父母，以为他们不爱自己

C. 很愧疚

（6）你喜欢踢足球，一直梦想以后能当个足球运动员，但爸爸却希望你学书法，将来成为一个书法家，你会

A. 爸爸不让我踢足球，我就不去学书法

B. 听从爸爸的话，开始学书法

C. 和爸爸妈妈谈一谈，希望他同意自己去踢足球

D. 球照踢，书法也试着尝试一下，看看哪一项更有利于自己的发展

评分标准：

选 A 记 1 分，选 B 记 2 分，选 C 记 3 分。

18 分以上：与父母沟通非常好，与父母关系融洽。

12～17：与父母还算融洽，但没有掌握沟通的技巧。

6～11：与父母关系紧张，很少与父母沟通。

（陈　栩）

精彩链接

深圳市政府发布的新修改的《深圳经济特区实施〈中华人民共和国未成年人保护法〉办法》的第 10 条明确规定：“父母或者其他

监护人应当尊重未成年人的隐私权和人格尊严，不得隐匿、拆阅或者废弃未成年人的信件，不得擅自查阅未成年人的日记。”

89. 父母打麻将影响我的学习

问题咨询

> 老师：
>
> 今天的数学考试我只得了58分，我心里真难过！其实每天放学回家以后，我就开始做作业了。可是我怎么也安静不下来，脑子里乱七八糟的。因为爸爸妈妈在客厅里打麻将，又吵又嚷，一直到深夜，我的作业根本做不下去，觉也睡不着。可是爸爸妈妈根本不理我。
>
> 五年级　李豪

心理分析

父母被认为是孩子的第一任老师，是孩子学习的榜样。社会信仰、规范和价值观等首先通过父母的“过滤”而传给子女。父母的一言一行都潜移默化地影响孩子的发展。孩子在家庭中的学习如何，对他们以后的心理发展有重要作用。

足球球王贝利至今都不抽烟。这种良好习惯的养成是他父亲榜样作用的直接结果。在贝利的少年时代，有一天，父亲发现贝利与其他玩伴一块学抽烟。在贝利回家之后，父亲没有立即责怪他，反而是非常耐心地听贝利把当时的情况说清楚，然后语重心长地对贝利指出了抽烟对身体健康等方面的危害，终于达到了教育贝利，使贝利养成不吸烟的良好习惯的目的。贝利父亲的劝说教育之所以能发挥这么大的作用，与他父亲的以身作则有直接关系。当时，贝利的父亲为了能养活全家，不但缩衣节食，从不抽烟，节省每一分钱，他还经常带着身上的伤痛上场踢足球，甚至踢完球还要去当勤杂工。父亲的一言一行，都对贝利产生了潜移默化的巨大影响。

家庭中的学习实质上是一种社会学习。这种学习虽然与孩子在学校里的课堂学习不同，但它对孩子一辈子起到的影响并不会比课堂学习小。在有的方面，家庭中的学习有着课堂学习所无法比拟和代替的功能。我们先来看一下儿童每天在家里度过的时间。调查显示，即使在孩子进入小学之后，平均每天在家中度过的时间仍有 18 个小时。并且，从我国的文化背景角度来看，我国的儿童与家庭联系更为紧密，这样就更提高了儿童的家庭学习方式的地位。为什么说家庭中有学习活动呢？先引入两个概念：观察学习和模仿学习。观察学习是指观察者凭借对观察对象行为表现及其结果的知觉而形成类似行为的现象。模仿学习是指个人受非控制的社会刺激所引起的一种学习行为，这种学习行为以自觉或不自觉地模仿他人为特征。观察学习、模仿学习是人类学习的两种重要方式。儿童在家庭中的学习，主要是通过观察和模仿父母的行为这两种方式进行的。因此，父母的行为、父母的兴趣和爱好对他们的孩子有直接影响。

五年级的李豪在无意之中已受到了父母不良行为的侵蚀。一方面，在整日嘈杂的麻将声中，孩子的注意力无法集中，不能安心学习。这是因为在学习的过程中，儿童需通过注意来对当前的学习活动进行调节和监督。俄国著名教育家乌申斯基把注意形象地比喻为通向心灵的“唯一的门户”，知识的阳光只有通过注意这扇门才能照射进来。另一方面，父母将自己对事业的高度责任感，对生活的乐观态度，对学习与工作的认真负责，通过自己的言行感染孩子，增加孩子的求知欲，使他们对知识的学习产生浓厚的兴趣，有较强的学习动力及认真、踏实的学习态度。从某种意义上来说，父母的一言一行都会成为儿童观察和模仿的榜样。

从某种意义上说，孩子做人的品行是受父母的影响而形成的，孩子的兴趣爱好也是在父母的耳濡目染下形成的。正如孔子说的“其身正，不令而行；其身不正，虽令不从”。从这个角度来说，家长应以身立教、以行导行，即以自己的良好习惯来引导孩子的良好习惯。比如可以选择下棋、音乐欣赏、制作手工艺品等娱乐活动。这些活动即能扩大孩子的知识面，为今后的学业发展打好基础，又可陶冶情操，促使孩子心理健康发展。

自我实践

游戏：你的爱好是什么？

准备工作：老师应事先了解好同学的兴趣，并准备好表演用的道具。

①老师依据学生座位的位置将学生分成两组。

②第二组的甲同学将他的爱好写在纸上交给第一组的乙同学。第一组的乙同学在准备 5 分钟之后，站在讲台上用肢体语言表演给第一组的其他同学看，

③第一组的同学必须在这位同学表演好后 2 分钟内猜出他的爱好是什么。如果猜对，就计算第一组的同学加 10 分。答案公布后，教师把兴趣的名称写在黑板上。

④然后交换，第一组的同学出题让第二组的同学猜答案。

⑤重复步骤②③④，直到所有的同学的不同兴趣被写在黑板上。

⑥比较两组同学的得分，得分多者为胜利组。老师对这次活动进行讲评，并给优胜组的同学发奖。

⑦所有同学在纸上写出自己还有什么其他兴趣爱好。

⑧座位相邻的 4 位同学组成一组。4 位同学一起讨论这些爱好，哪些是有益的，哪些是有害的，为何说它是有益的或有害的。

⑨请每位同学思考小学生（自己）应发展哪些有益兴趣，写在纸上。并在老师指导下制订出兴趣活动的时间和计划。

（陈　燕）

精彩链接

能力的形成和发展主要受到环境因素和遗传因素两者的影响。环境指客观现实，包括自然环境和社会环境。心理学家认为，大多数儿童的素质相差不大，其能力发展之所以有差异则是由环境、教育和实践活动造成。许多研究表明：在良好环境中生活的儿童，能力可以较好地发展。德尼斯等人做过研究发现，在孤儿院长大的儿童智力发展较为缓慢，智商平均只有 53，而被领养的儿童智商发展快，平均达到 80。因此，有些心理学家认为，虽然每个人从遗传所得到的潜在能力是不一样的，但这种潜在能力能发展到什么程度，则主要取决于环境。

后　记

本书是集体智慧的结晶。参与本书写作的人大都是心理学专业的硕士、博士，他们都怀有责任心，认真地从事调查、统计与写作。

本书是集体智慧的结晶。它是我与暨南大学曾红老师一起主编的“当代学生心理成长系列”丛书中的一本。本书由研究生完成问卷调查与统计工作，由我拟定写作提纲，并负责最后的修改与定稿工作。参与写作的有江西师范大学的张美兰硕士、江西教育期刊社小学生之友编辑部的向晴硕士、江西师范大学的心理学研究生赖日生、陈四光、余仙平、钟丽凤、冷荣兰、陈栩、陈燕，还有我自己。

由于丛书的性质，书中有此地方引用了一些书刊中的精彩内容。由于信息方面的原因，少数未能与作者取得联系，这里一并致歉，敬请作者或著作权人予以谅解；并希望作者在看到我们的书籍之后，能与我们联系，我们将酌付稿酬并寄送样书。

如果本书对于读者带来帮助，应该感谢暨南大学出版社张仲玲编辑对于本选题的坚持，以及所有作者的严谨态度；如果本书还存在我们未能发现的问题，编者将负全部的责任。

郭斯萍

2006 年 5 月于南昌

图书在版编目（CIP）数据

心理，决定孩子的人生/郭斯萍，曾红，万曙琳编著. —广州：暨南大学出版社，2007.2
（当代学生心理成长系列·小学编）
ISBN 978-7-81079-675-0

Ⅰ. 心… Ⅱ. ①郭…②曾…③万… Ⅲ. 小学生—心理卫生—健康教育 Ⅳ. G479

中国版本图书馆 CIP 数据核字（2006）第 162905 号

出版发行：暨南大学出版社

地　址：中国广州暨南大学
电　话：总编室（8620）85221601
营销部（8620）85227972　85220602（邮购）
传　真：（8620）85221583（办公室）　85223774（营销部）
邮　编：510630
网　址：http：//www.jnupress.com　http：//press.jnu.edu.cn

排　版：暨南大学出版社照排中心
印　刷：湖南省地质测绘印刷厂

开　本：890mm×1240mm　1/32
印　张：12.5
字　数：355 千
版　次：2007 年 2 月第 1 版
印　次：2007 年 2 月第 1 次
印　数：1—6000 册
书　号：ISBN 978-7-81079-675-0/G·360

定　价：18.00 元